Michèle Salmona

LES PAYSANS FRANÇAIS
Le travail, les métiers, la transmission des savoirs

Publié avec le concours de l'université de Paris X-Nanterre

Editions L'Harmattan
5-7, rue de l'Ecole Polytechnique
75005 Paris

A Roger Bastide et Jean Pitrau.

ISBN : 2-7384-2489-9

SOMMAIRE

CHAPITRE II

L'HOMME ET LA PLANTE

CHAPITRE III

L'ÉDUCATION NON FORMELLE CHEZ LES ENFANTS PAYSANS EN FRANCE

ANNEXES

Jeune éleveur de 14 ans, rentrant les brebis au cayolar
Pâturages de La Pierre Saint-Martin, 1972
(photo Paul Salmona)

AVANT-PROPOS

Attention à cet ouvrage (et à celui qui l'accompagne) (1) ! Car il est d'accès facile et donc trompeur. Il est vrai cependant que la simplicité du style et le récit imagé des situations saisies sur le terrain, au plus près du travail des agriculteurs avec les animaux ou avec la terre, invitent d'abord le lecteur à se laisser emporter dans la découverte, au premier degré, d'un monde que Michèle Salmona déploie avec générosité sous nos yeux. Aussi, le lecteur curieux d'apprendre ce qu'il en est du travail agricole dans la société française contemporaine, trouvera-t-il ici de quoi alimenter ses réflexions.

Mais l'ouvrage présenté par Michèle Salmona est aussi un travail de recherche. La modestie et le dépouillement de l'expression dissimulent ici un projet scientifique des plus sophistiqués et des plus achevés. Tout, cependant, n'y est pas intégralement explicité, ce dont les uns lui feront reproche, ce dont les autres la féliciteront. Car tout y est ; et, somme toute, ce texte est aussi une invitation à réfléchir sur des questions capitales intéressant des thèmes comme : la nature du travail, les relations entre travail et intelligence, le rapport subjectif au vivant (aux plantes comme aux animaux) et à la terre, le fonctionnement de la famille dans le monde rural, les rapports marchands et leurs conséquences sur les hommes, les femmes et les enfants, la folie, la maladie et les traitements tellement contrastés et contradictoires.

C'est que Michèle Salmona nous livre, en deux volumes, la substance d'une expérience de terrain dans l'agriculture qui s'étend sur plus de trente ans. S'il est trompeur, cet ouvrage est aussi un privilège : une quantité impressionnante de connaissances est ainsi rassemblée en quelques centaines de pages seulement, tour de force grâce auquel l'auteur nous livre une somme et une synthèse qui ne demandent qu'à être assimilées.

(1) *Souffrances et résistances des paysans français — Violence des politiques publiques de modernisation économique et culturelle*, L'Harmattan, 1994.

Que peut-on attendre de plus d'un ouvrage scientifique ?

Comment caractériser le travail de Michèle Salmona ? Il y aurait quelque chose de réducteur à vouloir le classer dans une discipline unique tant ce livre brasse aussi de savoirs théoriques empruntés à la psychologie, à la sociologie, à l'économie, à l'anthropologie et à l'ethnologie. Pourtant, Michèle Salmona ne cède en rien à "l'éclectisme", terme péjoratif qui dans la communauté scientifique renvoie au défaut impardonnable du syncrétisme. Non ! Ce livre est rigoureusement construit autour d'une problématique structurée, qui relève avant tout, admettons-le pour l'heure, de l'anthropologie du travail.

La démarche de Michèle Salmona consiste à retraverser les champs de connaissances conventionnels en partant d'une méthode critique fondée sur la référence constante aux savoirs pratiques des agriculteurs et des éleveurs, qu'elle a systématiquement élucidés tout au long de son activité d'investigation sur le terrain. Il en résulte des découvertes qui dérangent l'ordonnancement établi des connaissances scientifiques. En particulier en ce qui concerne l'analyse de l'intelligence en action, c'est-à-dire en situation effective de travail (par différence avec les situations expérimentales sur lesquelles sont fondées les théories courantes de l'intelligence).

L'originalité de l'analyse proposée par l'auteur est encore ailleurs : dans le souci constant de ne jamais omettre de son analyse la dimension relative à la souffrance, au plaisir, à la maladie, à la folie et à la santé. Sans cette dimension on n'aurait à faire qu'à des agents, des acteurs ou des opérateurs. Ici, le sujet est toujours au rendez-vous, le sujet avec ses faiblesses, ses talents, ses ruses.
Dans cette perspective, on s'attardera sur de belles pages consacrées à l'usage de la voix dans le travail avec les animaux et aux secrets de la transmission aux enfants des façons de parler avec les bêtes. Car poser sa voix relève d'une alchimie extraordinaire où se conjuguent la copropriété, la sensibilité, l'intuition, l'apprentissage, la transmission, la culture, le savoir, la technique.

Le regard sur l'économie n'est pas moins saisissant : les incitations économiques passent par le choix et par des renoncements déchirants pour les agriculteurs. La brutalité des mutations qu'elles génèrent s'inscrivent jusque dans la chair des *hommes, des femmes et des enfants. Cette emprise directe de l'économique sur la mémoire, sur les liens entre personnes, sur l'identité enfin, n'atteint nulle part ailleurs l'espace privé avec une telle puissance. Ceci tient à la structure de l'agriculture divisée en exploitations à dimensions familiales. Rapports marchands, rapports sociaux, rapports affectifs se télescopent dans une même organisation familiale qui constitue pour Michèle Salmona un véritable laboratoire d'étude des relations entre l'homme et la rationalité économique. Quelle est la pertinence de l'*homo economicus *lorsqu'on prend connaissance du sort de l'homme concret révélé par Michèle Salmona ?*

On sera bouleversé par les passages consacrés aux formes traditionnelles de maniement de la folie qui coexistent avec les formes modernes de traitement, pratiquées dans les institutions médico-psychiatriques. L'auteur montre comment les deux types de techniques rivalisent et pourquoi cette rivalité perdure. Elle reconstruit devant nous la rationalité des conduites jugées archaïques par ceux qui signent ainsi combien leur manque une connaissance qui, pour insolite qu'elle soit, fonctionne sans aucune concession à l'exotisme. On aura sans doute aussi à réfléchir sur les formes ordinaires de violence exercées dans le monde rural sur les femmes dans la division sexuelle du travail. C'est que l'analyse qui nous est proposée se conjugue non seulement au singulier mais aussi au pluriel, non seulement au masculin mais aussi au féminin.

Enfin, la recherche de Michèle Salmona arrivant sur sa fin, rebondit d'un nouvel élan sur une question qu'elle traite d'une manière à la fois originale et habile : quel est le sens ultime de toute cette recherche ? Est-ce la production de connaissances sur le monde rural ? Assurément ! Et de ce point de vue, on l'aura compris, le texte de Michèle Salmona apporte une contribution majeure à l'anthropologie du travail. Pourtant, la problématique n'est pas refermée sur les objectifs scientifiques. Elle intègre les conséquences des nouvelles connaissances et du procès de leur production, en retour, sur la réalité du monde agricole d'aujourd'hui. Toutes les enquêtes menées par Michèle Salmona dans les diverses régions de France ont apporté des résultats auxquels les agriculteurs eux-mêmes ont directement participé. Cette forme spéciale de coopération et d'interaction entre chercheur et acteurs contribue à faire évoluer aussi leurs propres points de vue sur le rapport aux contraintes qui encadrent leurs pratiques sociales et professionnelles. Ce travail d'élaboration (ou de perlaboration), à son tour, a des incidences sur la transformation de leurs pratiques, à condition toutefois qu'il soit le fait non d'agriculteurs isolés, sondés ou analysés par un expert, mais qu'il soit constamment suivi d'une restitution, non seulement à des individus mais à des collectifs de travail ou à des communautés d'appartenance.

Ce temps de la restitution, qui fonctionne de façon récursive tout au long des enquêtes, a d'abord une valeur scientifique : celle d'une validation des interprétations. Il a ensuite et surtout un impact dans le registre de l'action : celle de la transformation ou de la négociation des contraintes sociales, économiques et politiques qui structurent l'organisation du travail de l'agriculteur.

Ce que Michèle Salmona indique à propos de la formation de "réseaux", apparaît comme une expérience menée plus loin qu'aucune autre de celles qui se réclament de la recherche-action. Elle ouvre en effet sur la question de la construction d'un espace public dans ce monde autrement voué à l'arbitraire de la raison stratégique. Ainsi cette recherche touche-t-elle en son point le plus avancé aux problèmes de philosophie politique, nourris ici par une expérience qui fait défaut à la plupart des penseurs de la modernité. Elle redéploie, par prétérition, tout le débat sur les rapports entre la science et l'action.

On comprendra pourquoi je me suis permis, au début de cette préface, d'avertir le lecteur que cet ouvrage appelle à une réflexion et à une médiation sur lesquelles, par pudeur, l'auteur n'attire pas notre attention. L'absence de conclusion achèvera de dérouter le spécialiste pressé de procéder au classement de ce livre dans une fiche de lecture. S'il n'y a pas de conclusion c'est que sans doute ce texte n'est pas une recherche d'anthropologie. C'est une œuvre.

Christophe Dejours

INTRODUCTION

Je présente dans cet ouvrage une triple expérience de recherche, de formation et d'intervention sociale, menée en milieu rural depuis trente ans dans le cadre du commissariat au Plan, puis du centre d'anthropologie économique et sociale de l'université Paris X-Nanterre.

J'ai été sollicitée, dès 1960, par des économistes et technologues du Commissariat au Plan pour réaliser avec eux une assistance technique aux petites entreprises localisées dans des territoires marqués par une histoire économique et culturelle "en déclin", et y étudier les cultures économiques et techniques des artisans et des paysans.

Ma double formation de psychologue social et d'ethnologue incitait mes partenaires à m'associer à leur travail de diagnostic des entreprises, d'intervention et de formation sur l'ensemble de l'hexagone. En ce qui concerne l'analyse du travail, si les territoires de l'artisanat avaient en partie intéressé certains chercheurs et faisaient l'objet de monographies, les cultures paysannes n'avaient rencontré aucun écho dans la sociologie rurale parisienne. Comme le souligne Bertrand Gille, "*la technique est vraiment la mal aimée de la société française*". La psychologie du travail et la sociologie du travail étaient muettes sur les métiers agricoles et sur leurs mécanismes de transmission à travers le groupe familial et territorial. Par ailleurs, le corps d'ingénieurs agronomes, qui concevait et réalisait la vulgarisation scientifique et technique dans l'ensemble de la France rurale, ne bénéficiait pas d'un enseignement sur les cultures techniques des paysans dans les grands instituts de formation agronomique. François Sigaut pose explicitement cette question : "*Depuis qu'en 1876, l'Institut national agronomique fut fondé pour qu'on y enseignât "les sciences, dans leurs rapports avec l'agriculture", il semble que les agronomes se soient de plus en plus spécialisés dans le rôle de fournisseurs de science à l'agriculture, pour ainsi dire ; par là même, ils renonçaient de plus en plus à l'observation objective, désintéressée, des techniques. Le souci normatif immédiat l'emportait. Or, il existe une science de l'observation des activités humaines, quelles qu'elles soient, qui refuse au contraire le normatif sous toutes ses formes. C'est l'ethnologie. Les techniques sont des activités humaines comme les autres, et c'est à des ethnologues que l'on doit l'affirmation et les premiers développements d'une véritable science de l'analyse des faits techniques — la technologie. Mais l'activité technique même des agriculteurs, dans sa rationalité et dans son développement propres, reste étrangement ignorée* (1)."

Je découvrais que les ingénieurs-vulgarisateurs considéraient les paysans comme une société uniforme auprès de laquelle ils véhiculaient un discours scientifique et technique qui "devait passer".

"*Cependant, à la différence du raisonnement scientifique, qui est général, explicite et désintéressé, le raisonnement technique est singulier (il dépend de circonstances particulières), implicite (une grande partie de ses éléments sont inexprimés) et motivé (l'action technique est toujours immédiatement utile). C'est pourquoi ses structures n'apparaissent pas à l'observation superficielle. Malheureusement, on n'a que trop souvent plaqué des interprétations toutes faites sur la réalité. Il y a dans le public de véritables mythologies explicatives sur l'agriculture, dont même des agronomes n'ont pas toujours su se garder. Ce n'est qu'en substituant les explications véritables aux mythes qu'on parviendra à les détruire. Et il faut pour cela d'abord observer les faits réels, en situation, sans attacher* a priori *plus de signification aux uns qu'aux autres* (2)".

Par ailleurs, ces ingénieurs agronomes utilisaient un modèle unique pour diffuser la science et la technique, quel que soit le métier : que l'on parle des animaux ou des plantes, l'argumentation scientifique et technique était la même.

André-Georges Haudricourt, agronome et ethnologue, posait en 1966, dans un article fondateur, les différences radicales qui régissent la relation de l'homme à l'animal et aux plantes cultivées. Il ouvrait, dans cet article, une multitude de pistes pour une psychologie sociale et une sociologie du travail chez les paysans.

Mon action, depuis 1967, a consisté à mener de front, en sensibilisant les décideurs agronomes parisiens, des recherches sur le travail agricole, des sessions de formation régulières pour les agronomes-vulgarisateurs et enfin une intervention sociale de longue durée. Ce travail d'intervention sociale amena la légitimation des cultures techniques des paysans en France et

(1) Texte de F. Sigaut, Centre de recherches comparatives et interdisciplinaires, groupe international "Ecologie et Sciences Humaines", 1974.
(2) Sigaut (F), opus cité.

montra l'importance de la connaissance de ces cultures techniques pour les agronomes qui vulgarisaient la science et les techniques. Les actions de formation s'élargirent à des groupes d'agriculteurs engagés dans la modernisation rapide et à des réseaux d'agricultrices soucieuses de réfléchir sur les conditions et les composantes de leur travail. Pour les ingénieurs-agronomes, comme pour les paysans, j'ai "nourri" les sessions de formation des travaux du Laboratoire d'économie et de sociologie du travail d'Aix-en-Provence et de mes propres travaux.

La violence des politiques de vulgarisation liée aux politiques d'incitation économique dans le monde paysan, devint un des registres de mes recherches et un thème de réflexion dans la formation.

Je retrouvais sur la mosaïque de "territoires" et de cultures paysannes où j'intervenais, les mêmes violences dans la vulgarisation que celles que Roger Bastide dénonçait inlassablement dans son séminaire en 1966. Face aux discours terroristes et réducteurs de certains intervenants du Tiers-Monde sur les solutions économiques, techniques et scientifiques qu'ils voulaient appliquer dans les territoires dont ils étaient originaires, R. Bastide leur rappelait doucement et fermement que ces territoires possédaient des cultures techniques originales et dont ils devraient tenir compte.

Je retrouvais en France ce même terrorisme scientifique et technique de la part des agronomes, des décideurs et des vulgarisateurs. Ces questions de "l'oubli", par l'appareil d'Etat, des grandes cultures paysannes en France et de la violence liée aux politiques de vulgarisation et d'incitation économique, recouvrent, dans leur apparente banalité, une interrogation sur les formes de violence de l'appareil d'Etat d'une société démocratique.

Dans cet ouvrage, je développerai en détail l'étude des métiers d'éleveur et de maraîcher du point de vue du travail proprement dit et des modes de vie, des rapports sociaux liés au métier. En effet, le métier ne détermine pas seulement des manières de faire, de penser et de ressentir dans l'activité de travail, mais marque la vie privée et sociale du travailleur. Elle détermine une éthique dans les rapports à la nature, à la société locale et globale. Comme le souligne Haudricourt, les métiers forment et transforment le corps, la personnalité des travailleurs.

C'est dans la dynamique de recherche d'actions menées sur une longue durée, et dans une relation de compagnonnage et d'échanges réciproques avec les paysans de microterritoires que j'ai tenté de déchiffrer la complexité cognitive, affective, symbolique, imaginaire et actuelle de leurs métiers et cultures techniques. Au-delà du recueil de leurs discours-conversations-discussions, j'ai pu observer les paysans «au long cours» de leurs travaux, avec leur complicité et leur désir de décoder autrement que selon les codes des sciences «dures».

A partir de 1974, l'observation de leurs tâches a été réalisée également au magnétoscope. Les films ont été ensuite visionnés et discutés par petits groupes ou en famille, ce qui a permis d'approfondir l'étude du travail.

Enfin, les manuels d'éleveurs et de maraîchers français du début du siècle nous ont apporté un matériel considérable sur les tâches liées aux métiers. Les ouvrages africains de recueil des traditions orales des grandes sociétés d'éleveurs ont enrichi l'étude directe des comportements des paysans. Ils nous ont permis d'ouvrir largement, dans une troisième partie de cet ouvrage, le champ des mécanismes et des pratiques de la transmission des métiers et des comportements chez les enfants à travers la famille et le groupe, et les théories implicites de la transmission élaborées par les paysans.

Nous remercions les paysans basques, béarnais, creusois, gapençais, varois, lozériens, bretons, normands, et ceux des Hautes-Alpes, du Mézenc, de Limagne, de Haute-Loire et des Monts du Lyonnais d'avoir pu avec eux réaliser ce travail sur leurs métiers.

«Le métier c'est une occupation noble, un art dans la technique qu'il exige, un ensemble d'habiletés intellectuelles, manuelles. C'est aussi une manière intime de penser et d'agir qui relève du mystère.»

M.S.

Dessin de Françoise Martin

Chapitre 1

LE TRAVAIL DE L'HOMME AVEC L'ANIMAL

A — LE MÉTIER D'ÉLEVEUR

"Le monde compte, encore aujourd'hui, environ 600 millions de moutons, presque autant de bovins, 200 millions de porcs, 80 millions de chevaux. Songeons à ce que serait notre vie sans eux, sans le lait de nos petits déjeuners et des biberons de nos enfants, sans la viande de nos repas, sans le cuir de nos chaussures, de nos sacs, de nos sièges, sans la laine de nos habits, de nos tapis, de nos matelas, tous les objets de consommation courante, qui représentent, à l'échelle nationale et internationale un marché énorme.

"Mais ce n'est pas tout. L'homme ne s'investit pas dans la culture des plantes de la même manière ni avec la même intensité (presque émotionnelle) que dans la domestication des animaux. Entre les hommes et les animaux (ou du moins certains d'entre eux), la frontière apparaît souvent floue. Les uns et les autres sont en tout cas des êtres animés, qu'unissent de très anciens liens de compagnonnage. De même que Dieu créa, dit-on, l'homme à son image, l'homme se projette dans les animaux, modelant, par croisement, sélection ou dressage, leur matière vivante en fonction, non seulement de ses besoins matériels, mais aussi des représentations qu'il se forme de lui-même, des autres et du monde qui l'entoure - représentations qui sont parfois moins nettement formulées mais rarement moins essentielles que les besoins matériels.

"Ainsi, il n'est pas exagéré de dire que les animaux font partie des éléments constitutifs de l'identité de l'homme. Celui-ci se reconnaît eu eux — diction populaire "tel chien, tel maître" n'exprime pas autre chose — et l'image d'être supérieur, détenteur d'un pouvoir absolu sur la vie et les êtres, qu'ils lui renvoient n'est certainement pas pour rien dans les sentiments véritablement passionnés que les animaux suscitent bien souvent chez l'homme (1) (2)."

(1) Digard (Jean-Pierre), *L'homme et les animaux domestiques, anthropologie d'une passion*, Fayard, Le temps des sciences, 1990.
(2) Cf. également Milliet (Jacqueline), *Des animaux et des hommes*, édité par Jacques Hainard et Roland Kaehr, musée d'anthropologie, Neuchâtel, 1987.

Comme le constate Jean-Pierre Digard qui lui-même a saisi l'importance des travaux d'Haudricourt sur la relation de travail avec l'animal et la plante, nous avons nous-mêmes, dès les premières recherches sur les cultures pastorales basques, identifié les mêmes mécanismes relationnels que ceux décrits par Haudricourt.

Nous avons conduit nos recherches sur la relation du travailleur avec l'animal, à partir d'une série de constats, dans l'observation du travail d'éleveur.

1. Des aptitudes et conduites spécifiques dans le travail avec l'animal : une relation particulière décrite par Haudricourt.

Nous avons identifié en 1966 (3) des conduites spécifiques, culturelles, affectives, intellectuelles, corporelles, quel que soit le type d'élevage (extensif ou intensif, moderne ou traditionnel), qui marquent l'activité technique de l'éleveur. Un certain nombre de traits de personnalité et de qualités, en particulier affectives, peuvent favoriser ou défavoriser l'établissement d'une relation positive au produit, et donc d'une maîtrise plus ou moins facile du troupeau.

Des traits de personnalité sont encouragés par la culture technique des éleveurs et relèvent aussi de l'histoire personnelle du sujet.

Certains éleveurs ne possèdent pas les traits de personnalité nécessaires au travail avec le vivant animalier. D'autre part, les grandes cultures pastorales, par exemple les Peuls, où tous les acteurs possédaient ces qualités affectives de maternage (à l'exception de quelques pastoureaux qu'on rejetait du monde du travail), ont perdu, avec la modernisation et l'urbanisation des pays environnant le Sahel, les qualifications affectives propres au travail avec les bêtes : tolérance de moins en moins grande à la solitude, énervement lié à l'indocilité des bêtes, etc.

Il y a une perte collective des qualités affectives requises pour élever des bêtes.

Nous nous portons en contradiction avec les affirmations très largement répandues dans l'univers des pédagogues et des ingénieurs selon lesquelles seul un bon niveau de formation générale et technique, un certain capital foncier et d'exploitation

(3) A la suite de la recherche sur le travail des éleveurs de la vallée de la Soule, menée dans le cadre du Plan, "Aspects psychosociologiques du développement de la Haute-Soule", par M. Salmona, AFAP, 1967 (ronéo, rapport de recherche).

suffiraient pour que n'importe quel agriculteur puisse pratiquer l'élevage.

Nous nous portons en contradiction également avec les affirmations des experts, selon lesquelles les progrès de la génétique, de la recherche vétérinaire et de l'organisation du travail tendent à gommer la spécificité du travail de l'éleveur.

Nous reprenons les travaux d'Haudricourt (4) selon lesquels production végétale et production animale modèlent de manière spécifique la relation globale qui s'établit entre le travailleur et le produit.

Haudricourt estime qu'il existe chez l'agriculteur, selon qu'il est producteur d'animaux ou de plantes, deux types extrêmes de relations conditionnant les comportements du travailleur.

Avec la plante qui est fragile : *"Il n'y a jamais contact direct et brutal avec l'espace ni simultané dans le temps avec l'être domestiqué"*. C'est ce qu'Haudricourt appelle *"l'action directe négative"*. En revanche, *"l'élevage du mouton, tel qu'il est pratiqué dans la région méditerranéenne, semble le modèle de l'action directe positive. Il exige un contact permanent avec l'être domestiqué. Son action est positive ; il choisit l'itinéraire qu'il impose à chaque moment au troupeau. Le berger accompagne jour et nuit son troupeau, il le conduit avec sa houlette et ses chiens, il doit choisir ses pacages, prévoir les lieux d'abreuvoir, porter les agneaux nouveau-nés dans les lieux difficiles et enfin les défendre contre les loups"* (4).

Cette opposition de comportement n'est pas absolument liée à la distinction plante cultivée/animal domestiqué. Nos céréales n'ont pas les même exigences que l'igname. "*De même, tous les animaux domestiques ne ressemblent pas au mouton. Dans les campagnes indochinoises, les buffles sont gardés par les enfants, mais ce n'est pas l'enfant qui défendra son troupeau contre le tigre. C'est le troupeau sachant se défendre qui empêchera le tigre d'enlever le "gardien". L'action de l'éleveur est directe : contact par la main ou le bâton, mottes de terre lancées avec la houlette, chien qui mordille le mouton pour le diriger* (5)."

Le modèle d'Haudricourt sur l'action directe négative avec la plante et l'action directe positive avec l'animal, par leur nouveauté et leur précision, nous permettait de développer comment à l'intérieur du travail agricole se tisse ce dialogue spécifique du

(4) Haudricourt (A.-G.), "La technologie, science humaine", *Recherche d'histoire et d'ethnologie des techniques*, Éd.. de la Maison des Sciences de l'homme, Paris, 1987.
(5) Haudricourt (A.-G.), "Domestication des animaux, culture des plantes et traitement d'autrui", revue *l'Homme*, janvier/avril 1962, tome II.

travailleur et du produit, animal ou végétal, cette relation sociale particulière dont parle Georges Simondon (6), et quels étaient les rôles techniques sollicités et réalisés par le travail de production végétale ou animale, et leurs incidences mentales.

2. Résonance profonde spécifique des rôles techniques dans l'élevage.

D'autre part, comme l'a analysé Anne-Marie Rocheblave-Spenlé, "*chaque système de rôles techniques doit être étudié non seulement dans son expansivité mais aussi dans son degré de retentissement au niveau des tendances profondes de la personne du producteur, de la résonance personnelle et profonde que le producteur trouve en se livrant à sa tâche, des dispositions qui favorisent ce travail* (7)". Par exemple, chez les éleveurs nous constatons que leur statut d'éleveur implique les rôles de producteur et de "commercialisateur" de ces animaux ; mais à ces rôles se superposent des rôles plus profonds de materneurs/soigneurs. En effet, "*certains rôles engagent toute la personnalité et font appel à des réactions affectives profondes... au contraire des rôles de surface, commandant des réactions superficielles et isolées* (8)" et déterminant des conduites momentanées ne touchant pas aux tendances personnelles profondes.

Etre éleveur c'est avoir hérité d'un modèle affectif (9), un modèle culturel traditionnel, dicté par le groupe, selon lequel l'homme traite ses bêtes avec attention, y apporte une vigilance permanente qui s'apparente au comportement de la mère avec le nourrisson et du soignant avec le malade.

Mais c'est également un modèle de comportement dérivé du statut d'éleveur, et à travers ces rôles la culture de la microsociété se transmet d'une génération à une autre.

Enfin l'éleveur est un homme qui réalise des rôles irrigués d'attitudes, mais aussi de dispositions affectives latentes à côté d'actions manifestes ; ces rôles ne se situent plus au niveau du groupe : en effet, du point de vue social, ce qui importe avant tout, c'est la fonction elle-même de produire des bêtes de bonne qualité et vendables, et de bien les traiter ; mais au point de vue de l'acteur, les réponses

(6) Simondon (Georges), *Du mode d'existence des objets techniques*, éd. Aubier-Montaigne, 1969.
(7) Rocheblave-Spenlé (Anne-Marie), *La notion de rôle en psychologie sociale*, PUF, 1952 et article "Rôle et statuts dans l'univers économique" dans *L'économique et les sciences humaines*, tome 1 présenté par Guy Palmade, Dunod, 1957.
(8) (9) Cf. Rocheblave-Spenlé (A.-M.), opus cité.

aux rôles impliquent certaines dispositions personnelles qui favorisent celles-ci. C'est dans ce dernier sens que nous utiliserons le terme de rôles techniques. Le terme de rôle marque la résonance personnelle profonde que l'acteur trouve en se livrant à sa fonction et à ses tâches d'éleveur. Si l'on change ces rôles de maternage, toute la structure du réseau de rôles est changée. Les transformations se répercutent sur des rôles apparemment fort éloignés des premiers. L'altération d'un secteur de rôles techniques de l'éleveur a des incidences sur l'affectivité, la cognition et l'imaginaire. L'éleveur peut-il supporter ce risque ? A quels coûts mentaux! A-t-on les moyens de prévoir ces évolutions de rôles ?

Nous constatons que l'élevage, même pour les éleveurs qui n'innovent pas, présente beaucoup de difficultés et de “pépins”, surtout dans le traitement des maladies et dans l'alimentation ; à plus forte raison encore, l'éleveur qui innove (intensification de l'élevage avec toutes ses difficultés alimentaires, sanitaires, techniques d'exploitations nouvelles comme le zéropâturage, etc.) se trouve face à des problèmes auxquels la réponse n'est ni immédiate ni sûre. Aussi est-il amené à essayer des solutions, des vaccins, des traitements, des aliments, etc. Face à ces phénomènes difficilement contrôlables, l'éleveur est obligé, peu ou prou, de se transformer en expérimentateur, même si les conditions de ce travail ne permettent pas de suivre des règles scientifiques strictes. A sa manière, l'éleveur a toujours expérimenté, pour sélectionner les races par exemple, en gardant les brebis qui mettent bas des bessons (jumeaux). Mais d'une part, la situation se prête peu ou difficilement à l'expérimentation ; d'autre part, l'éleveur est gêné par ce type de démarche systématique scientifique à laquelle il n'est entraîné, ni à l'école ni dans les stages de formations d'adultes. Les conseillers (les démarcheurs) présentent des solutions toutes faites, le plus souvent inadaptées à la situation de l'éleveur, et ne l'aident pas à cet apprentissage de l'expérimentation. La complexité des phénomènes, les particularités de sa propre exploitation nécessitent qu'il soit rodé à ces types de démarches intellectuelles systématiques et fastidieuses (isoler les facteurs en présence, ne faire varier qu'un facteur à la fois, former des hypothèses, élaborer des stratégies, vérifier et reformuler l'hypothèse de départ, etc.). Des méthodes d'entraînement sur des cas à l'expérimentation scientifique amélioreraient les conduites d'expérimentation spontanée des éleveurs. Nous reprenons dans cette dernière hypothèse également les analyses de Simondon (10) selon lesquelles la relation du travailleur à l'objet technique devient particulièrement aliénante dans le travail avec le produit dès qu'elle n'est plus relation

(10) Georges Simondon, opus cité.

d'égalité, d'échange, de réciprocité. Ces quatre hypothèses très générales permettent de proposer une approche tenant compte de la spécificité de l'activité (affective, cognitive, gestuelle, sociale) et de leur interaction dans le domaine du travail.

3. Les travaux types de l'éleveur ovin

Un grand nombre d'activités de l'éleveur dans son travail quotidien relèvent de l'observation, ou de ce qu'on appelle généralement le coup d'œil :

— la reconnaissance et connaissance (individuelle) de ses animaux et de son troupeau ;

— la détection et le diagnostic de maladies (ou mieux leur prévention à partir de la détection de signes précoces) ;

— et plus généralement, le suivi de l'état des animaux, surtout aux moments cruciaux : agnelage, lutte, alimentation etc.

Que sous-tendent ces activités de discrimination perceptive, de diagnostic et de surveillance permanente ?

Le "coup d'œil" est un phénomène mal connu ; il est pourtant l'élément essentiel dans le diagnostic des maladies et la reconnaissance des animaux.

La perception de signes est toujours une interprétation, une mise en relation des signes perçus et d'une série de significations et de connaissance. Il existe des différences inter-individuelles dans la perception "pure" (c'est-à-dire le simple fait de voir quelque chose quelque part). Ces dispositions personnelles peuvent favoriser ou défavoriser l'homme au travail (différenciation des bêtes, de leur état, etc.). Les résultats aux tests indiquent que ces seules dispositions ne suffisent pas à expliquer le phénomène. Il est nécessaire qu'une attitude d'intérêt, une conduite affective s'y ajoutent pour favoriser par la suite une conduite intellectuelle de recherche d'information. Une interprétation des signes, un traitement des informations doit accompagner ces dispositions perceptives et ces motivations. Cette interprétation nécessite des opérations mentales d'abstraction, la mise en rapports de signes avec des significations. Ces significations n'existent (pour et chez l'éleveur) que si certaines connaissances et informations sont stockées par le sujet. Enfin, l'interprétation des données ne peut être simplement une mise en relation par association automatique de signes et significations (à tel signe correspond automatiquement telle signification). Elle est une interprétation ouverte qui intègre des signes nouveaux, des phénomènes et facteurs particuliers non prévus par le code transmis par l'apprentissage traditionnel, les stages, les livres, l'expérience. On doit compter avec le "non-prévu", les conditions particulières à l'élevage, à l'exploitation, au moment, à la forme de manifestation de la maladie, etc. Cette interprétation ouverte traite une infinité de données nouvelles qui remettent en question les automatismes associatifs ; c'est une démarche active qui fait appel à des opérations intellectuelles de niveau formel. Une série de phénomènes affectifs et intellectuels interviennent dans le "coup d'œil", les capacités de perception liées à la personnalité, à la culture des sens, aux rapports que l'éleveur entretient avec son corps, aux motivations, au travail, à la fatigue.

Face aux problèmes d'alimentation, de maladie, de mises-bas, tous les éleveurs sont obligés de prendre des risques particulièrement importants, car ils ont des répercussions en chaîne lourdes de conséquences économiques. Ces risques sont pris dans des conditions de rapidité particulières à l'élevage et souvent fondés sur des phénomènes mal connus ; l'apprentissage de l'évaluation de ces risques semble primordial dans l'éducation de l'éleveur, puis dans sa formation d'adulte, car ce sont des risques techniques qui interviennent en permanence. On a jusqu'ici, dans la vulgarisation et la formation d'adultes, surévalué la formation à l'analyse des risques économiques et sous-évalué l'importance de la prise de risques techniques quotidiens (11). Les travaux de Georges Cazalot (12) et de Jean Laforge (13) sur la prise de décision et le traitement de l'information chez les producteurs laitiers ouvrent des perspectives nouvelles et très importantes au sujet de la décision technique.

Au lieu de partir d'une analyse théorique et des processus de décision technique, les procédures pédagogiques mises en place dans l'outil ATEL par Cazalot, explorent avec les éleveurs les condition concrètes et particulières (14).

Si l'éleveur a des tâches de coordination entre les différentes fonctions de l'exploitant, elles sont particulièrement importantes à l'intérieur même de la fonction de production, car le produit est une matière vivante, complexe et soumise à toutes sortes d'aléas. L'organisation est très importante dans la conduite du troupeau. C'est une qualité qui est centrale au travail d'élevage.

(11) Formation des agriculteurs et apprentissages de la décision. Actes de la journée du 21 janvier 1981, Dijon, INPSA/INRAP/INRA.
(12) Cazalot (G.) et Laforge (J.), *Recherche d'une méthode d'appui technico-économique aux producteurs de lait*, ITEB/INPSA, 1980.
(13) Cazalot (G.), *Traitement de l'information et prise de décision dans les exploitations à dominante lait*, ITEB, 1983.
(14) La méthode ATEL d'appui technique aux éleveurs laitiers, octobre 1979, voir table des sigles en fin de volume.

4. Les caractéristiques sociales et microsociales du travail d'éleveur

La vulgarisation scientifique et technique dans l'élevage, l'innovation, l'information et les modes d'ajustement : les éleveurs et l'information technique, économique et scientifique diffusée par les organisations professionnelles, administratives et de recherche.

Les éleveurs qui tentent d'intensifier leur production et d'introduire des innovations, se trouvent démunis face aux problèmes d'application soulevés par les résultats des recherches diffusés par les laboratoires : un fossé existe entre les résultats en "laboratoire" et les répercussions en chaîne provoquées dans les exploitations par leur application. La vulgarisation ne résout pas ce problème. Une nouvelle expérimentation est nécessaire pour chaque exploitation, adaptée à l'échelle et aux particularités du lieu. Les éleveurs se trouvent seuls face à cette tâche difficile et non résolue ou mal prise en compte par les structures de vulgarisation (15).

Les actions de vulgarisation et de conseil de gestion ont conditionné l'éleveur à recevoir des recettes et à accepter des résultats et des informations, au lieu de l'aider à faire lui-même la démarche intellectuelle qui lui permettrait de les réunir et de les interpréter. Aussi, l'éleveur reçoit-il un savoir et une information "en miettes" qui se superposent au savoir acquis par l'expérience et à la réflexion personnelle, sans s'y intégrer. Le lien ne se fait pas entre ces deux types de savoir, ni entre les deux types de réflexion, l'une alimentée chez l'éleveur par les problèmes quotidiens de conduite du troupeau, l'autre injectée par les organisations agricoles et les agents de développement. Ces facteurs ne favorisent pas le travail intellectuel nécessaire quotidiennement.

Les "papiers", les informations, les modèles produits par les organisations agricoles, par exemple les "papiers" pour l'enregistrement, le stockage des informations sont conçus sans souci des difficultés d'utilisation des intéressés. Ils véhiculent d'autre part la logique des économistes, des spécialistes, qui est souvent très différente de la logique "spontanée" des éleveurs. Aussi beaucoup de ces documents ne sont-ils pas utilisés par les éleveurs, et rejetés ; par exemple, les tableaux de l'ITEB pour stocker les calendriers des chaleurs (16). Tous ces facteurs concourent à accroître la solitude

(15) Pascon (Paul), "Les techniciens entre les bavures et le bricolage", *Etudes rurales. Idées et enquêtes sur la campagne marocaine*, Société marocaine des éditeurs réunis, Rabat, 1980, ainsi que "L'ingénieur entre la logique des choses et les logiques de classe" et "Critique de la sainte raison technique", *Les temps modernes*, 33e année, n° 375, oct. 1977.

(16) Salmona (M.), *L'homme et la vache*, ITEB/CAESAR, nov. 1978 (ronéo).

des éleveurs et à augmenter leurs difficultés pour prendre des décisions, fondées sur des modèles contradictoires.

Dans le système d'entraide traditionnelle, on faisait appel pour des cas de diagnostic difficile (pour un agnelage compliqué) (17) à un voisin, un ami, qui apportait son aide contre un service rendu plus tard, ce qui permettait, "sans sortir d'argent", de trouver un support aux difficultés de réflexion, de décision et d'action. Ce système d'entraide tend à disparaître, alors que beaucoup d'actes de l'élevage deviennent de plus en plus problématiques dans la situation d'intensification de la production. Certains éleveurs mettent sur pied des réseaux d'entraide pour faire face à ces tâches difficiles.

Quand des difficultés d'ordre intellectuel se produisent dans le travail de l'éleveur, il développe une recherche d'ajustement par des conduites particulières. Ces ajustements sont le plus souvent pathologiques, tant sur le plan psychologique que dans leurs effets sur le troupeau, l'exploitation et la famille. Ces manques et ces types d'ajustement peuvent apparaître avec l'intensification de la production et les transformations de la conduite du troupeau. Ils entraînent une gêne permanente dans le travail, la vie quotidienne et l'équilibre.

Ils se manifestent en liaison avec l'augmentation de la fatigue nerveuse :

• par l'apparition de conduites agressives :
  — cette agressivité trouble les possibilités de conduite et d'organisation du troupeau ;
• par l'apparition de conduites anxieuses ou dépressives qui entraînent l'éleveur à adopter :
  — des conduites de travail excessif pour apaiser son anxiété,
  — des conduites "ritualistes" qui l'obligent à répéter actes, soins et précautions, déjà très lourds dans la charge de travail ovin, en particulier dans les périodes de fatigue : il croit ainsi pouvoir parer à d'éventuels oublis liés à sa fatigue psychique, oublis de fermer une barrière, de faire une piqûre, de réaliser des tâches dont les conséquences sont importantes pour le troupeau. L'oubli est une hantise des éleveurs,
  — des conduites d'irrégularité, de retombées de l'attention

(17) Au GAEC du Sureau, en 1972, un réseau d'entraide pour l'agnelage et les maladies des brebis avait été mis sur pied avec d'autres éleveurs de la région de Lezoux en Limagne.

de l'activité dans certains domaines liées au découragement et à la dépression.

5. Les rôles techniques de l'éleveur

Les manuels français d'éleveurs décrivent mieux que nos propres recherches de psychologie du travail, les rôles, tâches et situations-problèmes essentiels des éleveurs : les rôles des panseurs, soigneurs, médicineurs. Ces tâches permanentes de prévention ou de traitement de la maladie n'ont fait que s'accentuer avec la concentration des animaux dans des bâtiments fermés où la maladie se propage de manière fulgurante. Ce rôle de soigneur est peut-être plus stressant qu'autrefois car, lorsque les bêtes sont atteintes d'une maladie contagieuse, il faut les abattre et conserver les bâtiments dans le "vide sanitaire", c'est-à-dire sans aucune production animale à l'intérieur durant des mois après la désinfection. Ces bâtiments ont été construits grâce à des prêts au Crédit agricole, lourds et de longue durée ; s'ils sont vides, les paysans ne peuvent payer et les remboursements d'emprunt tombent malgré tout. La maladie se propageait moins facilement quand les bêtes étaient dispersées dans plusieurs bâtiments ou qu'elles parcouraient les pacages. Mais écoutons les anciens sur le rôle de médicineur :

"Les ovins qui sont atteints de **piétin** *et de* **fièvre aphteuse** *doivent être suivis de près tous les jours. On doit chaque jour, si possible, tailler les ongles (le sabot) et les leur brûler soigneusement avec du vitriol. Si les bêtes sont à la montagne, il faut les laisser là-haut, ne pas les obliger à marcher jusqu'à la guérison du mal aux pattes. En ce cas, le berger doit faire grande attention, car il risquerait de voir la moitié du troupeau atteinte de fièvre aphteuse ; cinq cents sur mille. Comme ce mal arrive en été, à la montagne, les bêtes risquent d'être infestées par les vers – même si elles se trouvent très haut en montagne – les mouches vertes arrivent. Pour éloigner les mouches et enlever les vers, il faut verser sur le mal de l'huile de genièvre. Il arrive que, sans être une année de fièvre aphteuse, l'année connaisse une épidémie de piétin, quand il fait un chaleur très humide : alors il faut tailler les sabots à petits coups et les brûler soigneusement avec du vitriol, et par dessus tout, ne pas faire courir les bêtes avec les chiens.*

"La **taie cornéenne** *peut rendre les brebis aveugles. Alors, il faut faire pénétrer une tige de graminée (une sorte d'herbe assez forte) dans le canal du haut du palais, car c'est l'obstruction de ce canal qui provoque la taie cornéenne. Il faut mesurer la tige approximativement, qu'elle soit un peu moins longue que la distance du palais*

au coin de l'œil, pour éviter qu'en pénétrant, elle ne touche la cornée. Il faut faire une entaille à l'oreille de la bête, et avec ce sang, bien laver l'œil. Au bout de trois jours, l'œil sera guéri. La tige de graminée est une herbe qui est creuse en son milieu et le pus coule dans le creux tandis que l'herbe pénètre dans le canal.

"Le **fourchet.** *Entre le paturon et le sabot, à l'endroit où le sabot devient fourchu, il se forme chez les ovins une grosseur importante (une grosse enflure). Alors, il faut tirer le "nerf" blanc qui se trouve à l'intérieur. Pour cela, il faut faire avec le couteau une entaille sur la peau au milieu de la grosseur, tirer le nerf avec la main gauche au moyen d'une épingle ou d'une aiguille et, avec la pointe du couteau, détacher le nerf tout autour. Il en sort une longueur de 5 à 10 centimètres ; ensuite, bien laver l'emplacement, verser de l'huile de genièvre et faire un bon pansement avec du linge, et dans les premiers jours, si possible tous les jours, renouveler le pansement. Si la bête est soignée dès le commencement, elle guérit rapidement et le mal ne reviendra pas dans cette patte. Si la brebis se fracture une jambe, on fait des attelles (avec des bouts de bois). Ces attelles doivent être, si possible, en bois de coudrier et minces. Si elles sont très minces, on en met cinq au lieu de quatre autour de la fracture : cela fait moins souffrir la brebis. Ces attelles doivent être attachées avec un fil de laine. Celui qui ne dispose pas de ce fil trouvera toujours dans les cayolars de la laine ou une peau de brebis. Le fil que l'on en tire a besoin de graisse, si la laine n'a pas été lavée. La corde faite ainsi est beaucoup plus solide. Sous les attelles, il faut mettre un linge aussi épais que possible ; avant de mettre le linge, il faut placer les os fracturés en face les uns des autres pour qu'ils se soudent. La jambe qui a eu une luxation est plus mauvaise et plus difficile à soigner que celle qui a eu une fracture. Si la jambe a été démise à l'épaule, il faut des attelles longues du même côté du corps ; les serrer aussi fort que possible au membre du côté opposé, pour que celui-ci appuie davantage et soutienne le poids du corps autant que possible.*

"Les maladies que l'on ne pouvait pas guérir"

"Le **charbon** *atteint les ovins et les vaches de forte constitution. En 24 heures, les bêtes étaient à toute extrémité. Il se forme sous la peau un pus noir et au moment de mourir, la bête s'enfle. On ne connaissait pas de remède à ce mal.*

"La **diarrhée verte.** *En 48 heures, la bête est à toute extrémité. Le premier jour, au matin, la joue se creuse. Le soir, une coulante verdâtre : la bête ne rumine plus. Le second jour, elle meurt. Les*

anciens ne connaissaient pas de remède pour ce mal. La fougère mâle est bonne pour cela, mais avant que le mal ne se manifeste, il faut faire boire aux ovins de la tisane de cette plante.

"La **hernie.** *Il se forme sous le flanc, une grosseur quand les intestins pénètrent dans le tissu musculaire. Cela arrive quand une brebis roule sur une pente, parce qu'elle fait un trop grand effort. La hernie est un mal qu'on ne pouvait pas guérir. On garde la bête jusqu'en automne et on l'engraisse, pour la tuer en hiver et pour en consommer la viande à la maison même.*

"La **maladie de la douve.** *L'ovin a la joue creuse, le poil hérissé sur la joue et sous le menton de la bête se forme une poche. la rumination se ramasse là. La bête ne fait plus que dépérir ; faute de remède à ce mal, elle mourait au bout de quelques mois. Le bêtes attrapaient ce mal en avalant un ver dans les eaux qui stagnaient près des fontaines.*

"Le **tournis.** *Ce mal ne guérit pas chez les jeunes ovins et très peu chez les adultes. La bête a toujours tendance à descendre, elle glisse vers les cours d'eau et à la fin, elle y périt par accident. Ce mal se rencontre surtout chez les jeunes ovins de la première et de la deuxième année ; la bête est sans entrain.*

"Les **vers des cornes** *ou* **larves de l'œstre.** *La bête ne s'affaiblit pas et ne dépérit pas autant, mais elle est prise également de vertige ; à la fin elle tombe par terre ou dans l'eau, pour y mourir. Il faut percer les deux cornes avec une vrille, à un centimètre de la jointure de la corne avec la peau. Dès que ce trou est pratiqué, il faut le remplir avec de l'huile de genièvre et le boucher avec un bout de bois. L'huile de genièvre tue le ver qui se trouve dans le crâne. Si on prend le mal à temps, le ver sort par les narines de la bête. Mais on arrivait rarement à faire sortir ces vers, parce que le remède était appliqué trop tard.*

"Le **musarail.** *Autour du museau se forme comme une gale : le musarail. Il faut bien nettoyer les joues de la bête, les laver à l'eau, puis les frotter avec de l'huile de genièvre. Garder la bête à l'intérieur pendant une journée afin que ni la pluie ni la rosée n'emportent le remède.*

"La **coccidiose printanière.** *C'est un mal qui arrive au printemps quand les ovins pacagent dans la basse montagne. Le premier jour, la bête a la joue creuse, le poil hérissé sur la joue. Le 2e jour déjà elle se met à grincer des dents. Le 3e jour, elle meurt. Dès le premier jour, elle cesse de ruminer. Les bergers croyaient que c'était l'ajonc épineux tendre qui provoquait ce mal. A la haute montagne, on ne rencontre pas ce mal, mais autrefois les bergers ne savaient pas le guérir.*

"L' **écartement des cornes.** *En Soule, les brebis ont presque*

toutes des cornes. Si ces cornes leur serrent de trop près derrière les oreilles, elles peuvent pénétrer dans la chair. Dans les blessures ainsi provoquées, les mouches peuvent se poser et les vers se mettre dans la tête de la bête. A cause de cela, en automne ou en hiver, à la maison, les bergers faisaient ramollir les cornes dans la cendre chaude, puis les relevaient. Les cornes ainsi écartées de la peau, les bêtes ne se blessaient pas.

"La **section de la queue**. *Tant qu'ils sont agneaux, avec un couteau on coupe la queue aux femelles et à ceux qu'on destine à être béliers. A l'endroit de la section, on met un pansement avec de l'eau salée pendant deux jours. Quand on sectionne la queue, on laisse un ou deux os. Aux agneaux mâles qui ne sont pas destinés à devenir béliers, on enlève les testicules : c'est la castration. On fait une entaille et on arrache les testicules.*

La naissance

"La **période de rut**. *Elle va de mi-juillet à mi-septembre pour la plupart des brebis en août, quand elles sont dans les hautes montagnes de Soule. Quand la brebis est prête à s'accoupler avec le bélier, on dit qu'elle est en chaleur. Les parties deviennent plus rouges et humides par sécrétion.*

"La **gestation**. *Deux mois après l'accouplement, on reconnaît si la brebis est pleine. On passe la paume de la main ouverte sous le ventre devant les mamelles. Si l'on sent, à 5 ou 6 centimètres, que l'on touche comme une bille avec le majeur, la brebis est pleine. Si le berger de la maison connaît les brebis, à la tête, il sait quand elles doivent mettre bas à condition qu'ils les ait vues en chaleur et qu'il sache que la gestation dure cinq mois.*

*"L'***avortement**. *Les bergers d'autrefois croyaient qu'une épidémie pouvait atteindre toutes les brebis. Ce qui est sûr, c'est qu'après la fièvre aphteuse, beaucoup de brebis ou de vaches avortent. De plus, si la brebis pacage aux rosées abondantes de l'automne, à la rosée du matin, elle avorte. Dans les journées froides, s'il y a du givre au pâturage, il en est de même.*

*"L'***agnelage**. *En novembre, décembre et janvier, le berger doit veiller souvent la nuit. Si l'agneau se présente bien, l'affaire est vite réglée ; mais si au moment où la brebis met bas, l'agneau se présente avec un membre qui reste en arrière, il faut le repousser à l'intérieur avec la main, dans la matrice, le retourner en le prenant par les membres. L'agneau se tourne, la partie postérieure en avant, pour que la brebis mette bas elle-même son petit. Quand la bête a mis bas, si les secondines ne suivent pas, on lui donne une tisane faite avec des graines de noisetier sauvage, graines qui poussent sur*

le noisetier blanc, mais pas avec celles d'autres arbustes. Il arrive que la brebis projette la matrice avec l'agneau. Cette matrice doit être soigneusement lavée avec de l'eau salée tiède. En sortant, elle s'est tournée à l'envers ; il faut la retourner et la repousser à l'intérieur en veillant à ce que la brebis ne la rejette pas à nouveau car elle a tendance à la repousser. Alors, on attache les uns aux autres les poils des deux cuisses, on fait boire à la brebis une tisane de graines de noisetier. Quand cet accident arrive aux vaches, on opère de même, sauf pour les poils. En octobre et en hiver, de telles choses arrivent quand les bêtes pacagent, le jour, dans de gras pâturages et que, la nuit, on les alimente avec du foin. Le rut se produit tous les vingt jours et dure une journée : mais parfois, même si la brebis s'est accouplée avec le bélier, elle retombe en chaleur ; on dit qu'elle est "revenue à nouveau". S'il faut percer l'anus aux agneaux, on le fait avec un bout de bois pointu et lisse.

"L' **engorgement**. *Lorsque l'agneau a une indigestion (s'engorge) pour avoir tété trop de premier lait après la parturition, soit de lait ordinaire, il faut lui ouvrir le passage postérieur avec un poireau. Celui qui est reconnu atteint dès le début guérit très rapidement.*

L'élevage

"Les **béliers**. *Dans les accords de pâture, ces assemblées que les bergers tiennent chaque année, on fixe ensemble le moment où l'on doit amener le bélier. Beaucoup de cayolars ne voulaient pas de bélier avant le 10 juin. Quand les chaleurs troublaient la période de rut, les béliers ne vont pas à la montagne avant le mois de juin, en même temps que les agneaux. Ces bêtes doivent avoir la joue blanche, le nez aquilin, la laine de belle qualité, bref elles doivent être des bêtes de choix, sinon les compagnons de cayolar (les autres bergers) peuvent les écarter. Pour cent brebis, il faut deux béliers, un jeune et un adulte. Pour quatre-vingt, un seul. Chaque maison doit en fournir au moins un. Dans un cayolar, ordinairement il y a dix maisons* (18)."

Ces rôles techniques n'ont pas changé ; ils sont plus nombreux, se sont complexifiés, mais la qualification d'un éleveur de brebis (et de vaches) repose sur la possibilité de maîtriser ces tâches avec le plus de précision, de méticulosité, de rapidité, plus qu'autrefois, car les animaux sont nombreux, souvent enfermés et les risques de propagation de la maladie plus importants. L'éleveur continue à mani-

(18) Peillen (J.), "Sciences des bergers d'autrefois - Elevage des ovins, leurs maux et maladies", *Bulletin du musée basque*, n° 38 (3e période n° 16), 4e trim. 1967.

puler vers, excréments, glaires, placenta. Il perce les panses, brûle les cornes, cautérise et soigne les plaies et les gales, aide le verrat à pénétrer les truies. L'excrémentiel, la pourriture, l'abject, la lutte avec la mort n'ont pas disparu avec la modernisation, ils se sont amplifiés, exaspérés. Quant à la fonction de procréation par procuration, elle est devenue le lieu stratégique du travail et la condition de la rentabilité économique comme la fonction de chirurgien/soigneur. L'éleveur devient un démiurge souillé, machinisé. D'autre part, un déséquilibre se produit dans la possibilité de récupération de l'angoisse et de la fatigue nerveuse emmagasinées dans la réalisation de ces rôles de démiurge souillé.

Le démiurge apeuré

Les autres rôles techniques qui introduisaient une respiration dans cette relation à la création de la vie et le corps à corps avec la mort et la maladie, se réduisent lentement, s'estompent ; les animaux sont de plus en plus enfermés (stabulation/zéropâturage), on les déplace peu, en particulier les vaches et surtout les porcs. Le moment de la nutrition était un moment d'observation et en même temps un moment de pause et de satisfaction car on contrôlait en leur donnant la nourriture que tout allait bien, que les bêtes étaient "gourmandes", avides et donc en bon état. Ce moment s'est aussi souvent transformé avec la mécanisation partielle ou totale de ce travail. Il y a disparition progressive de certaines tâches (garde dehors, déplacement d'un lieu à l'autre), où l'on pouvait "*recharger ses accus, dans des actes gratifiants pour les bêtes et pour soi. On ne se balade plus avec elles, on passe de moins en moins de temps avec le troupeau, détendu. On n'a pas le temps de les regarder ni de les connaître. On les pique, on les traite, on les fait reproduire, pas comme des bêtes, mais comme des machines* (19)".

Enfin, en ce qui concerne le travail de reproducteur par procuration de l'éleveur, on a franchi deux seuils :

1. L'intervention sur le génital interne et les mécanismes de la reproduction

Dans l'intervention sur la reproduction, il ne s'agit plus seulement d'organiser les montes et sélectionner les reproducteurs, de hâter de la main le travail des mâles avec les femelles ; on intervient sur le déclenchement des mécanismes "de chaleurs" et de reproduction, par la mise en place d'éponges dans les organes génitaux des brebis et par des piqûres pour les brebis.

(19) Entretiens avec une éleveuse de chèvres du Haut-Var.

2. Intervention à l'aveugle sur les organes vitaux de l'animal

Pour les vaches, dans le cas où sur le corps jaune se développent des kystes, ou des follicules kystiques, qui bloquent les chaleurs, on procède à un éclatement manuel du kyste. Quand le corps jaune persistant bloque les chaleurs, on procède à une énucléation manuelle ; enfin pour les "chaleurs silencieuses" on masse les organes génitaux.

Ces pratiques sur la reproduction sont à hauts risques physiques pour la bête (hémorragies, etc.) et comme nous le verrons par la suite, à hauts risques fantasmatiques pour l'éleveur, et très délicates à réaliser.

Certains vétérinaires du CEFAL de Lyon (20) dans un groupe qui réfléchit à la réappropriation par les paysans éleveurs des savoirs des vétérinaires, et à des pédagogies pour les techniques de l'élevage, ont produit, pour les éleveurs, une série de planches sur la reproduction, le diagnostic des anomalies dans les chaleurs et la visualisation/évaluation de ces organes "vitaux" minuscules, sur lesquels inséminateurs et éleveurs interviennent : une allumette sert d'élément d'évaluation de la grandeur de l'ovaire. Ces pratiques faites en présence des éleveurs par les vétérinaires sont reprises par les éleveurs qui, en même temps, craignent de se tromper et de provoquer des dégâts graves sur les ovaires et sur les mécanismes de reproduction.

6. L'attachement de l'éleveur à l'animal et la relation à l'animal

Le modèle d'Haudricourt ne mettait pas en relief certains mécanismes psychologiques et certaines dimensions de la relation de l'éleveur à l'animal qui ont des ressemblances avec ce que les travaux de John Bowlby (21) et de la psychiatrie du nourrisson (22) sur les mécanismes et supports de l'interaction, sur le lien qui se tisse entre la mère et le nouveau né, nomment l'attachement.

Une phrase de la voie peule (23), recueil sur les apprentissages des pratiques et des connaissances des pasteurs peuls concernant les animaux d'attache, définit ce lien :

(20) *Introduction à la reproduction chez la vache*, brochure réalisée par l'IFRAV et la photothèque de Skeudennou, 1979. BP 36, 44130 Blain. Voir p. 44 et 45, le corps jaune et l'appareil génital de la vache, photos tirées de cette brochure.

(21) Bowlby (J.), *Attachement et perte : l'attachement, le fil rouge*, et *Attachement et perte : l'attachement, séparation, angoisse et colère*, PUF, 2 tomes, 1978.

(22) "Le bébé dans un monde en changement", 2e congrès mondial de psychiatrie du nourrisson, sous le haut patronage du secrétariat d'Etat à la Famille auprès du ministère de la Solidarité nationale, Cannes, 29 mars-1er avril 1983.

(23) Diouldé Laya, "La tradition peule des animaux d'attache", thèse pour le doctorat de 3e cycle d'ethnologie, université Paris X-Nanterre, 1973.

"Tu devras entretenir ton troupeau autant qu'à ta connaissance une mère entretient son tout jeune enfant."

Les éleveurs de moutons et de vaches d'origine agricole, comme les citadins reconvertis à l'élevage depuis 1968 (les néoruraux), décrivent leur relation aux bêtes dans ces termes de maternage. L'attachement se développe dès la naissance des bêtes avec les éleveurs qui prennent soin des agneaux ou des veaux. La qualité de cet attachement va déterminer ensuite la plus ou moins grande facilité que l'éleveur aura de travailler avec l'animal, de l'approcher, de le traiter, de le soigner, sans grande difficulté : l'apprentissage par la bête d'un certain nombre de conduites (approcher quand on les appelle, accepter qu'on les panse sans résister), se fera au moindre coût d'énergie psychique et physique si l'attachement s'est réalisé. L'animal se sent protégé (24) et pris en charge par l'éleveur, par le corps tout entier, la voix, les attouchements : c'est un véritable "holding" selon l'expression de D.W. Winnicott (25).

Reprenant et élargissant à la relation entre espèces différentes la définition de H.H.F. Harlow (26), nous décrivons les activités et les affectivités spécifiques, c'est-à-dire un ensemble de comportements et de processus complexes sous-jacents qui créent et entretiennent les rapports sociaux reliant entre eux les éleveurs et leurs animaux, dans les situations de travail. Ce phénomène va prendre racine à partir de liens qui se tissent avec l'éleveur à travers l'expression de son corps en mouvement et immobile, ses gestes et sa voix :

— la voix, des manières de parler à l'animal, de l'appeler, de le gronder, de le rassurer, de l'encourager, de moduler des sons, des sifflements pour le guider ;

— les gestes pour conduire le troupeau, le soigner, le nourrir, le trier, saisir les bêtes, les traire ; gestes qui doivent avoir à la fois une stabilité pour que les animaux les reconnaissent, prennent des habitudes, et une grande précision pour éviter des risques d'accident pour l'éleveur, ou de blessures pour l'animal dans le cas de soins donnés à l'animal avec des "outils du corps" (27) contondants ;

(24) Bowlby (J.), "Note sur le contexte historique de la théorie de l'attachement", actes du colloque sur l'attachement, organisé par René Zazzo, Delachaux et Niestlé, 1979.
(25) Winnicott (D. W), *De la pédiatrie à la psychanalyse*, Payot, 1969.
(26) Harlow (H. H. F), "Les affectivités", colloque sur l'attachement, 1979, déjà cité.
(27) Velter (A.) et Lamothe (M.-J.), *Les outils du corps, soigner les hommes*, Bibliothèque Médiations, Denoël-Gonthier, 1978.

— une manière de se déplacer qui n'effraie pas l'animal et ne déclenche pas la panique dans le troupeau ; une manière en particulier "d'approcher" l'animal qui le rassure ;

— une gamme de gestes et de conduites, d'attouchements, de caresses, de gratifications, de jeux et de pénalisations qui prennent sens pour l'animal (comme pour l'enfant) et consolident les apprentissages favorables au travail et la familiarisation.

Mais d'autres éléments interviennent dans ce lien :

— l'odeur émise par l'éleveur en fonction de ses émotions et de ses sécrétions est souvent évoquée par les éleveurs ;

— le regard de l'éleveur lié à l'orientation de son visage est très important dans la relation de travail avec le chien de berger et avec certaines bêtes, particulièrement familières.

Maternage : bonne mère — mauvaise mère

L'homologie avec les phénomènes d'attachement est permanente : ainsi, comme dans la relation mère/nourrisson, l'éleveur doit être une bonne mère et se montrer attentif aux besoins des bêtes. Mais, comme le souligne D. W. Winnicott (28) "*les bonnes mères qui prévoient et précèdent tous les besoins du nourrisson, ne lui donnent pas de possibilité de ressentir de la frustration ni d'exprimer des demandes et d'expérimenter une autonomie progressive*". Pour les bêtes, il en est de même : certains éleveurs surmaternent leur troupeau ; les bêtes, trop "suivies", trop soignées, trop nourries, ou nourries de manière trop riche, se fatiguent. Ce phénomène de surmaternage est fréquent chez les éleveurs "inquiets" (29) ou chez les éleveuses vieillissantes (30) qui reportent tous les soins et la tendresse qu'elles prodiguaient aux enfants maintenant partis, sur le troupeau. Seabrook le souligne également (31). Ce maternage excessif indispose les brebis en particulier, car on multiplie et systématise les interventions sanitaires. Il coûte cher à l'éleveur, car il nourrit trop ses bêtes et avec des aliments trop onéreux. Cela provoque à la fois des difficultés sanitaires et vétérinaires. On retrouve ces mêmes phénomènes d'excessive protection/dépendance des bêtes

(28) Winnicott (D. W.), opus cité.

(29) Chapitre "Les fonctions psychologiques du troupeau", en particulier les fonctions thérapeutiques et de rééquilibration.

(30) "Qu'est-ce qui fait courir la petite agriculture ? Femmes et néoruraux", revue *Connexions*, n° 35, 1982.

(31) Seabrook (M.), "Les vaches développent un sentiment d'agacement vis-à-vis du vacher lorsque celui-ci s'occupe trop d'elles", dans *Farmers weekly*, 23 déc. 1977, article "Connaître le comportement de l'animal et repérer le changement dans le troupeau", édité par Frank Butcher.

(surtout avec les jeunes bêtes) et leurs effets négatifs, dans toutes les espèces. Ce surmaternage, lié à la personnalité de l'éleveur, est diagnosticable par la lecture des postes de dépenses de nourriture et de produits vétérinaires dans la comptabilité, et de gonflement du poste d'alimentation.

La lecture de résultats économiques renvoie à une analyse psychologique des conduite techniques.

C'est durant le vêlage que se tisse le lien entre l'animal et l'éleveur et se renforce le lien avec l'animal adulte ou jeune adulte (génisses) et l'éleveur : "*On peut supposer que le temps autour du vêlage est une période critique pour l'établissement des relations... Au vêlage, le vacher doit traiter les vaches avec sympathie. De cette façon, il peut accroître une relation satisfaisante avec le troupeau. La confiance en manipulant la vache a un effet bénéfique. La personnalité du vacher, à cette période critique, influence vraisemblablement les actes quand les conditions sont instables, les niveaux d'adrénaline peuvent être plus élevés, l'éjection du lait est inhibée et les productions tombent et n'arrivent pas à atteindre le pic potentiel après vêlage. Au moment de la parturition, les brebis sont réceptives à de nouvelles odeurs et contacts. Il en est peut être ainsi pour les vaches* (32)."

La conversation

A cet ensemble de "langages" corporels et sonores de l'éleveur, l'animal répond, réagit : des conversations s'élaborent. Comme les éleveurs d'origine paysanne, les jeunes éleveurs d'origine urbaine, moutonniers en stage au centre du Merle, racontent, après les avoir inventées, des histoires à leurs brebis (33). Les bergers rundi (34) récitent des éloges à l eurs bêtes, en particulier des éloges qui visent à provoquer des meuglements-réponses de la part des bêtes. Le berger converse avec ses bêtes qui réagissent en mugissant. Ces conversations ne sont pas utilitaires comme les incantations. Elles ont pour objet de meubler la solitude, de trouver un exutoire à la fatigue, de casser le silence des marches, de travail ; et aussi de faire partager à l'animal son besoin d'imaginer, de rêver, de peupler l'activité répétitive, complexe, contraignante et solitaire de l'éleveur, d'univers fantastiques, inventés, hors du quotidien. Nous reviendrons sur ces productions symboliques de la solitude de l'éleveur dans un chapitre particulier.

(32) Seabrook (M.), opus cité.
(33) Salmona (M. et P.), *Installation des bergers et chevriers dans quatre zones désertifiées*, recherche-action CAESAR/ITOVIC, 1978 (rapport ronéo).
(34) Rodegem (F. M.), *Anthologie rundi* Armand Colin, 1973.

— **VACHES AVEC CHALEURS APPARENTES** :

◆ **Chaleurs en milieu de cycle** : au milieu d'un cycle normal, il peut y avoir croissance d'un autre follicule, avec sécrétion d'œstrogènes et éventuellement comportement de chaleurs.
Ces follicules en croissance dégénèrent et il n'y a pas ovulation.

- Traitement : appel de l'inséminateur, car le diagnostic est délicat, et on fait inséminer dans le doute.

◆ **Kystes folliculaires de l'ovaire** (photo C).

Causes : - Déséquilibre minéral (Calcium, Phosphore, Potassium).
- Surdosage œstrogénique au cours d'un traitement.
- Déséquilibre hormonal.
- Prédisposition d'une souche.

- Symptômes : chaleurs plus ou moins rapprochées, excessives, voire permanentes aboutissant à à la **nymphomanie** : le traitement devenant alors aléatoire.

- Traitement : - Eclatement manuel du ou des kystes.
- Traitement hormonal : PU + progestérone, ou facteurs hypothalamiques provoquant des sécrétions hypophysaires de l'hormone d'ovulation (LH).

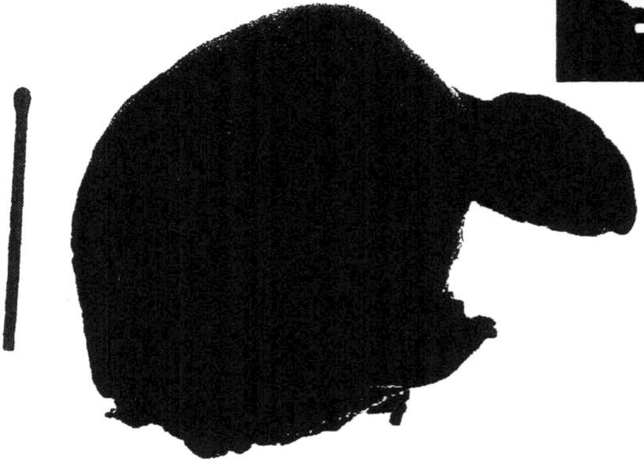

Photo C :
Kyste folliculaire

Photo tirée d'un fascicule de formation vétérinaire publié par le centre de Skeudennou, donnant l'échelle d'un ovaire de vache grâce à une allumette

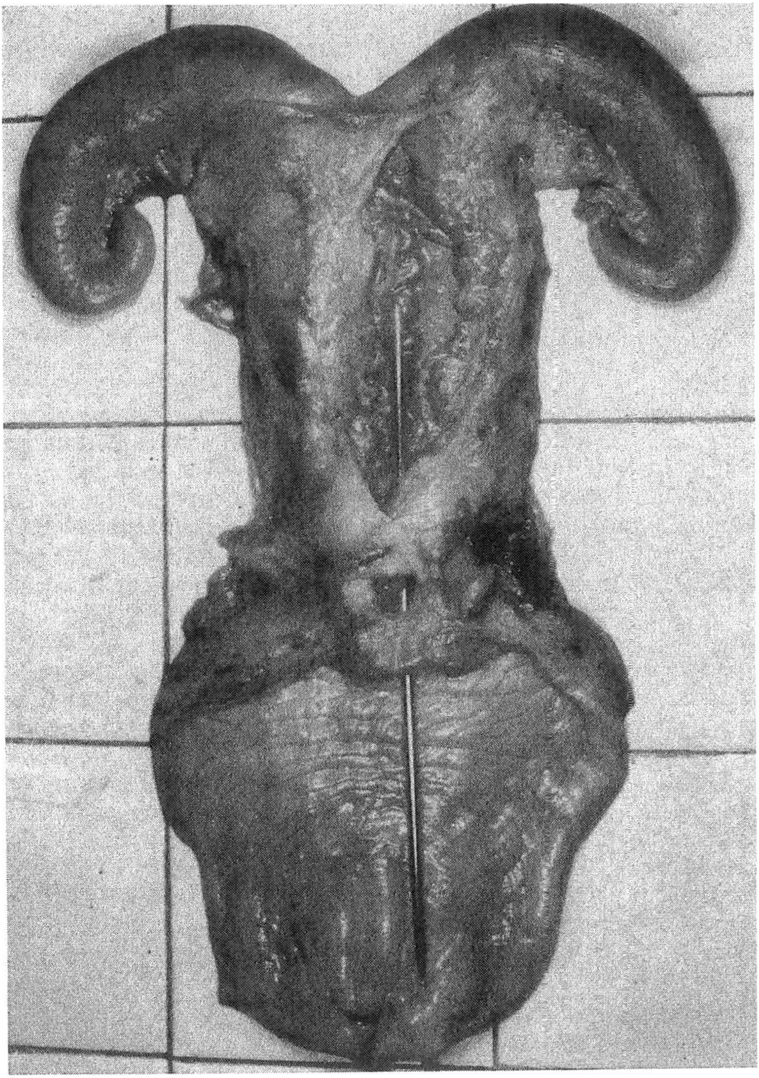

Planche de formation à l'anatomie de la vache et à l'insémination artificielle

L'animal signifie à l'animalier, "parle à l'animalier". L'animal exprime par des sons, des postures, des mimiques, des manières de se déplacer, ses désirs, ses satisfactions, ses souffrances. Il manifeste des demandes. Cette production sonore et posturale, ce "langage" de l'animal est un élément important dans le travail intellectuel de l'éleveur, de repérage de signes à des fins de diagnostic ou de manipulation : l'éleveur va repérer une maladie des pieds, au bruit de la marche ; il va éviter d'approcher une bête qui manifeste sa nervosité par des beuglements, etc. L'éleveur est sans cesse en train d'interpréter les manières d'être de l'animal.

Les travaux de Seabrook d'observation durant de longues périodes de bons et mauvais trayeurs salariés, ont mis en évidence les différentes mimiques que les vaches adoptent pour marquer leurs réactions à l'éleveur (35). Mais d'autres signes apparaissent : une raideur des muscles, une raideur des poils, des frissons, des manifestations de défécation régulière... sont le signe d'inquiétude, de nervosité, par exemple, auxquelles les éleveurs font attention. En particulier tous les signes de "tristesse" qui sont associés à un état de maladie ou de nutrition mal adaptée, enfin de malaise par rapport au contexte humain et matériel de l'exploitation où vit l'animal. "*Ma chèvre, elle était triste, elle voulait repartir chez elle, plus bas dans la vallée. Elle avait le spleen* (36)", disait une éleveuse du plateau du Colombier, en Ardèche, d'une bête qu'elle avait ramenée de chez une parente habitant moins haut dans un autre écosystème. Les brebis de la vallée d'Ossau (37), avant l'estive, sentent le moment et sont très nerveuses, attendent le départ, incapables de rester tranquilles, parfois prêtes à démarrer bien avant que le signal ne soit donné.

L'éleveur entend ces "langages", ces bruits, ces sons en particulier. Il les interprète de manière différente des sons, des bruits d'une machine. Ils ont une résonance "affective" spécifique liée au type d'interactions avec l'animal : l'éleveur s'identifie à l'animal, projette ses affects sur les conduites de la bête. Cette résonance des sons (38) émis par les bêtes peut avoir des effets de blocage, de refus lorsque certaines techniques augmentent ces

(35) Seabrook (M.), opus cité.
(36) *Evaluation de la diffusion des modèles d'exploitation*, recherche SUAD de Privas, Ardèche, 1969-70.
(37) Salmona (M.), *Etude du travail des moutonniers de la vallée d'Ossau*, pour l'ASAM (Association au service des agriculteurs de montagne), 1967.
(38) Voir p. 50, page extraite de Seabrook (M.), opus cité.

sons. C'est le cas par exemple actuellement pour le passage à une seule traite par jour, à des fins d'organisation/simplification du travail de traite durant le week-end : lorsqu'on tente de faire sauter une traite à certains troupeaux de vaches laitières, pour alléger les astreintes du travail, les meuglements répétés des bêtes liés au gonflement des mamelles sont insoutenables pour certains éleveurs qui renoncent à ce type d'organisation du travail : l'éleveur ne résiste pas à ce bruit. L'expression des états de souffrance des bêtes est un frein (39) à l'adoption de nouvelles conduites techniques du troupeau laitier et d'amélioration de conditions de vie.

La voix

A travers la voix de l'éleveur, l'animal perçoit l'affectivité de celui-ci : états affectifs permanents ou passagers et propres à sa personnalité. Il perçoit l'irritation, la peur, l'anxiété, l'agressivité, l'instabilité, etc.

La voix véhicule des affects auxquels l'animal réagit. Mais les gestes, la démarche, la manière de toucher la bête véhiculent également des données sur l'affectivité de l'éleveur, sur l'attention qu'il porte (40) aux bêtes et la "présence" qu'il apporte aux gestes qu'il réalise dans la traite. Par exemple, Mme Fréger, très bonne éleveuse de vaches, dans une exploitation intensifiée, analyse la sensibilité de certaines vaches (toujours les mêmes) à la baisse d'attention de la trayeuse : "*chaque fois que je mets la radio pour écouter l'émission de J.C., elles commencent à taper et me ramènent à l'ordre, elles ne supportent pas que je sois distraite*".

Les Peuls insistent sur l'importance de la concentration, de l'attention (41) dans l'apprentissage du métier.

L'échange avec les coups

Les éleveurs "intensifiés" en France racontent, mi-fâchés, mi-amusés, la "comptabilité affective" qu'ils entretiennent à coups de coups de pieds avec certaines de leurs bêtes : "*je lui ai donné un coup hier... aujourd'hui elle s'est mise à taper, elle donne des coups ; on règle nos comptes*". Le langage du corps de l'éleveur, lorsqu'il manifeste de l'agressivité, reçoit une réponse du même registre, parfois différée, de la part de la bête.

(39) Lebleu (C.) et Salmona (M.), "20 familles de militantes et la cinquantaine", recherche CAESAR, 1980.
(40) Lebleu (C.) et Salmona (M.), "Outil audiovisuel de formation : la relation-situation de la femme et de la vache dans la traite, Mme Freger", CAESAR, 1980.
(41) Diouldé Laya, opus cité.

Le langage et la voix, comme le langage du corps tout entier, la manière de se déplacer, les attouchements, les caresses et les coups sont essentiels dans le dialogue avec l'animal. Il suffit que le trayeur ou le berger change, que la voix ou la manière de bouger paraissent "étrangères" et le lait baisse à la traite, les bêtes sont rétives. Nous nous trouvons, comme avec le nourrisson, dans une situation d'interaction et face à des mécanismes d'attachement.

Le parler de l'éleveur avec l'animal contient à la fois des mots doux et des injures. L'injure fait partie de la conversation et de l'interaction, comme la parole affectueuse est l'équivalent des coups (quand ils ne sont pas très forts) par rapport aux tapotements, attouchements, caresses. Les éleveurs africains (42) ont dans leurs odes et incantations des thèmes injurieux de menaces et de chantage comme dans les injures des bergers salariés anglais en formation.

Dans ce dialogue avec les sons de l'animal et de l'éleveur, comme le souligne Gregory Bateson (43), nous sommes habitués à la communication paralinguistique. Nous nous en servons nous-mêmes quand nous gémissons, grognons, jouissons, rions et sanglotons, modulons notre parole lors d'une émission vocale. De ce fait, nous ne jugeons pas totalement opaques les sons paralinguistiques des autres mammifères. Nous apprenons assez facilement à reconnaître en eux certains types de souhaits, pathos, rage, persuasion et territorialité... Tous les mammifères se préoccupent autant que nous de *patterns* de relations. Ces *patterns* de relations avec l'éleveur ne se localisent pas seulement dans le domaine du son, mais aussi dans de multiples mimiques, des postures, des gestes ; le dialogue est multiforme, permanent et intense dans le quotidien des situations de travail. La facilitation du travail passe par une connaissance et une maîtrise des modes de communication vocale. L'animalier qui n'a pas hérité de cette culture de la voix, culture de communication paralinguistique très élaborée dans les sociétés pastorales (44), a du mal à apprendre à "mener les bêtes à la voix". Ces cas sont de plus en plus nombreux, soit chez les néoruraux moutonniers qui viennent de la ville, soit chez les jeunes éleveurs qui ont quitté le groupe familial, très jeunes, pour aller en internat. Cette maîtrise de la voix avec les bêtes ne renvoie pas uniquement à des problèmes de transmission d'une culture de la voix. Certaines difficultés sont liées à la personnalité de l'éleveur (anxiété, irritabilité, etc.) entraînant chez l'animal

(42) *Anthologie rundie*, déjà citée.

(43) Bateson (G.), *Vers une écologie de l'esprit*, tome II, Seuil, 1980. Cf. article "Problèmes de communication chez les cétacés".

(44) Nous avons souvent rencontré des éleveurs très compétents, par exemple comme expérimentateurs de techniques de pointe, mais incapables d'utiliser leur voix pour faire travailler le troupeau et les chiens.

des réactions négatives à la voix, ou pas de réaction, car la voix véhicule le désir, la tendresse ou la peur, l'indifférence, la violence. "*La voix plutôt que la parole pose la question de l'origine, en cela elle n'est pas que le son* (45)."

Afin d'une part de recueillir pour les transmettre les techniques de la voix, culturellement vivantes en France dans les sociétés pastorales, avant qu'elles ne se perdent, afin d'autre part de "faire travailler leur voix" aux éleveurs "qui ont des problèmes avec leur voix", pour l'aménager (à défaut de la changer), un groupe de recherche pédagogique a été constitué avec Nicole Brochet de l'ITEB, Françoise Luquet de l'ITOVIC, Rémi Dor (46), ethnologue, et des contacts ont été pris avec des chercheurs et des "pédagogues de la voix" travaillant dans la perspective de l'équipe des "cahiers du nouveau-né". La culture de la voix est particulièrement complexe chez les éleveurs de moutons (47) qui dispersent dans différents espaces, souvent très éloignés les uns des autres, les lots de bêtes. Ils utilisent des registres différents pour appeler de très loin, ou de près, et ces pratiques de la voix réduisent considérablement les déplacements de l'éleveur dans l'espace. Des films récents sur les néoruraux en Ariège montrent l'importance de la maîtrise des techniques de la voix, dans le travail quotidien. Les éleveurs tâtonnent pour trouver "la bonne voix", les bonnes intonations, comme la mère tente "*d'apprendre le langage du nourrisson... sous la pression du nourrisson* (48)."

Certains éleveurs n'arrivent pas à "accorder" leur voix aux exigences du travail avec les animaux et confient certaines tâches relevant de la voix à d'autres personnes qui ont la voix qu'il faut pour rassembler les bêtes, les faire cheminer sans qu'elles mangent les plantes, entre les cultures sur un chemin étroit, les faire traverser la route en ordre.

L'oreille et l'ouïe

De même que la culture de la voix est importante dans la relation de l'éleveur et son troupeau, la manière d'écouter les bruits produits par les bêtes l'est aussi.

(45) Rossolato (G.), *Essai sur le symbolique*, Gallimard, 1969, et "La Voix", colloque d'Ivry, 28 janv. 1988, éd. Le Lysimaque.
(46) Dor (R.), "Une recherche : le huchement du berger turc", *Production pastorale et société*, n° 2, automne 1982.
(47) Salmona (P. et M.), *Recherche sur l'installation des bergers chevriers dans quatre zones désertifiées*, CAESAR/ITOVIC, déjà citée.
(48) Anthony (E.J.) et Edison (M.D.), "L'influence que les bébés exercent sur leur éducation", Child Development Research Center, Washington University School of Medecine, communication au 2e congrès mondial de psychiatrie du nourrisson, "Le bébé dans un monde en changement", Cannes, 29 mars 1983.

FIGURE 6 : SURVEILLEZ LA TETE POUR CONNAITRE LE MESSAGE

Savez-vous quand votre vache vous parle ? Comprenez vous ce qu'elle dit ?

La vache exprime ses réactions par des voies non verbales, par exemple par des mouvements de queue, par des mouvements de tête, par des mouvements des oreilles et peut être par la défécation.

Après une étude des mouvements de la tête et des oreilles, quelques signes de base du langage ont été traduits ci-dessous.

Quand la relation entre l'homme et la vache est bonne, la vache montre plus de signes d'amitié et moins de signes de crainte. Elle utilise bien des sens pour évaluer le vacher et peut être très facilement capable de sentir un manque de confiance de sa part.

Un changement dans les bruits ou les odeurs de la salle de traite conduit probablement la vache à manifester plus de signes d'incertitude. Elle cherche un environnement constant en termes de vue, odeur et son.

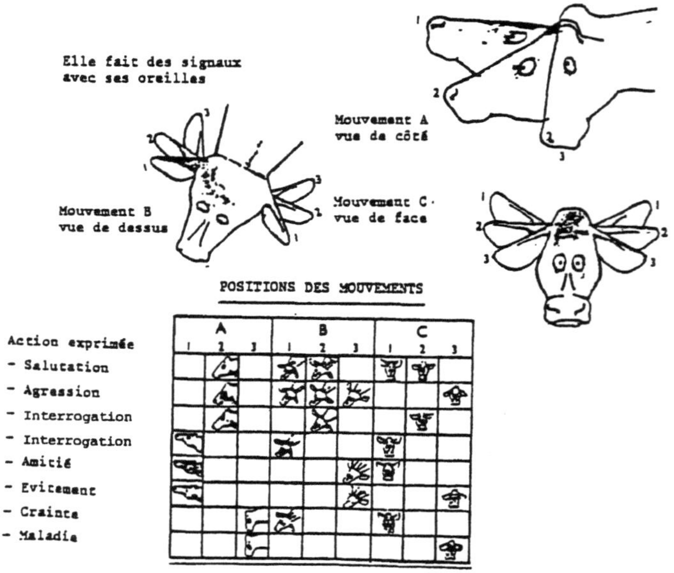

Le langage des vaches décrypté par Seabrook

L'éleveur est constamment à l'affût des sons produits par ses animaux ou des "manques" de bruit. Ils sont sensibles au paysage sonore dans son ensemble (49), ainsi qu'aux variations d'intensité de certains sons, ou leur absence. Ainsi l'éleveur qui travaille hors de sa bergerie perçoit les bêlements particuliers à l'approche d'un agnelage. Il "entend" l'apparition de graves maux de pieds chez les vaches ou les brebis à l'arythmie des sons produits par la marche. Les éternuements des brebis renvoient l'éleveur à des maladies plus ou moins graves. La production de "vents" des bêtes entraîne des diagnostics de la situation digestive et de la qualité de la nutrition. Le bruit fluide produit par la chute des excréments des agneaux renvoie à des problèmes de diarrhée très importants chez les jeunes animaux, et parfois mortels.

La légèreté et l'irrégularité des bruits produits par les pattes *"des agneaux qui sautillent dans le soleil"*, est souvent évoquée avec jubilation par les éleveurs. Elle sont le signe de la réussite de l'agnelage et du bien-être des jeunes bêtes, de leur vitalité (50) et la monotonie du bruit de la rumination des brebis au pré est le signe de l'assouvissement de leur appétit et d'un état de tranquillité générale du troupeau. Ce sont des sons gratifiants. Souvent les éleveurs s'arrêtent de travailler un instant, lorsque ces "moments sonores" se produisent ; ils apprécient à pleine oreille ces bruits qui sont le gage du travail bien fait et gratifient l'éleveur de son activité de maternage incessante et patiente.

Le sommeil de la nourrice

Les éleveurs ont le "sommeil de la nourrice". En effet, comme les mères et les nourrices qui se réveillent au moindre bruit du nourrisson, ils se réveillent lorsque les bruits nouveaux apparaissent dans le paysage sonore, ou que l'intensité des bruits habituels produits par les animaux varie. Par exemple, lorsque le moutonnier fait la sieste dans un pré au milieu de son troupeau qui rumine tranquillement ou broute et que des passants ou des chiens étrangers effraient les brebis ; les légers changements de qualité des bruits liés aux mouvements des brebis réveillent le dormeur. Des phénomènes du même type ont lieu de nuit chez les éleveurs de vaches, lorsque des bruits signalent un incident ou un mal-être de l'animal dans l'étable : martellement des sabots ou

(49) Murray Schafer (R.), *Le paysage sonore*, J.-C. Lattès, 1979.
(50) Salmona (M.) et Devries (H.), *Un homme au travail*, CAESAR, Paris X-Nanterre, 1972.

mugissements. Selon Yvette Lucas (51), le même phénomène se produit chez le personnel qui travaille au Centre de communication radio-maritime, près de Toulouse, qui reçoit les appels des navires en mer : "*... quand il dorment, seuls certains types d'appels les réveillent, ceux qui viennent de la zone et des bateaux qui les concernent*". Ce phénomène de vigilance dans le sommeil existe aussi par rapport aux vents chez les maraîchers du Var pour lesquels le vent peut à la fois "brûler" les plants s'il est très chaud ou très froid, et emporter par sa violence les serres en plastique. Ils ne se réveillent qu'au bruit de certains vents menaçant culture et serres. Le niveau de vigilance et la sélectivité de celle-ci seraient intéressants à explorer pour chaque type de production.

Marcel Druhle (52) a lui-même montré dans ses travaux sur l'habitat occitan, combien l'espace de vie et de travail des animaliers est étroitement conditionné par la possibilité d'entendre, même dans le sommeil, les animaux. L'univers de l'animalier est principalement sonore et tactile et "*le toucher est le plus personnel de tous les sens. L'ouïe le rejoint à l'endroit où les basses fréquences d'un son passent à la vibration. Entendre est une manière de toucher à distance* (53)". L'espace occitan serait, selon Druhle, une réalité moins appréhendée par l'œil que par l'ouïe.

L'odorat

La relation à l'animal passe également de manière importante par l'odorat. Comme nous l'avons vu, l'animal reconnaît les odeurs de l'éleveur. Mais l'éleveur guide son action quotidienne en repérant des signes par l'odeur : le rééquilibrage de l'alimentation est lié aux odeurs ammoniaquées de la bergerie (54). Les rations d'aliments sont calculées en fonction de cette odeur. Couleur, fluidité et odeur des selles des agneaux seront l'indice d'une maladie ou d'un déséquilibre. L'odeur des rejets liés au vêlage, le placenta, signale l'état interne de la vache.

(51) Intervention d'Yvette Lucas à la table ronde CNRS sur la technologie culturelle. Revue *Technique et culture*, n° 1, Actes de la table ronde "Technologie culturelle", Ivry, nov. 82.
(52) Druhle (M.), *Nouvelle approche de l'habitat en domaine occitan*, Communautés du sud, tome 1, 10/18, 1975.
(53) Murray Schafer (R.), *Le paysage sonore*, déjà cité.
(54) Sourice (Nicole), *L'alimentation des ruminants, bovins, ovins, caprins. Les éleveurs : le savoir de la pratique*, document ACTA/ITEB/ITOVIC/AFMR/FAFEA, juin 1980. "L'odeur des excréments et du troupeau quand il est à l'intérieur, dans la bergerie, la chèvrerie, l'étable, ne doit pas être trop amoniaquée, sinon c'est signe qu'il y a quelque chose à rééquilibrer dans l'alimentation. Un éleveur de brebis fait sa ration selon l'odeur qu'il perçoit le matin en entrant dans la bergerie. Si l'odeur est trop amoniaquée, il va diminuer la ration azotée."

Les maladies et plaies de l'épiderme de la bête, comme les glaires venues de l'intérieur du corps, dégagent des odeurs qui signalent des phénomènes importants (chaleurs).

Ce que les animaux régurgitent est aussi porteur d'odeurs et de diagnostics sur la digestion, l'alimentation, l'empoisonnement, l'hydratation des agneaux, etc. (certains agneaux meurent déshydratés par certains vents).

Les bergeries et étables modernes ont des systèmes sophistiqués d'aération, de ventilation. Mais dans ce cas, comme dans le cas de bâtiments d'élevage plus anciens, l'odorat permet de détecter l'état de l'atmosphère dans la bergerie et de le modifier selon les besoins (chaleur, humidité, pollution, etc.).

La peau, le corps, le toucher

Mais le corps tout entier est aussi, comme le corps des serristes, un outil de détectage de l'ambiance de la bergerie ou de l'étable : la peau est un thermomètre-hygromètre ; l'humidité, la chaleur, l'acidité de l'atmosphère, le degré de gaz carbonique sont aussi appréhendés par le corps.

La main et le toucher servent à diagnostiquer la fièvre, les tremblements liés à un "refroidissement" ou à la peur ou l'irritation des bêtes. La texture de la peau, la raideur des membres et des poils, s'apprécient à la vue et au toucher et surtout sont signes d'inquiétude ou de maladie. "*La tête appuyée contre un endroit précis du flanc de la vache sert au trayeur à détecter la contraction des muscles quand la vache s'apprête à donner un coup de pied* (55)."

La réplétion d'une bête (56), son état de bien-être lié au fait qu'elle a bien mangé, se distingue à la vue et au toucher. Cet état de plénitude au sens physique du terme est contrôlé par l'éleveur chez la bête, à la fois pour des raisons de maîtrise de son activité technique de nourrisseur, mais aussi peut-être dans un mécanisme de projection ou d'identification ; il trouve ou retrouve à travers la réplétion de l'animal "*une expérience diffuse et non plus différenciatrice (comme la bouche qui tête le sein), durable et non plus éphémère* (57)".

(55) Royer (C.), *Les hommes des burons*, thèse de doctorat d'ethnologie, 1967.

(56) "Une bonne digestion (ce n'est pas le terme que l'éleveur emploie) est favorisée par la réplétion. En fait, l'éleveur décrit une bête qui a bien mangé et qui digère. Il faut qu'elle soit "grasse", que la panse ou l'estomac (plus souvent) soient pleins, qu'elle soit "ronde", "bourrée", et qu'après elle se couche et soit tranquille", dans *L'alimentation des ruminants. Les éleveurs : le savoir de la pratique* de N. Sourice, déjà cité.

(57) Anzieu (D.), *La peau : du plaisir à la pensée*, colloque sur "l'attachement", déjà cité.

Les travaux de Seabrook (58) sur l'observation sur une longue période de bons et mauvais vachers (un bon vacher est pour Seabrook celui qui fait donner le plus de lait à une vache) montrent que le bon éleveur est celui qui sait caresser, porter une attention tendre, physiquement manifestée à l'animal, de manière opportune.

Les travaux de Claude Royer sur les buronniers de l'Aubrac (59) mettent également en évidence l'importance de ces manifestations : "*J'ai vu dans les étables le cantalès d'hiver porter les veaux derniers nés à leur mère dans ses bras, en leur parlant doucement et en les caressant, dans une attitude qui évoque celle de la mère et de son enfant... cette petite génisse-là, elle m'a donné du mal ! Elle est tombée malade quelques jours après sa naissance, il a fallu que je la veille plusieurs nuits !*"

Nos observations depuis vingt ans recouvrent, même dans les élevages de vaches intensifiés de Normandie et de Bretagne, cette relation par la caresse.

Le toucher est très important dans la traite, et dans la préparation des génisses à la traite : en effet on touche leurs pis pour les habituer aux futures traites. A la traite, la peur ou la maladresse (60) du trayeur libèrent l'adrénaline qui, en retour, bloque l'effet d'ocytocyne. Le lavage de la mamelle qui est fait avant la traite libère l'ocytocyne qui, elle-même, active les cellules de la mamelle à libérer le lait. Aussi, si la vache est stressée par le trayeur (par son inquiétude ou son manque d'adresse pour la toucher), elle produira moins de lait. On touche la vache avant de la traire (60). "*Caresser, ou tapoter les vaches prend normalement place dans la traite : cette action comprend un nombre élevé d'avantages apparents. En touchant les vaches on les rassure sur la confiance du vacher. Cela aide à réduire l'effet de surprise de la vache quand c'est fait avant de lui poser les gobelets et dans des conditions de circonstances identiques en association avec la voix, cela peu conduire à une sensation agréable.*"

Toucher l'extérieur et l'intérieur du corps / toucher avec ou sans outils du corps

Les manières de toucher interviennent de façon importante pendant et avant les vêlages et agnelages, mises bas, pour la bête.

Dans le cas de mises bas et de certaines interventions (fouilles), l'éleveur doit intervenir, donc toucher l'intérieur du corps de la bête. Des difficultés d'ordre cognitif, pour se représenter l'intérieur du corps de la bête, interviennent également chez

(58) Seabrook, opus cité.
(59) *Les hommes des burons*, déjà cité.
(60) Seabrook, opus cité.

certains éleveurs qui n'arrivent pas à "regarder avec leurs mains (61)".

Des peurs de toucher, d'intervenir, se posent également pour des interventions avec des "outils du corps" pour faire des piqûres, percer l'abdomen, traiter l'animal avec un pistolet à l'intérieur de la gorge, intervenir sur l'enveloppe du corps.

Le toucher est un art dans la commercialisation des animaux comme l'ont montré les travaux de Jean-Louis Fossat (62).

7. Le chien dans le travail de l'éleveur avec l'animal

Certains éleveurs n'arrivent à cause d'un manque de culture de la voix, ou d'une voix inquiétante, ni à dresser leur chien, ni à le faire un peu travailler : dans cette relation chien/éleveur, le chien est un substitut pour l'éleveur auprès des bêtes et fait exécuter aux animaux des manœuvres que l'éleveur est obligé de faire avec difficulté s'il n'est pas aidé des chiens, ou si les chiens sont "indifférents" (63). L'ITOVIC a mis en place depuis plusieurs années, à l'initiative de Françoise Luquet, des stages pour le dressage de chiens de berger. Les éleveurs souletains sont particulièrement habiles à dresser au bâton les chiens de berger, à faire exécuter aux bêtes toute une série de mouvements, d'arrêts. Des concours ont lieu régulièrement à Licq-Atheray, avec les éleveurs basques-espagnols, et les performances des bergers sélectionnés sont sophistiquées. Elles économisent beaucoup de travail à l'éleveur.

Dans notre pratique depuis 1966, en Puy-de-Dôme, auprès des éleveurs de moutons et d'éleveurs de vaches dans les Hautes-Alpes, en Ardèche et en Pays basco-béarnais, nous avons à plusieurs reprises été confrontés au problème du bilinguisme avec les bêtes. En effet, certains bons éleveurs de moutons (63) ou de vaches, dressent des chiens, en particulier chez les moutonniers du Puy-de-Dôme, pour des "clients", éleveurs eux-mêmes. Souvent ces chiens sont dressés à partir d'un vocabulaire occitan (c'est dans le Puy-de-Dôme que passent les limites septentrionales de l'Occitanie). Les dresseurs remettent au client, avec le chien dressé, la liste en écriture phonétique des mots occitans utilisés pour le dressage. Mais les clients souvent sans pratique de

(61) Outil audiovisuel de formation, *L'Homme et la vache*, P. et M. Salmona, CAESAR, 1980.

(62) Fossat (J.-L.), Seguy (F.) et Costes (C.), *Le marché du bétail, gestes et langages professionnels de négoce*, recherche concertée du lexique de l'économie du bétail et du circuit des viandes, université de Toulouse-le-Mirail, nov. 1971.

(63) Recherche sur le travail du moutonnier, *Un homme au travail* de M. Salmona et H. Devries, déjà citée.

l'occitan, ont du mal à trouver le ton des mots ; des problèmes se posent alors avec les chiens. Ce n'est pas un problème "folklorique", mais actuel, et dont les conséquences sont importantes sur le travail animalier.

La relation des éleveurs aux chiens est complexe car le chien peut amener le meilleur et le pire dans le troupeau, comme nous le précise Jean Peillen : les chiens errants sont toujours une menace, même pour les éleveurs intensifiés, et les récits de massacres nocturnes de brebis, dans l'enceinte même des bergeries, se retrouvent dans toutes les zones d'élevage de moutons. Certains chiens de berger mordent trop les cuisses des brebis pour les faire avancer ou les rabattre, et en Pays basque on scie alors les dents de ces animaux. Souvent, dans d'autres régions, on s'en débarrasse ou on les tue.

"Les chiens blancs des Pyrénées restaient au milieu du troupeau du cayolar mais ils n'apprenaient pas à rassembler les brebis.

"Ils étaient agressifs à l'égard des bergers étrangers. Pour rassembler les bêtes on dresse les chiens labrits ou les chiens bergers des Pyrénées. Le dressage commence à l'âge de six mois. Tout d'abord, il faut leur apprendre à japper à l'arrêt. Ensuite, on les fait marcher tout près et par signes on leur fait faire des tours. Il faut les appeler par leur nom et on les vouvoie, sauf quand le maître est fâché ; alors il les tutoie. Quand ils ont fait une faute, on leur tire les oreilles, mais on ne les frappe jamais. Ensuite, le labrit doit faire le tour du troupeau en aboyant et apprendre les "commandements" : "aboyez", "taisez-vous", "allez par en bas", "allez par en haut", "allez par la gauche", "allez par la droite", "allez par derrière", "allez par devant".

"Quand il faut faire entrer les brebis dans le bercail, deux chiens vont et viennent autour du troupeau : le berger alors à l'entrée du bercail, sépare celles qui n'ont pas agnelé. Ensuite, on y fait entrer un chien pour bloquer les brebis, de façon qu'elles aient toutes la tête tournée du même côté. Autrefois, on vendait aux Navarrais beaucoup de chiens labrits de six mois.

"Le chien blanc des Pyrénées couchait dehors, mais le chien labrit dort à l'intérieur du cayolar, près de l'âtre. Georges de Caunes de la Télévision française, ami des montagnes de Larrau, nous a montré à la télévision un concours de chiens labrits où nous avons vu des labrits de tout le Pays basque et où Sagaspe, de Larrau, l'a souvent emporté. Les chiens de garde ne sont bons qu'à garder les maisons et même alors, quittant la maison, ils se mettent à courir la basse montagne et les bois, et ils attaquent les brebis.

"Ces chiens saignent beaucoup de brebis : habituellement, ils sont deux pour faire cette besogne, mais ils ne s'aventurent pas à le faire en haute montagne.

"C'est dans la basse montagne qu'ils accomplissent de tels méfaits. Le chien porté sur la chair ovine ne peut pas être amadoué par un nouveau maître.

"Il faut le tuer en l'étranglant, avec sa peau on fait une couverture de joug. On l'étrangle en le suspendant. C'est le maître du chien qui faisait autrefois ce travail. Ce chien de garde ne fait jamais de méfait trop près de la maison, mais assez loin. Cela arrive rarement.

"C'est quand les bêtes sont en chaleur et qu'elles sont en groupe qu'ils font ces méfaits, en février et en septembre. D'autre part, ces chiens de garde peuvent transmettre le virus de la rage (64)."

Sur le Millevaches, sous l'influence de l'Angleterre très importante dans les grandes exploitations de "petits nobles" de la Haute-Vienne, se développe l'utilisation de *border colleys*, chiens de garde anglais très doux, qui ne supportent pas le stress des coups et des cris et qui sont, eux-mêmes, très doux avec les bêtes et d'excellents chiens de troupeaux.

8. Le compagnonnage dans la solitude des espaces

Haudricourt dans son modèle de la relation homme/animal passe sous silence une dimension centrale, celle de la relation de compagnonnage. Pourtant elle est explicite tout au long du récit de la voie peule et des odes et incantations rundi (65), comme dans le discours et les pratiques des éleveurs français. Elle renvoie d'une part à une donnée des conditions de travail avec l'animal, la solitude, et d'autre part aux mécanismes psychologiques inhérents à la relation de l'homme avec le vivant humain ou animal, la projection et d'identification. Ils se manifestent autant dans les situations de travail que dans les situations "de relation de compagnie", mais de manière différente.

La solitude dans le travail

Les Tutsi (66) font "poétiquement" mugir leurs bêtes quand ils sont fatigués et qu'ils se sentent seuls. Cette composante du travail

(64) Peillen (J.), *La science des bergers d'autrefois*, déjà cité.
(65) *Anthologie rundi*, déjà citée.
(66) Villeroy (F.), *Manuel de l'éleveur de bêtes à laine*, Librairie agricole de la maison rustique (sans date).

de l'animalier n'est que très rarement abordée dans les instances professionnelles et dans les travaux scientifiques sur les conditions de travail. Pourtant, la tolérance à la solitude est un élément de qualification dans les vieux traités du moutonnier. Le travail de Mouette Barbof concernant les éleveurs de l'Alentéjo (67) au Portugal, met au premier plan cette dimension du travail et ses incidences sur la production d'un "discours d'amour" d'objets sculptés "tuant le temps" et destiné aux êtres chers que l'on retrouvera dans la communauté. Elle insiste également sur une incidence de la solitude sur la psyché des éleveurs : le risque de folie. Comme les anneaux de bois et les objets de cuisine sculptés par les bergers de l'Alentéjo pendant leurs heures de garde, les écharpes, tricots et travaux de points de croix des femmes remplissent cette même fonction de discours d'amour, de solitude et d'attente du retour des êtres aimés. Le risque de "folie" est important actuellement dans les régions désertifiées ou de montagne, et est passé sous silence, comme la solitude, à la fois par les agents de développement, par les agents de l'administration et par la production scientifique traitant des conditions de travail. La "folie" peut se développer (suicide...) dès que l'éleveur se déplace temporairement ou pour une longue durée hors de son exploitation, avec son troupeau. Ce sont les moutonniers qui y sont le plus exposés. Récemment introduits, les talkies-walkies permettent aux éleveurs isolés des pâturages de montagne de communiquer avec la vallée. Cet appareillage joue un rôle très important dans le sentiment de rattachement aux hommes du bas, diminuant l'angoisse de la solitude. Ils permettent également de signaler des situations dangereuses pour le troupeau et les hommes et de demander de l'aide.

La solitude est fréquente chez les éleveurs de moutons "à la place", "herbaciers", qui sont des éleveurs sans terre, propriétaires uniquement de leur troupeau et qui louent les terres sur lesquelles ils se déplacent, au fur et à mesure de leurs besoins en herbe, des opportunités et des saisons. Ils vivent dans des conditions de précarité de logement et sanitaires difficiles ; les conditions psychologiques sont, pour des raisons matérielles et d'isolement social, difficiles également. Ces éleveurs sans terre se rencontrent particulièrement dans la Crau, au-dessus de Nîmes, dans le Haut-Var, enfin un groupe très important existe en haut Pays basque (68).

(67) "Tuer le temps, les bergers sculpteurs de l'Alentejo (Portugal)", exposition réalisée par M. Barbof et N. Carra, diffusée par le Centre coopératif de recherche et de diffusion en anthropologie, maison des sciences de l'Homme, du 4 au 17 juin 1984.
(68) Beillard (N.), Dalla Rosa (G.) et Moreux (C.), "La décadence d'un faux pauvre : les bergers sans terre des Pyrénées-Atlantiques", dans *Pauvreté dans le monde rural*, L'Harmattan, 1986.

Dans la foulée, à la fois de l'installation en zone désertifiée de citadins retournés à la terre et du mouvement de désintensification de l'élevage moutonnier intensif les éleveurs utilisent des terrains communaux, sectionnaux et friches et passent de longs moments dans la solitude. Ainsi, certains éleveurs la supportent mal et "désertent" fréquemment le troupeau, ce qui induit des accidents liés à une mauvaise surveillance, ou "dépriment". Cette composante de la situation de travail est une facteur d'échec de certains néoruraux (69) et d'éleveurs d'origine rurale, de difficultés psychologiques et de mauvais résultats techniques chez certains moutonniers d'origine agricole ou citadine. Privés de relations sociales et sexuelles (même s'ils ont une épouse, elle vit rarement sur la "place"), ils sont à la merci des moments de "déprime" ou de découragement.

Comme l'a dit Claude Royer (70) au sujet des buronniers de l'Aubrac, à la fin du siècle dernier des bandes de femmes/prostituées parcouraient les espaces de l'Aubrac et atténuaient la solitude des hommes de l'Aubrac, les "coureuses de campagnes" (71). Actuellement, les éleveurs de moutons qui vivent (72) dans des estives des périodes assez longues, ont la possibilité de recevoir des visites car des routes accèdent aux pâturages d'été. Mais comme ils le soulignent avec humour, "*beaucoup de visites féminines ont lieu l'été quand il fait beau, mais dès que le temps fraîchit, ces dames repartent* (72)". Ce thème de la solitude (et de la misère sexuelle) est au centre du texte basque qui suit sur la vie des bergers en pâturage d'été. Cette vie était semblable, en 1970, lors de notre séjour au cayolar de La Pierre-Saint-Martin. Cette dimension de la solitude est très importante chez les éleveurs qui passent de longs mois dans les pâturages d'été, loin de la maison. Ces cas se rencontrent particulièrement en Pays basque et béarnais et chez les éleveurs provençaux qui montent en montagne l'été transhumer dans les Alpes. Le texte de Peillen décrit la quotidienneté du travail des bergers.

Les textes des éleveurs basques développent avec une précision particulière les actes techniques nécessaires à la production pastorale et les comportements, qualités, qualifications requis pour ce travail. Ils décrivent en particulier les savoir-faire concernant l'activité sanitaire auprès des bêtes, qui relèvent de la petite

(69) Recherche sur l'installation des bergers et chevriers, déjà citée. Voir également *Les marginos sont là*, montage audiovisuel sur l'installation des bergers et chevriers, RAFAL, réal. P. et M. Salmona, D. Galatola, 1978.

(70) Entretiens avec C. Royer, *Les hommes des burons*, 1967, déjà cité.

(71) Corbin (A.), *Les filles de noce*, Flammarion, 1982.

(72) Recherche/action sur l'installation des bergers, par P. et M. Salmona, ITOVIC, CAESAR, 1978.

chirurgie, ou de la médecine, et qui renvoient à ce que nous avons défini à propos de l'éleveur et du "démiurge souillé". Nous citons ici des fragments du texte de Jean Peillen qui a recueilli les pratiques des pasteurs basques.

La vie des bergers (73)

"*Le devoir d'état d'un berger est de suivre sans cesse ses bêtes. D'abord, dans les parcours de pacage du cayolar, il ne doit pas leur permettre de franchir la frontière d'Espagne. Au printemps, il doit les suivre toujours et les rassembler deux fois par jour pour les traire, au point du jour et à quatre heures de l'après-midi. Pendant que deux bergers font les fromages, les autres vont et viennent derrière les brebis. Quelque mal qui leur arrivât, ils soignaient sur place avec les moyens du bord ; car on ne pouvait pas faire venir le vétérinaire ;* "même s'il venait, il arriverait trop tard". *L'été, ils devaient surveiller la crête qui fait frontière avec l'Espagne, du point du jour jusqu'au crépuscule ; les bêtes, soit les brebis, soit les chevaux, ne les laissaient pas en paix durant toute la journée. En automne, il faut garder les ovins de descendre, parce que les brebis veulent s'échapper vers la maison. Les bergers, à force d'allées et venues, usaient plus de sabots et de chaussures que de derrières de culottes. Celui qui passe six mois en haute montagne n'a pas beaucoup de repos, sauf quelques instants en août. Le dimanche ou les jours de semaine, il doit être derrière son troupeau. Beaucoup de gens ne connaissent pas la valeur d'un berger. Ils le considèrent comme un homme simple et de peu de savoir. Voyons à nouveau quelles sont ses capacités. D'abord le maître a confié à ses soins pour une demie année quelque cent brebis : c'est lui qui veillera le troupeau ; c'est lui qui dans les cas de maladie ou d'accident soignera les bêtes parce qu'il connaît toutes leurs maladies. Il sait ce qu'il faut faire dans tous les cas et comment guérir les bêtes à la manière d'autrefois. La vie de cet homme était rude et ses préoccupations minutieuses. Son alimentation était pauvre, même si elle est meilleure aujourd'hui. Sa couche de même (le bas flanc) était dure. Sur les planches du bas flanc, il y avait deux couvertures de laine et deux autres par dessus. Dans les mauvais temps, le vent se promène hardiment dans le cayolar. Le berger passe ses journées, bien souvent, avec des vêtements mouillés en attendant son remplaçant. Sa vie est semblable à celle des moines et l'on pourrait dire — pour un berger — malgré quelques jurons et quelques blasphèmes*

(73) Peillen (J.), *Sciences des bergers d'autrefois*, déjà cité. Cette description recouvre ce que nous avons vécu, en 1970, dans un cayolar de La Pierre-Saint-Martin, avec de jeunes éleveurs d'Aramits.

dans les moments de colère que, lui aussi, est un saint homme, car même si durant tout l'été il n'a pas pu entendre la messe, il a vécu dans la pénitence du moins pendant six mois. Le berger est un homme dur au mal, solide et fort d'esprit et de corps, mais il a bon cœur. Certaines gens s'égarent en haute montagne : il n'hésite pas de jour et de nuit à leur porter secours. Ensuite, il doit continuer pour lui-même et s'inquiéter du troupeau, si les bêtes ont été dérangées par les allées et venues des gens et des chiens. Le matin, à la pointe du jour, le berger doit sortir. Les anciens connaissaient l'heure par les étoiles ; par temps serein, la clarté de la lune. D'autre part, s'il n'y a pas de brume, par les sommets des montagnes, parce que la clarté du sommet change à l'approche du matin. Dès l'aurore, il rassemble le troupeau autour du cayolar et il voit alors s'il y a des bêtes malades ou blessées, pour leur donner les soins sur place à la manière d'autrefois. Cet homme des montagnes reconnaît le changement du temps deux jours à l'avance : avec sûreté par les vents, les nuages, les pierres du sol et par les allées et venues des animaux sauvages et des bêtes. Avec les pierres, par la pierre à chaux et le schiste, il ne se trompe pas une fois sur cent ; alors il y a deux choses qui peuvent le tromper : le tremblement de terre (74) et quelque grande chute de grêle, parce que ces phénomènes ont un certain pouvoir, même sur le temps, et même sur les vents (75)."

L'espace et les éleveurs

L'espace à nourrir

Pour les éleveurs, l'espace est une surface qui sert à nourrir, par ce qui pousse spontanément, ou ce que l'on peut cultiver dessus. Petits et grands espaces, publics ou privés, clos ou ouverts, sauvages ou pas, tout espace, un jour ou l'autre, peut remplir une fonction de pâture. La distance entre les espaces n'est pas un élément limitant leur utilisation. Les animaux peuvent se déplacer loin avec le berger, pour trouver ces espaces de nutrition qui manquent dans les espaces privatifs et clos, et utiliser des espaces privés, en friche ou publics (forêts publiques).

Pour les éleveurs de moutons et de vaches, espace cultivé et espace sauvage ne sont pas opposés : on peut utiliser les espaces communaux, sectionnaux, collectifs, pour donner à manger à ses bêtes. On peut établir des systèmes complexes de production, combinant espaces cultivés, espaces "sauvages", qui ne sont pas

(74) En 1967, il y a eu un fort tremblement de terre à Arette, lors de notre travail dans la vallée de Soule, d'Ossau et de Saint-Jean-Pied-de-Port.
(75) *La Science des bergers d'autrefois*, déjà cité.

considérés comme sauvages. Certains éleveurs de montagne font pâturer leurs bêtes le long des routes (76) ou des éleveurs sans terre du Sud-Est, le long des roubines (77), les canaux de la région rhodanienne. Certains pâturent sur d'anciens camps militaires ou d'aviation (78). Tous les espaces non clos ou interstitiels sont utilisables pour une fonction de nutrition.

Bien que tous les espaces ouverts soient utilisables pour arriver à clore le cycle de la nutrition des bêtes, y compris les espaces à fonction industrielle, les éleveurs "ont dans la tête" la représentation détaillée de ces espaces, des espèces végétales qui y poussent, leur valeur nutritive, médicinale et des reliefs qui marquent ces espaces : ce sont des espaces différenciés qui portent des espèces dont on connaît le nom et les qualités. Certains éleveurs parlent de leurs rêves sur des espaces précis des pâturages collectifs à la frontière de l'Espagne et des espèces qui poussent dans chacun de ces espaces. Espaces et espèces peuplent leurs rêves.

Durant les années 70-80, il a été parfois nécessaire de réapprendre lors de l'analyse des systèmes d'exploitation et de production, à certains éleveurs d'origine agricole, encadrés et formés, que cet espace non clos, non cultivé, était utilisable et utile dans l'élaboration/exploration d'un système d'élevage viable. Ils avaient profondément modifié leur représentation de l'espace, refoulé, retranché toutes les parties non closes, non privatisées, disponibles.

Le mouvement de retour à la terre des urbains à partir de 1968 a été un élément de modification de la représentation de l'espace : tout espace pour eux était bon à pâturer, à occuper, public, privé, abandonné ou pas. Ils ont désenclavé la conception restrictive, privative et productiviste de l'espace propre aux paysans d'origine. Ils ont été un moteur de luttes (79) pour réfléchir au dégel des friches, à l'intérieur même des organisations agricoles (80) et à une concertation sur l'enrésinement. C'est en partie grâce aux néoruraux installés dans les zones désertifiées qu'une réflexion sur l'environnement et les décisions ont été prises concernant l'environnement, le reboisement des parties sauvages de l'espace, la protection de l'eau. Une réflexion intégrant tous les

(76) *Eleveurs de Laruns*. Entretiens de moutonniers, recherche pour l'ASAM, 1967-1968.

(77) Berges des canaux de la Camargue.

(78) Recherche/action sur l'installation des bergers et chevriers, 1978, déjà citée.

(79) En particulier sur le plateau de Millevaches où des luttes ont éclaté autour des friches du hameau des Bordes au sujet de l'installation des bergers, en mai 1977. Voir *La Gueule ouverte*, n° 150.

(80) Recherche/action sur l'installation de bergers et chevriers, déjà citée. Rapport d'entretiens de politiques et décideurs par F. Luquet, 1978. Entretien avec Edgard Pisani, en particulier.

secteurs du terroir et territoires cultivés ou non, et a modifié, chez les ruraux d'origine, leur conception restrictive des espaces régionaux, de leur signification et de leur réutilisation.

Espaces festifs

Une différence également marque la représentation de l'espace des éleveurs avec celle des producteurs de végétaux. Pour les éleveurs, l'espace est à la fois lieu de plaisirs, on chasse l'isard sur les espaces où l'on amène les bêtes ; la pêche, la cueillette (fleurs, plantes médicinales, mousses, champignons, racines) y sont également pratiquées (81). L'espace est un lieu productif et festif : le clivage n'existe pas entre les deux.

Frontières visibles et invisibles des espaces

L'espace sauvage est aussi un espace marqué par les activités productives ou festives, mais aussi par la sociabilité animalière (lieux de passage des palombes en Pays basque, des isards, repères d'ours...). Les histoires d'ours peuplent les conversations des hommes de la vallée de Soule, de Bedous, d'Accous et l'on évoque encore en 1970 les fils de fer que l'on tendait avec des clochettes devant les ruches pour écarter la venue des ours gourmands qui voulaient manger le miel. Sociabilité humaine et animale délimitent des frontières subtiles, mouvantes et invisibles. Il est, comme la mer pour les pêcheurs, un espace social où sociabilité des animaux et des hommes se confond.

Les clôtures dans l'activité des producteurs sont le signe de la privatisation de la terre, et pénétrer une propriété privée est ressenti comme un envahissement de soi-même, de son corps (82). Pour les éleveurs, la clôture est fonctionnelle. Elle est partie de l'outillage de travail, et non signe de propriété. Aussi lorsque les urbains, touristes, étrangers, ouvrent sans considération les clôtures ou ne les ferment pas (83), c'est la négation de l'activité de l'éleveur qui est ressentie et de l'éleveur en tant que personne active, inventive, poétique. C'est une toute autre fonction symbolique, qui se produit dans cet acte, anodin de l'extérieur.

(81) *La pluriactivité, étude à partir de cas lozériens*, direction départementale de l'agriculture de la Lozère, étude réalisée par la coopérative des artisans et paysans de Lozère et F. Barbance, juin 1975. La Lozère, étude départementale d'aménagement rural, direction départementale de l'agriculture, juillet 1972. Colloque national de l'association des ruralistes français sur la pluriactivité, l'Isle d'Abeau, 19 et 20 nov. 1981.

(82) Ackermann (W.), *L'imaginaire de l'insécurité, représentation de l'intrusion au domicile*", Librairie des Méridiens, Réponses sociologiques, 1983.

(83) Revue *Connexions* n° 16, 1978. "Aménagement de l'espace et crise d'identité", introduction de M. Salmona.

Nous avons nous-mêmes, par des outils incitatifs, exploré ce ressenti (84).

Depuis trente ans (avec l'introduction de la vulgarisation et de la formation à des fins d'augmentation de la productivité et de la modernisation de l'outil de production), un effet de déculturation s'est produit, comme dans d'autres domaines de savoirs et savoir-faire, un appauvrissement de la connaissance de l'espace disponible, de la pratique de l'espace d'élevage et de la représentation de l'espace. Cet appauvrissement est lié à des modèles dominants d'un élevage intensifié, artificialisé, uniquement praticable dans des espaces privatisés, clos, plats et riches. Les écologistes, comme les néoruraux, ont désenclavé cette conception de l'espace et des territoires. "*C'est par la parole et la pratique des marginaux que la reconnaissance d'un territoire, de l'histoire d'un espace socialisé, et partagé, avec ses friches, ses bois, s'est développé chez les agriculteurs des zones difficiles* (85)."

Le retour à une restructuration de l'espace

Les agriculteurs vivent et sont à la fois les utilisateurs et les acteurs de l'espace où ils vivent. Il est leur œuvre (86). Dans un procès de déculturation lié en partie aux pratiques de conseil, de formation, d'intervention de la technostructure qui raisonne sur "l'exploitation", entité isolée du contexte du territoire et du paysage, les représentations de l'espace se sont réduites à une peau de chagrin. L'espace réfléchi, assumé, raisonné par l'agriculteur, s'est limité à celui de son exploitation ou d'exploitations de références isolées elles-mêmes de leur territoire. La recréation d'un raisonnement économique sur un espace reconstruit, sur un paysage collectivement construit au long de l'histoire, et en devenir sur un territoire et non sur une succession d'exploitations, est un travail pédagogique qui a été entrepris par Bernadette Lizet et François de Ravignan (87) avec des agriculteurs du Forez. Cette perspective de raisonnement du paysage-territoire (comme le discours et les pratiques des néoruraux sur l'espace) entraîne une réorganisation

(84) Voir outils d'expression/réflexion de la recherche éleveur. *Les éleveurs et les touristes* : planche incitative tirée d'un dessin de la bande dessinée, *Juli Omenas* de Joan-Lois Racouchot, collection Cacalas,Vent Terral, 1973, et du recueil de dessins de Barbe, *Terre à terre*, éd. Selio, 1971. Pages suivantes.
(85) Micoud (A.), *Le changement du rapport social à l'espace nature - pratiques et représentations*, thèse de 3e cycle de sociologie, université Lyon II, janvier 1980.
(86) Frémont (A.), *La région espace vécu*, PUF, 1976.
(87) Présentation de l'ensemble du travail aux journées d'études organisées par la Société ethnologie franç. de Paris et le Centre d'ethnologie franç. de Marseille sur "L'homme et son environnement", Marseille, 4 et 5 déc. 1980. Un travail pédagogique du même type a été conduit par eux avec des groupes d'agriculteurs africains.

«La petite fille qui vous suit partout...»
Jeune éleveuse du Puy de dôme, 1973
(photo François Koffler)

des représentations de l'espace habité et travaillé par les agriculteurs, de son économie globale, de ses potentialités, et une distance critique par rapport aux approches individualisantes et isolant l'exploitation de son contexte territorial. Cette question pédagogique d'approche globale de l'espace sur lequel on travaille est une question importante dans des perspectives d'une élaboration d'un projet collectif d'aménagement de l'espace rural micro-local.

L'espace bâti pour les animaux : bergeries, cochonniers et étables

Cet espace bâti a radicalement changé dans sa réalisation industrielle au cours des années 60 à 80. Les bergeries sont passées d'espaces clos aux murs épais, sombres, parfois voûtés, à des bergeries construites industriellement, ouvertes, ventilées et où l'on a la place d'isoler les bêtes et leurs petits dans des espaces restreints construits pour eux lors des naissances, et enfin qui permettent par une allée large et centrale de faire passer les machines qui apportent la nourriture.

Cependant, ces bergeries ne satisfont pas complètement les éleveurs, car toutes les bêtes y sont réunies sous un même toit. Autrefois, du multiples bâtiments permettaient d'isoler les reproducteurs, les bêtes malades, les bêtes qui avaient mis bas et les bêtes récalcitrantes.

Cette concentration dans un seul bâtiment résout les problèmes d'organisation et de simplification du travail, mais pose d'autres questions. D'ailleurs, les éleveurs moutonniers comme les éleveurs de vaches utilisent fréquemment d'autres bâtiments vétustes ou précaires pour reconstituer les lots qui méritent d'être de l'être. Cette séparation dans des espaces bâtis différents répond à des manières de penser le troupeau par lots et de le gérer par lots. L'espace unique empêche cette gestion d'un troupeau à travers des espaces bâtis séparés.

Lors de la recherche sur le travail des moutonniers, malgré la qualité des nouvelles bergeries liée à la modernisation de l'espace bâti, les éleveurs évoquaient des bergeries imaginaires qui renvoyaient aux caractéristiques propres à la relation avec l'animal dans le travail et aux séquences de travail avec l'animal. Il y avait les bergeries souterraines, spacieuses, rondes, qui offraient toutes les caractéristiques d'un lieu protégé, utérin, d'une grotte. Il y avait les bergeries blockhaus, celles qui résistent à tout, au vent, aux tremblements de terre, aux intempéries, à la neige. Il y avait les bergeries HLM, légères, ensoleillées composées de petits appartements par famille, mère et petits. Il y avait enfin des bergeries à espace variable, faites de matériaux légers (bottes de foin comme murs, toiture légère) et transformables au gré du besoin du troupeau.

Dessin de Joan-Lois Racouchot

L'imaginaire des bergeries a été "mis en planches" par Véronique Soriano qui travaille elle-même depuis trente ans, en tant qu'ethnopsychologue sur l'espace bâti avec son mari architecte (88). Ces planches permettaient aux éleveurs de parler des caractéristiques qu'ils attribuent aux espaces bâtis pour leurs animaux et de leurs désirs. Cet imaginaire de l'espace bâti était varié, complexe et multiforme.

Quinze ans après, une recherche menée par Véronique Soriano (89) auprès des producteurs de cochons industriels bretons sur les questions de l'espace bâti, montre combien l'imaginaire de l'espace bâti a été profondément censuré et marqué par l'empreinte de la technostructure : on ne conçoit les porcheries qu'en parpaings, ciment, constructions lourdes, sur le modèle dominant des experts. Quelques-uns des producteurs se révoltent à la fois contre l'espace bâti imposé et l'emprisonnement des bêtes : ils veulent et réalisent des cabanes (90) dispersées dans les champs pour les mères ou des porcheries en bois, légères et spacieuses. La révolte sur les matériaux et la conception de l'espace bâti est toujours également une révolte contre ce type de production productiviste et carcérale dans le porc, mais aussi un désir de traiter le lieu de travail et les animaux dans des espaces "renaturés", pour reprendre le terme de Jean-Marie Pelt, et des matériaux chaleureux (le bois en particulier) : hommes et bêtes y trouvent leur plaisir.

Il est d'autre part intéressant de constater que l'architecture des bergeries et des étables a été étudiée en Angleterre dans le cadre de la réalisation, par de riches propriétaires, d'espaces bâtis, circulaires et fonctionnels. Nous retrouvons, à Réalmont dans le Tarn, un bâtiment d'élevage circulaire construit dans la lignée des bâtiments d'élevage anglais. Il est abandonné, mais son architecture est intéressante du point de vue de l'organisation du troupeau, du travail et de l'esthétique (91).

9. Le troupeau comme espace de sociabilité individuelle et fusionnelle

Le travail avec le troupeau et l'interaction avec les animaux se réalisent selon des modes multiples et complémentaires.

(88) Voir planches de V. Soriano (1970) en p. 69 et 71, et photos de bergeries anciennes et nouvelles, dans le cahier central.
(89) Soriano (V.), *Trois petits cochons : les matériaux dans l'autoconstruction et leurs représentations chez les éleveurs*, rapport de recherche, BAP, janv. 1985.
(90) Sansot (P.), Strohl (H.), Torgue (H.) et Verdillon (C.), *L'espace et son double : de la résidence secondaire aux autres formes secondaires de la vie sociale*, éd. Champ urbain, Paris, 1978.
(91) Voir le plan d'une bergerie ronde, p. 71.

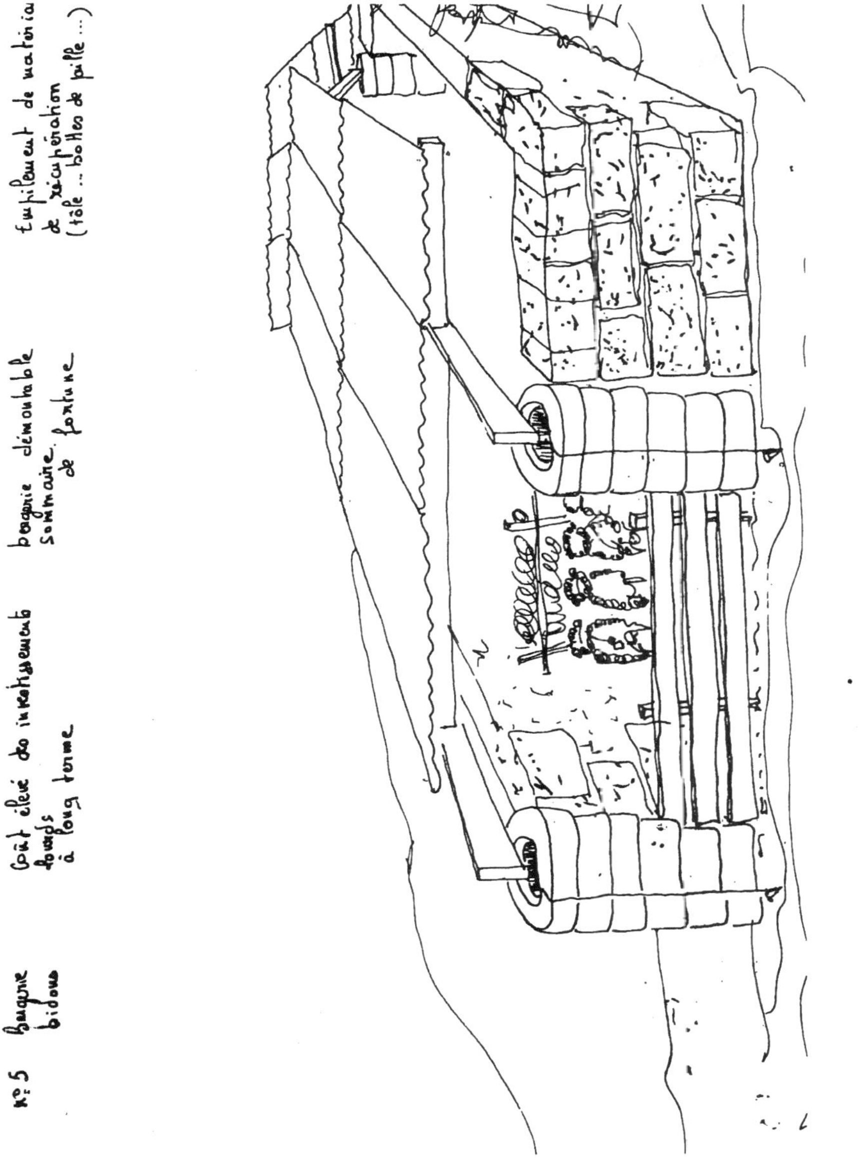

Bergerie bidons

L'éleveur a des relations personnalisées avec ses vaches, ses brebis, ses lapins et ses porcs. Il leur parle, les caresse, les frappe, les soigne. Comme avec des hommes, il dialogue, se dispute, aime.

Les éleveurs ont avec le troupeau et les animaux individualisés, des rôles de guide, de thérapeute, de mère et de père, dans le travail quotidien. Mais les éleveurs "parlent" et montrent d'autres types de relations plus complexes et diffuses avec le troupeau.

Le troupeau est un espace chaud et de connivence proprioceptive avec les bêtes. C'est dans la bergerie qu'on va se reposer, "faire un somme" ou parler de tout et de rien entre hommes : dans la convivialité murmurante-vivante du troupeau, on se sent bien quand le travail est fait et que les bêtes sont repues. On se sent rassuré et "à l'aise". C'est une niche maternelle. Une connivence de tout le corps et de l'être avec cette masse chaude, odorante et présente, autorise la détente, le repos, la sécurité de l'éleveur, la baisse de vigilance, le rire, la connivence "homosexuelle" gaie, entre hommes du même métier. On va d'ailleurs souvent dormir au milieu de troupeau, dehors à la sieste, dans un pré enclos, quand il fait bon.

Les femmes sont très sensibles et jalouses de cette connivence "totale" de l'éleveur avec son troupeau, qui se traduit par des absences de l'éleveur, souvent prolongées en fin de journée, seul ou avec ses associés ou aides, pendant lesquelles il va "se réfugier" dans la bergerie, alors que les femmes voudraient les voir rentrer au foyer, à la maison pour jouir dans le groupe familial de ces moments de détente. Le caractère homosexuel de ces moments "entre hommes", dans la bergerie plutôt que dans la maison, est reconnu et mal vécu par les femmes, perçu comme un lieu/espace/temps volé à la femme, à son intimité avec l'homme, à sa jouissance en commun avec lui.

Souvent femmes et hommes racontent comment, lorsque tout va au plus mal dans l'interaction des rapports familiaux, on va se protéger, se ressourcer dans l'étable ou la bergerie, à l'écart, avec les bêtes et retrouver force et patience pour affronter les lendemains du groupe familial.

"*C'est avec le troupeau que l'on affronte les orages, le tonnerre, la foudre, la pluie, que l'on se fatigue le long des chemins caillouteux et dans la chaleur torride des pâturages d'été. C'est avec lui qu'on fait face à ces menaces de la nature et qu'on essaie de les négocier ensemble. Dans cet étrange corps à corps avec les éléments naturels, hommes et animaux sont semblables, égaux, parfois inégaux au désavantage du berger*".

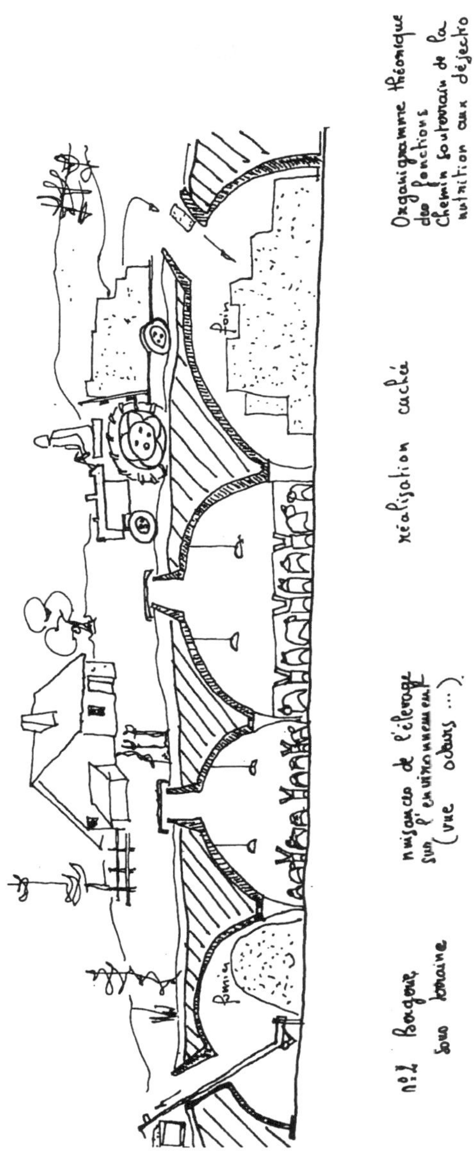

Bergerie souterraine

Ainsi, le récit du berger de *La science des bergers d'autrefois* (92) nous montre comment les bêtes perçoivent avant l'homme les changements de temps, mais elles ne prévoient pas le tremblement de terre. Haudricourt souligne ce renversement des rôles entre le berger et son troupeau : le berger est parfois protégé par les bêtes.

"*L'instinct des brebis : en haute montagne lorsque le tonnerre commence à gronder et qu'il va tomber de la grêle, tout le troupeau s'échappe en bêlant une demi-heure avant que la grêle ne commence. Les ovins s'abritent sous les hêtres ou les sapins pour éviter la grêle. Les vaches n'ont pas d'instinct pour cela et ce n'est qu'après le début de la grêle qu'elles se collent contre les rochers. Le berger, lui, dans le temps jadis, qui gardait le troupeau à la crête de la frontière, restait là à recevoir la grêle, sans aucun abri* (92)."

Les types de compagnonnage

La relation de compagnonnage peut revêtir des formes multiples. L'animal dans ce cas est un travailleur comme l'éleveur : le lien affectif ne renvoie ni au maternage, ni à l'érotisme. Animaux et animaliers sont alliés, soudés dans un même effort ; l'animal n'est ni sexualisé ni "infantilisé". Cette relation apparaît fréquente avec les animaux adultes ; l'animal en effet partage les difficultés de la vie de l'éleveur, ses vicissitudes, ses joies, ses peines.

Dans les troupeaux, certaines bêtes âgées sont particulièrement considérées, on les protège, on parle d'elles avec dérision et tendresse. Souvent, ces bêtes n'ont plus de raison économique de survivre, mais on les garde par amitié, attachement. Elles posent parfois des difficultés pour la conduite du troupeau car elles ne sont pas en bon état, elles sont handicapées, elles sont "capricieuses".

Des éleveurs de chèvres (93) nous ont présenté leur troupeau de belles chèvres de race, puis se sont tournés dans un coin de la pâture où une chèvre et sa fille, les poils très abîmés, serrées l'une contre l'autre, faisaient bande à part. "*Celles-là, c'est la mère et la fille, on ne peut rien en faire, elles sont très névrosées et nous compliquent la vie, on les garde ! Elles étaient là au début quand on est arrivés*". Ce sont les bêtes "de la fondation du troupeau", des bêtes des origines, la mémoire de l'animalier et du troupeau.

Certaines bêtes âgées sont le substitut de parents morts ou de grands-parents disparus. On projette sur elles la tendresse, le désir

(92) Peillen (J.), *Science des bergers d'autrefois*, déjà cité.
(93) Recherche sur l'installation des bergers et chevriers, déjà citée.

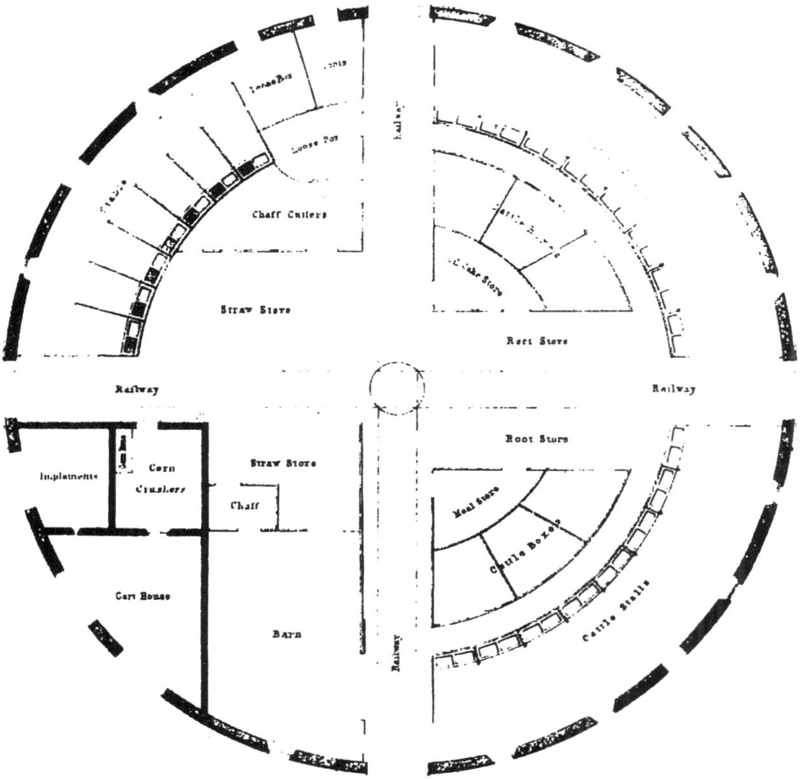

Bergerie ronde anglaise
(document Fondation de France)

de relations “inutiles et de plaisanteries” non vécues par ailleurs dans l’enfance ou dans le cercle familial.

Nous rencontrons ce type de relations avec les bêtes jeunes, mais également avec des bêtes adultes. C. Royer insiste sur cet attachement, “*comme avec des enfants*”, des buronniers avec leurs veaux et leurs animaux devenus adultes (94).

Certaines vaches ou brebis sont ressenties et parlées comme des partenaires sexuels, qui vous “approchent” et séduisent par des batifolages et des caresses. “*J’aime les voir s’approcher de moi, les petites Anglaises, quand je les appelle, quand elles sont en chaleurs elle me montent dessus*”, raconte un éleveur breton très intensifié. La vache est alors un partenaire de flirt ou de jeu d’approche érotique (hors mariage). Les cas ne sont pas rares d’un parallélisme avec la relation amoureuse, pleine d’incertitudes, de fantaisie, de tactiques complexes. Tout le paysage sonore, d’odeurs, de gestes, d’attouchements est érotique dans l’élevage de vaches en particulier. Dans le film de Bertolucci, *1900,* sur la vie quotidienne dans les grands domaines d’Emilie-Romagne, la mort de l’aïeul qui tente avant de se pendre d’éjaculer une dernière fois en regardant une petite fille traire une vache dans la pénombre et la chaleur-odeur de l’étable, en donne toutes les dimensions.

Souvent, la relation à l’animal est comparée à la relation à l’épouse. “*On passe plus de temps avec nos vaches qu’avec nos femmes*”. “*Je connais mieux ma vache que ma femme*”. Cette relation est connotée de la même manière que la relation à l’animal-compagnon de travail : ni érotique, ni amoureuse, elle est relation à un partenaire de labeur.

La relation à l’animal est aussi une relation d’affrontement, relation de jeu de force, d’expression de ses possibilités physiques. Il faut “mater” certaines bêtes par la force car il n’y a pas d’autres solutions parfois (95). Mais les éleveurs en général y répugnent.

Il existe aussi dans le travail quotidien de manipulation des bêtes — travail de contention pour les trier, les isoler du troupeau, les soigner —, une relation ludique avec son adversaire qui se manifeste par une jubilation (96), une excitation dans ce rapport de force, de décharge, de détente, d’expression. Il est dangereux car on risque de se faire encorner ou bousculer.

(94) Royer (C.), *Les hommes des burons*, tome 1 déjà cité.

(95) “Même en cas de légitime défense, le buronnier répugne à frapper un animal”. Royer (C.), opus cité.

(96) Colloque de mars 1984, CFPPA du Rheu. “Le travail avec l’animal”, discussion sur le module européen de formation et sur le film pédagogique *Corps à cornes* de V. Soriano, 1984, diffusé par l’INPAR, Rennes, voir également *Torero d’or* de F. Coupry et C. Clément, Hachette, 1981.

B — LE TRAVAIL, LES QUALIFICATIONS DANS LE METIER D'ELEVEUR

1. Les mécanismes psychologiques mis en jeu dans les travail avec l'animal

Haudricourt n'a pas posé dans son modèle de relation à l'animal, les mécanismes psychologiques qui imprègnent toutes les activités techniques de l'éleveur, la projection et l'indentification et leurs incidences sur la conduite du troupeau. Projection et identification nourrissent et conditionnent l'activité technique de l'éleveur ; ces deux mécanismes modulent de manière contradictoire la réussite de l'interaction, de la création de l'attachement, comme la précision et la rapidité des gestes de soins thérapeutiques ou d'entretien, de pansage de la bête (parage, écornage, etc.).

La réification de l'animal — le refus du miroir

En effet, quand l'éleveur ne s'identifie en rien à l'animal, ne projette sur la bête aucune de ses craintes, de ses désirs, de ses savoirs proprioceptifs et traite la bête comme une masse inerte ou une chose, un certain nombre de perceptions lui fond défaut.

D'autre part, il a des difficultés à optimiser ses relations avec la bête :

— il ne perçoit pas ou perçoit partiellement certains types de signaux émis par les animaux et risque des accidents,

— il a du mal à jauger les propriétés du vivant appréhendables en particulier par le toucher sur le corps ou dans le corps,

— il apprécie mal les limites des possibilités d'intervention et surtout d'expérimentation sur le vivant,

— il a du mal à établir une interaction facilitatrice car positive avec les bêtes.

Ce dernier handicap entraîne l'éleveur à dépenser une énergie physique et mentale plus importante pour conduire son troupeau, qu'un éleveur qui optimise cette relation : la bête perçoit qu'il ne la "sent pas" et il est obligé de la stimuler pour qu'elle se déplace, pour qu'elle rentre en salle de traite, qu'elle marche dans un parcours. Seabrook a admirablement montré dans son portrait des deux trayeurs, Bill et Arthur, comment l'un a beaucoup plus de facilités à travailler que l'autre (97).

Nos observations participantes comme nos recherches depuis 1966 mettent en relief à la fois ces difficultés-lourdeurs dans le maniement des bêtes pendant la traite et dans les déplacements dans l'espace, pour les brebis laitières comme pour les vaches. Elles met-

(97) Seabrook, opus cité.

tent en relief également les difficultés de perception des signaux venus des bêtes, mais aussi de perception de la texture, de la matière animale, de la peau et de son épaisseur, du corps en général, des volumes, des espaces internes et externes du corps et de leurs contenants : ces perceptions sont très importantes pour intervenir sur le corps et pour faire des diagnostics. Ces éleveurs montrent en général, vis-à-vis de leur propre corps et du corps de leur partenaire, une difficulté à évaluer les risques de fatigue physique et nerveuse auxquels ils s'exposent et exposent leurs proches dans le travail et la vie quotidienne. De même, ils interviennent sur l'animal de manière importante, massive, systématique, sans pouvoir en analyser les risques : la projection et l'identification partielle permettraient de guider l'activité technique d'intervention sur le corps, de la modérer, de l'ajuster au produit vivant. Il y a, semble-t-il, blocage des mécanismes d'identification et de projection et perte de ces savoirs affectifs et de ces épiphanies du corps qui guident l'action avec le vivant.

Le miroir — le double

Par ailleurs, quand l'éleveur s'identifie à l'animal de manière massive, et projette sur lui ses propres angoisses de mort, d'écoulement, de blessure, de béance qui l'assaillent et sont parfois importantes chez lui (ce qui n'est pas le cas de la plupart des éleveurs) :

— il va développer des blocages, des peurs devant le corps de l'animal et des difficultés à intervenir : il renoncera à intervenir, comme la jeune mère qui projette sur son nourrisson ses angoisses et inhibe ses possibilités d'intervention et d'ajustement aux besoins du nourrisson,

— il va intervenir mais avec de telles appréhensions que son geste sera imprécis ou/et inopportun et il entraînera des conséquences négatives pour la bête, craintes par l'éleveur (blessure, etc.),

— il va intervenir trop tôt ou trop tard, ce cas est fréquent dans les agnelages et vêlages,

— il va délaisser, bâcler, une série d'activités techniques nécessaires au maintien en bon état du troupeau, ce qui entraînera une dégradation de l'état sanitaire, ou des taux de mortalité à la naissance, etc.,

— dans un dernier cas de figure, l'éleveur va intervenir malgré sa peur, mais le coût psychologique de fatigue nerveuse sera tellement élevé que la réalisation par ce travail va poser question si elle doit se reproduire de manière régulière.

Le bon éleveur est un travailleur qui met en place des mécanismes de projections et d'identifications *bien tempérés*.

2. L'analyse des tâches de travail dans la relation de l'éleveur avec l'animal

Haudricourt, dans son modèle sur la relation à l'animal et à la plante, met en relief plusieurs dimensions capitales de la relation à l'animal :

— l'importance du toucher, de l'utilisation de la main,

— l'importance de la fonction de guidage dans l'espace, d'emprise, d'autorité (c'est l'éleveur qui décide où va le troupeau et l'incite à obéir avec divers moyens, bâtons, voix, chiens),

— l'importance de la fonction de protection : l'éleveur protège le troupeau des périls naturels (chutes dans les précipices, orages, risques multiples d'affolement, d'écrasement par les voitures ou les chiens errants qui attaquent les troupeaux).

Haudricourt souligne, cependant que certaines espèces ou races conduisent et protègent le berger. Les travaux de Ravis-Giordani (98) sur les troupeaux corses montrent cette capacité du troupeau à décider des parcours, les *investita* dans la région du Niolo. La sélection des brebis se faisait encore récemment selon ces critères de possibilité de détectage des parcours par les bêtes au pays de Galles (99).

Il y a d'autre part, protection du berger par les bêtes à cornes. Ce thème apparaît fréquemment dans les westerns : le troupeau protège par sa force de piétinement et sa masse, l'éleveur et le sauve d'ennemis naturels ou humains. Cette inversion des fonctions de guidage soulignée par Haudricourt est une dimension beaucoup plus générale à la relation homme/animal et n'est pas seulement propre à certaines races et situations. Elle est un des éléments de base de la relation : tour à tour homme ou animal prend l'initiative de la décision.

La science des bergers d'autrefois (100), texte auquel nous nous référons souvent, décrit les dimensions fondatrices de la qualification et montre comment les brebis basques prennent des initiatives. Elles partent, avant le temps, vers la pâtures de montagne, descendent vers les "maisons" et faussent compagnie aux bergers.

(98) Ravis-Giordani (C.), *Bergers corses*, Edisud, 1983.

(99) Entretien avec Eric Hobsbawn au colloque de Göttingen sur le procès de travail chez les bergers écossais, 22, 23 et 24 juin 1978.

(100) Peillen (J.), *La science des bergers d'autrefois*, déjà cité.

"Le troupeau d'un cayolar, troupeau de brebis qui peuple un cayolar, compte environ mille brebis. Celles-ci dorment la nuit dans le parc autour du chien blanc des Pyrénées ; elles le suivent où qu'il aille. Il est arrivé qu'avec le mauvais temps de l'automne en octobre, les brebis sentant que le moment de descendre approche, soient parties derrière le grand chien blanc vers la vallée, qu'en pleine nuit elles aient pris la direction de la maison. Et dans la vallée d'Andorre, les gens ont l'habitude de les arrêter, car lorsque les brebis ont rejoint la grand'route, il fait déjà jour et les paysans de l'endroit reconnaissent d'où viennent ces bêtes. Les bergers aussi, quand ils ont vu dès la pointe du jour que le troupeau manque, descendent jusqu'à cette vallée fameuse. La plupart des troupeaux en se rendant dans les hautes montagnes de Soule doivent passer par cette vallée, sauf ceux de Bostmendieta, ceux de Sainte-Engrâce et de Larrau (100)".

Nourrir, soigner, nettoyer, faire naître, faire reproduire Les dimensions féminines-domestiques-démiurgiques de la relation de l'éleveur à l'animal

Par ces rôles de prise en charge, de maintien en bon état du corps des animaux, l'éleveur comme la mère/épouse est du côté du travail féminin ; il est, comme la femme, "l'outil social" (101) affecté à "nettoyer la merde", soigner les plaies purulentes, panser les blessures et aussi nourrir les bêtes (102). Comme les femmes, il assiste les naissances et les morts des animaux. Mais à la différence des femmes, il provoque et contrôle la reproduction des bêtes : dans ce rôle de décideur de la reproduction (comme dans une moindre part, c'est lui qui lui fait côtoyer déchets, morts et naissances), il est démiurge, il touche à l'abject (103) et au sacré. C'est selon la belle expression de Marie-Christine Pouchelle "*un démiurge souillé*"(104).

Accoucheur, médecin, chirurgien, bourreau parfois, le berger est du côté des savoirs "obscurs" et dangereux. Le "bouseux", adjectif dont on affuble encore les éleveurs renvoie à ces liens à l'abject et à la terre.

On parle peu de ces rôles techniques dans la littérature scientifique, ou si l'on en parle, c'est d'une manière "aseptisée/

(101) Guillaumin (C.), "Pratique du pouvoir et idée de nature - L'appropriation des femmes", revue *Questions féministes* n° 2, fév. 1978.
(102) Verdier (Y.), *Façons de dire, façons de faire*, NRF, 1979.
(103) Kristeva (J.), *Pouvoirs de l'horreur, essai sur l'abjection*, Seuil, coll. Tel Quel, 1980.
(104) Pouchelle (M.-C.), *Corps et chirurgie à l'apogée du haut Moyen-Age*, Flammarion, 1983.

technicisée" qui efface les connotations "obscures", dangereuses et démiurgiques ; ce sont pourtant ces tâches qui sont les plus délicates et déterminantes dans la conduite du troupeau, ce sont elles qui produisent le plus d'implication et de fatigue nerveuse chez les éleveurs. Enfin, dans le processus de rationalisation et d'intensification de l'élevage, ce sont particulièrement les soins vétérinaires et la reproduction sur lesquels on demande à l'éleveur de procéder à des pratiques de plus en plus complexes et inquiétantes : elles portent directement sur les organes de la reproduction et même parfois sur des processus génétiques.

Je donnerai trois exemples des ces rôles techniques quotidiens et "situations-problèmes" auxquels l'éleveur doit trouver des solutions qui renvoient à la fonction de démiurge souillé, créateur de la vie et de la mort.

a/ Produits, médicaments et modifications génétiques

Certains médicaments produisent sur les agneaux des effets sur leur conformité corporelle : dans une exploitation de grande taille (le GAEC du Sureau — 1 700 brebis), où l'on expérimentait de nouvelles conduites du troupeau, de nouveaux produits et soins, les éleveurs, en 1970, devant les transformations-malformations des pattes des agneaux lors d'un agnelage, firent appel à un chercheur-pédiatre de la région, car ni le centre de recherche régionale de Teix, ni les vétérinaires locaux n'étaient en état d'apporter des réponses scientifiques ajustées et actualisées sur les effets de la déformation.

b/ Lutte contre la pourriture/gangrène (et expérience de la guerre)

Dans un grand troupeau de brebis conduit par un éleveur d'élite de formation scientifique, certaines avaient des plaies infectées aux cuisses, engendrant la prolifération de vers et devaient normalement mourir : l'éleveur refrène son réflexe hygiéniste de nettoyer les vers, qui n'aurait pas pour autant arrêté le développement de l'infection, se souvenant de blessés de guerre dont on laisse, pour nettoyer les plaies, "les asticots faire le travail" et qui s'en sortirent.

c/ Massage du corps jaune et fécondation

Actuellement, les éleveurs de vache intensifiés sont très sollicités par les exigences économiques et la pression de la vulgarisation scientifique et technique, pour ne pas "rater" une fécondation. Les pratiques du massage du corps jaune (105) de

(105) Salmona (P. et M.), *L'homme et la vache*, CAESAR, ITEB, déjà cité.

certains vétérinaires et inséminateurs qui visent à provoquer cette fécondation, fascinent et inquiètent les éleveurs : ils sont tentés de les reprendre tout en mesurant les risques de toucher "aux ovaires" et de s'immiscer dans le fonctionnement des organes qu'ils ne voient pas, dans des mécanismes de reproduction dont ils n'ont pas la maîtrise intellectuelle, enfin qu'ils ne connaissent que par l'expérience diffuse de leurs propres organes.

A la différence de la relation avec l'animal familier, de compagnie (chien, chat), ce travail pour assister ou provoquer la saillie, la naissance, la guérison et la mort, est conditionné par la survie économique de la famille et réalisé à grande échelle. Il prend actuellement des formes "industrielles" en particulier dans la reproduction de porcs, mais les producteurs de vaches (105) et même de moutons (106) n'échappent pas à une machinisation du travail de reproduction de naissage. Seul le film "*Cochon qui s'en dédit*" (107) (108) sur l'élevage industriel du porc en Bretagne, décrit à leur juste place ces fonctions "obligées" de reproduction, de traitement, de lutte contre les maladies et d'affrontement douloureux ou familier avec la mort. C'est une relation démiurgique.

Les épiphanies de l'action et les mécanismes d'identification et de projection

L'éleveur, dans son activité technique, s'identifie à l'animal et projette sur l'animal ses intentions, ses désirs, ses souffrances, ses plaisirs. Un certain nombre de causes détermine la construction et l'utilisation de ces épiphanies.

Comme avec l'animal de compagnie, dans les situations de travail, l'éleveur n'échappe pas aux mécanismes d'identification et de projection qui sont propres à la relation avec tout être vivant, animal ou humain.

D'autres raisons sont liées au fait que l'éleveur avec l'animal réalise une activité technique et de production économique et que l'éleveur doit agir avec lui, et a besoin d'images guides pour agir sur le corps, la physiologie, la santé, la vie de l'animal ; de se

(106) *Un homme au travail*, déjà cité.
(107) *Cochon qui s'en dédit*, film de Le Tacon qui porte sur les pratiques des élevages de porcs bretons intensifiés, en particulier sur les pratiques du démiurge souillé et sur leurs conséquences sur la psyché du travailleur.
(108) *Eleveur sans terre, cinématographie d'un élevage industriel porcin*, sous la direction de J. Rouch, thèse de doctorat pour le 3e cycle de cinématographie, présentée par J.-L. Le Tacon, Paris X-Nanterre (sans date).

"représenter" le non visible... les choses impossibles à percevoir : des épiphanies du corps, de la vie, de la mort (109). L'éleveur, par projection et identification (110) peut posséder, au sujet de l'animal, une représentation, épiphanie de ce qui est invisible, indicible, mais qu'il peut représenter de manière diffuse. Projection et identification fournissent des "évocations" de la vie, de la mort, du bien-être, de la souffrance.

L'identification et la projection lui offrent des images guides de l'action. Physiologie du corps, fonctionnement/ manifestation de la vie, de la mort, de la maladie sont en effet difficilement représentables : même si l'on connaît les données scientifiques concernant ces phénomènes chez l'animal, elles ne recouvrent pas la complexité et le mystère de ces phénomènes : aussi projection et identification alimentent-ils une production symbolique.

Cette production symbolique alimentée par la projection et l'identification a des fonctions heuristiques et de dynamisation de l'action dans le travail avec le vivant animal ou humain. Les mêmes mécanismes de production symboliques, épiphanie du non visible, alimentent l'action de l'agriculteur avec la terre (111) dont la "vie" est difficile à imaginer et à traiter.

Si Gilbert Durand estime que le domaine de prédilection du symbolisme est le domaine du métaphysique, du surnaturel et de l'inconscient, il laisse de côté un domaine très important de la production symbolique, celui des épiphanies du monde naturel et du vivant, de l'univers technique auquel on est confronté (112) dans la quotidienneté de notre travail ; la dimension invisible, indicible de notre environnement matériel, naturel. La production symbolique est alors un imaginal, une hyper-réalité nécessaire à l'action.

Dans le travail avec la nature, la matière, les outils, les corps humains ou animaux, "*Ce que nous propose l'univers arché-*

(109) Durand (G.), *L'imagination symbolique*, PUF, 1964. Epiphanie signifie évocation du non visible.

(110) Laplanche (J.) et Pontalis (J.-B.), *Vocabulaire de la psychanalyse*", PUF, 7e édition, 2e trimestre 1981. "Identification" : processus psychologique par lequel un sujet assimile un aspect, une propriété, un attribut de l'autre et se transforme totalement ou partiellement sur le modèle de celui-ci. La personnalité se constitue et se différencie par une série d'identifications. "Projection" : dans le sens proprement psychanalytique, opération par laquelle le sujet expulse et localise dans l'autre, personne ou chose, des qualités, des sentiments, des désirs, voire des "objets" qu'il méconnaît ou refuse de lui. Il s'agit là d'une défense d'origine très archaïque et qu'on retrouve à l'œuvre, notamment dans la paranoïa mais aussi dans les modes de pensée "normaux", comme la superstition.

(111) Salmona (M.), "Putain petite fille rebelle - ou belle au bois dormant", revue *Pénélope, Les femmes et la terre*, n° 7, automne 1982.

(112) *Le rapport de l'homme à la machine*, étude anthropologique sous la direction de A.-M. Laulan. Laboratoire du CNET de Rennes et université de Bordeaux III, avec la collaboration d'A. Jeandie, M. Salmona, J. Oulif, 1982.

typique, l'imaginal, ce sont des matières énergétiques ou, comme le pressentait Gaston Bachelard, des hormones du sens. La révolution, ou mieux la restauration, puisque nous ne faisons que renouer avec d'antiques traditions anthropologiques, réside là : mettre à l'origine de toute référence compréhensive, non un système de formes vides, de syntaxes creuses et indifférentes de catégories qui, selon un beau mot de Corbin, ne nous regarde pas, mais bien au contraire des impératifs imaginaux qui envoûtent la conscience, l'investissement d'un sens vécu, des épiphanies lumineuses qui font la valeur qu'éprouve ou que manifeste la psyché individuelle ou collective, une réalité plus profonde que les faits ou les idées que constate l'entendement (113)."

La réalité décrite par les données scientifiques ne recouvre pas la réalité du vivant animal, de la vie et de la mort. Aussi, bien que les données scientifiques servent l'activité technique de l'éleveur, il se réfère dans son action quotidienne à des représentations qui lui permettent d'enrichir la réalité immédiate et scientifique, d'un autre niveau de réalité.

L'éleveur a besoin avec l'animal de "*mettre l'immédiateté à l'écart, la rapporter à un autre monde qui en possède la clef, à la fois du point de vue de sa signification et du point de vue de sa réalité* (114)". L'éleveur, comme la mère de famille, lorsqu'il s'agit de traiter le vivant dont il est responsable, prend distance par rapport au réel, immédiatement perceptible ou décodable par des données scientifiques.

L'éleveur, dans cette démarche pour traiter le vivant animal, ne se fie ni à la réalité du présent, ni à la réalité scientifique ; une dénégation du présent s'opère : "*le présent serait par trop inquiétant s'il n'était immédiat et premier ; il n'est abordable que par le biais de la représentation selon une structure itérative qui l'assimile à un passé et à un futur...* (115)". L'éleveur réintroduit cette réalité présente dans l'histoire de l'animal et dans le futur.

L'observation / regarder et non analyser

L'observation est nécessaire dans "l'attention à la vie", dans la perception attentive de la nature tournée vers l'action. La faculté d'observation est très importante dans le travail avec le vivant,

(113) Durand (G.), *L'âme tigrée*, Les pluriels de psyché, Collection Médiations, Denoël-Gonthier, 1980.
(114) Rosset (G.), *Le réel et son double*, Gallimard, 1976.
(115) *Le réel et son double*, déjà cité.

ainsi que l'obligation de prendre distance par rapport au réel, aux codes multiples, scientifiques, expérientiels que nous avons acquis pour approcher par le regard ce réel, comme le souligne G. Rose : "*Aujourd'hui l'attention est concentrée sur quelques points précis, on analyse, on ne regarde plus* (116)".

Il n'y a plus chez les agriculteurs "un échange permanent réfléchi avec la nature". Ils ne savent plus observer et s'en plaignent, car la réceptivité aux épidémies, microbes, est d'autant plus grande que les troupeaux augmentent de taille et sont élevés dans des conditions artificielles à l'intérieur.

Il en est de l'observation comme de "l'attention flottante" dans le travail analytique. Il ne s'agit pas de fixer son regard sur une série d'indicateurs précis, comme l'habitude se prend avec la sophistication de la gestion technique, mais de laisser aller son regard sur l'ensemble du paysage des bêtes dans leur décor et de repérer ce qui intrigue, ce qui n'est pas comme d'habitude.

Il n'y a pas de code précis qui puisse indiquer ce qu'il faut remarquer ; c'est la distance du regard par rapport à la situation et non la concentration sur certains éléments préétablis qui permet de découvrir ce qui est différent et qui est important.

Une des questions actuelles de l'élevage chez les éleveurs de vaches en particulier, c'est celle de la mise en place de nouvelles pratiques d'observation. Il est nécessaire, pour bien conduire le troupeau, de l'observer : mais autrefois cette observation doublait le travail exécuté par les longues heures que l'on passait avec le troupeau, à le déplacer, à le traire... En même temps que l'on réalisait un certain nombre de tâches, on recueillait des informations sur les bêtes, l'observation se faisait parallèlement à ces tâches diverses (nutrition, traite, déplacement, etc.).

Séparation de l'activité de repérage des signes avec les tâches manuelles

L'économie agricole a beaucoup insisté sur les changements des procès de travail ces vingt dernières années, en particulier sur la parcellisation des tâches et la spécialisation dans la réalisation du travail. Mais un autre mouvement tout aussi important s'est produit : un clivage entre le rècueil des signes, l'observation et le travail manuel.

(116) Rose (G.), *Ecologie et tradition*, Maisonneuve et Larose, 1981.

Panser / penser les bêtes

Le travail avec les bêtes implique que l'on prenne soin d'elles, qu'on les soigne comme une mère/épouse prend soin du corps de la famille et soigne les membres de ce groupe dont elle est responsable. Les traités du début du XXe siècle attestent de ces rôles techniques médicaux impartis aux femmes (117). "Prendre soin de" est une "*occupation exigeante qui engage vigilance et persévérance, d'un travail consacré à un objet ou une entreprise jugés importants et dont on a la charge... Il n'y a pas apparemment de contrepartie à ce don... soigner quelqu'un c'est prendre totalement soin de lui, il s'y ajoute souvent une nuance de souci, d'inquiétude* (118)".

Pour Emile Benveniste, soigner renvoie à l'idée de mesurer, médiciner ; en grec, *medomai* renvoie à l'idée de méditer et inventer, deux opérations de l'esprit conduites par une réflexion réglée et par l'idée de mesurer, de prendre des mesures pour traiter des difficultés (118). Enfin, le terme "panser", utilisé pour les hommes mais particulièrement pour les animaux (on panse les vaches et les chevaux) renvoie également à l'idée de méthode et de mesure : pour Littré, "panser, c'est la même chose que penser, (118)". Cette approche étymologique de la notion de soigner est révélatrice de modes de connaissance qui recouvrent l'activité d'élevage (animalier et humain) dont on parles peu dans l'étude du travail d'élevage. Cependant, si les termes soigner, panser, renvoient à la mise en application de règles pour traiter une difficulté, donc à des conduites intellectuelles organisées et préétablies, les unes relèvent de la raison, les autres de la *mètis*, l'intelligence courbe (119). La production scientifique sur l'activité du travail domestique d'élevage oblitère dans ce travail différentes dimensions.

Les travaux féministes ou de femmes chercheurs qui traitent du travail domestique en montrent surtout les aspects aliénants, répétitifs, démotivants. Mais faire la cuisine, élever les enfants ou les animaux implique également d'inventer, de créer de nouvelles combinaisons, de trouver des solutions à des situations

(117) Lucci (M.), *La femme médecin du foyer*, ouvrage d'hygiène et de médecine familiale, maison d'éd. populaires, librairie et imprimerie à Weinfelden (Suisse) Neuchâtel-Paris-Bruxelles, 1924.
(118) Ambroselli (C.), Caselli (B.), Debru (A.), "La femme et le soin, une question d'éthymologie", revue *Pénélope* : "la femme soignante", n° 5, automne 1981.
(119) Salmona (M.), *Mètis et paradoxe : qualifications ou expropriation de l'intelligence de la production, les avatars de la vulgarisation scientifique et technique dans l'agriculture"*, CAESAR/APCA, 1978, déjà cité.

problématiques auxquelles le vacher, la mère de famille (ou l'infirmière) ne se sont jamais trouvés confrontés et dont le répertoire de réponses est insuffisant et nécessite d'en trouver de nouvelles : les connaissances acquises, les règles mémorisées par l'éducation ou l'expérience ne couvrent pas le champ du soigneur, de l'éleveur et des techniques, des savoir-faire de ce dernier.

La recherche sur la technique d'élevage animalier en agriculture étant monopolisée par des hommes, cette dimension poétique/heuristique est gommée par eux, comme elle l'est dans les recherches sur le travail domestique, gommée en partie par certaines des "chercheuses" féministes.

La méditation, le silence, comme modes de connaissance et d'action

Ce mode de connaissance, pourtant si important dans l'activité cognitive, dans les relations du travailleur avec la nature et avec le vivant, est passé sous silence. Probablement parce qu'il est associé d'abord à la pauvreté, aux activités non marchandes, au dépouillement, à la vie domestique, à la prière, à l'ascèse, modalité d'existence au monde et aux autres dévalorisée dans notre société, car c'est un mode de connaissance qui ne formule pas (120), ne laisse pas de traces. Le travailleur de la nature et en particulier l'éleveur (mais le maraîcher dans son jardin médite également), confronté à la solitude par nécessité, est entraîné à la méditation liée au silence. L'obligation d'observer, d'être disponible en permanence, vis-à-vis des phénomènes naturels complexes difficilement décodables, l'entraîne au silence et à la méditation : silence et méditation deviennent des conduites nécessaires à l'action sur et avec la nature, sur et avec le vivant. La méditation et le silence s'intériorisent comme éléments de la qualification ; ils deviennent également une conduite de connivence avec soi-même. "*C'est dans les silences que s'effectue ou pas la mémorisation de ce qui vient d'être entendu, mais aussi un travail rentable de création par l'auditeur de quelque chose, qu'il ajoute en quelque sorte de lui-même à ce qu'il vient d'écouter* (121)". Mais c'est aussi dans le silence et la méditation que l'éleveur aménage cette distance avec le monde qui l'entoure et avec lui-même ; elle est nécessaire à l'élaboration d'une réflexion pour l'action, dégagée du présent et de l'immédiatement perceptible.

(120) Thalégani (M.), *Le silence, un objet social et ses fonctions sémantiques*, thèse de doctorat de 3e cycle, faculté de lettres et de sciences humaines, Nanterre, juin 1974.
(121) Thalégani (M.), opus cité.

Le désir de l'animal et le recours de l'homme : chanter et jouer de la musique

Dans la société africaine des pasteurs rundis, les éleveurs tutsis conjurent par des incantations les vaches de daigner s'occuper de leur veau, de se laisser saillir, de donner du lait en abondance. Le diseur est seul, il use parfois d'une cithare ou d'un arc musical pour rythmer et soutenir ses vers. Elles ont aussi pour but, lorsque les initiés au culte les récitent, de suggérer un climat érotique exempt de toute contrainte : ces chants-poèmes incitateurs et charmeurs portent sur les tâches de l'éleveur qui dépendent du désir de l'animal, sur lequel il a peu de prise et qui sont plus importantes. On essaie de se concilier les forces naturelles sur ces phénomènes qui mettent en jeu la création de la vie et la maintenance de la vie, et qui marquent l'autonomie de l'animal vis-à-vis de l'homme : le désir. Pour mobiliser ce désir (122) chez les vaches, les Tutsis tentent de les charmer et de manifester leur propre désir par la voix, organe de l'expression de l'Eros.

Comme le dit Bateson : "*l'intensité de la voix, la longueur d'une pause, la tension d'un muscle... ces grandeurs correspondent communément à des grandeurs situées au sein même de la relation sur laquelle porte le discours... nous ne savons pas même à quoi pourrait ressembler un système digital primitif propre à la discussion de* patterns *de relations, mais nous pouvons supposer qu'il ne ressemblerait pas à un langage des "choses", il pourrait plus probablement ressembler à de la musique* (123)".

Cette pratique de la voix et de la musique, pour mobiliser le désir des animaux, nous interpelle sur l'importance de la répétition dans les manifestations chantées-parlées de la mère avec le nouveau-né, comme de l'éleveur avec l'animal, "*comme si la voix ou l'oralité recevait mission de frayer sur place et toujours à nouveau un espace de jeu, ou un espace de jeux temporel* (124)". Cette répétition de mots et de sons est importante dans le dialogue avec l'animal et avec le nourrisson : animal et nourrisson répondent, réagissent dans l'enveloppe sécurisante et sollicitante de la répétition vocale et acceptent les silences qui ponctuent les chants, les poèmes récités, les odes, l'absence possible des éleveurs. La voix de l'éleveur véhicule un lien érotique avec l'animal. Le caractère répétitif de l'expression vocale de l'éleveur introduit la durée dans la relation, l'interaction, l'absence/présence de l'éleveur.

(122) Charles (D.), *Le temps de la voix*, Corps et culture, J.-P. Delarge, 1978.
(123) Bateson (G.), *Vers une écologie de l'esprit*, déjà cité.
(124) Charles (D.), opus cité.

Seabrook montre également combien parler aux vaches, les injurier, chanter et faire de la musique, comme tapoter, caresser les bêtes, font partie des conduites des vachers salariés (125).

Comment différents hommes traitent leur troupeau
Pourcentage de vachers

	Jamais	Rarement	Parfois	Souvent	Toujours
Parler aux vaches	5	20	28	23	24
Tapoter les vaches	15	12	32	30	1
Aller au devant des vaches	0	32	24	30	14
Injurier les vaches	5	23	57	13	2
Jouer de la musique aux vaches	54	7	9	5	25
Chanter pour les vaches	34	21	29	14	2

3. Les qualités du bon éleveur

Les textes des praticiens des grandes cultures animalières, africaines et françaises, nous éclairent sur ces qualités, qualifications propres au travail d'éleveur, bien mieux que les descriptions faites par les économistes et les sociologues du travail.

Laissons courir les mots et les descriptions des praticiens éleveurs, comme nous le ferons avec les termes employés par les Provençaux pour définir les formes d'apprentissage, de transmission, de savoir-faire dans le travail avec la nature. Des textes des éleveurs, manuels moutonniers ou *Sciences des bergers d'autrefois*, comme ceux du recueil de la voie peule (126), *Koumen* (127) et des odes et incantations rundies (128), se dégagent des théories et pratiques du travail avec les animaux et la nature, des théories de la qualification qui fondent l'analyse de la qualification dans le travail actuel avec les animaux. Ces textes de praticiens des grandes cultures animalières africaines ou françaises définissent clairement l'importance des aspects de la qualification liés à la personnalité de l'éleveur et mettent en évidence les qualités affectives et les capacités relationnelles nécessaires pour assumer le travail d'animalier.

Les textes et traditions orales des praticiens peuls, rundis, basques, alsaciens, provençaux, nous rappellent que, dans le

(125) Seabrook, opus cité.
(126) Diouldé Laya, *La tradition peule des animaux d'attache*, déjà cité.
(127) Harpate (A.) et Dieterlin (G.), *Koumen, texte initiatique des pasteurs peuls*, Cahiers de l'Homme, ethnologie, géographie, linguistique, Mouton, 1981.
(128) Rodegem (F.-M.), *Anthologie rundie*, déjà citée.

domaine du travail avec le vivant, la qualification est étroitement liée, comme la transmission des savoir-faire avec le vivant, aux conditions affectives de la petite enfance qui ont permis au travailleur du vivant d'être doté, encordé, accueilli, et lui permettront à son tour de donner, d'attacher, d'éduquer les bêtes et les enfants. Elles montrent également les limites de l'acquisition des qualifications liées à la transmission des savoirs et savoir-faire par la famille. On peut être fils d'éleveur peul et ne jamais devenir éleveur, car on n'en a pas les qualités affectives, relationnelles et de responsabilité. Le plaisir du travailleur lié à son capital affectif hérité de la petite enfance est la pierre angulaire de ses capacités à apprendre et à réaliser les tâches de soins, d'élevage, de médicinage.

Par ailleurs, comme nous le verrons dans le chapitre sur la transmission du savoir, les mots du langage provençal *faité*, *don*, expriment de manière bien plus précise que les mots de la psychologie du travail le contenu obscur, difficile à décrire de ces "affectivités", pour reprendre le terme de Harlow, qui prédisposent au travail avec le vivant et en constituent les bases de la qualification, et la précarité et la complexité des formes de transmission. La transmission de ces prédispositions-qualités (on a le don, le *faité*, ou on ne l'a pas) est également obscure au sens propre et figuré, car elle est liée à des événements de la vie avant la naissance du travailleur, aux conditions de sa naissance et de son attachement à la mère, au corps à corps physique et imaginaire de la mère et de l'enfant pendant la gestation et après la naissance. L'analogie avec le don hérité d'êtres surnaturels — fées, esprits— rend bien compte de ce caractère aléatoire et obscur.

Comme le souligne Didier Anzieu, on ne peut savoir élever, donner, que si l'on a reçu. Cette possibilité de don et cette empathie ne se fabriquent pas. On a eu la chance d'avoir été accueilli ou pas et conséquemment de pouvoir ou non accueillir/élever à son tour.

L'analogie du *faité* avec le don, liée à la disponibilité (comme on parle de disponibilité d'argent) renvoie au fonctionnement de l'économie affective, aux mécanismes de flux, de transformation, qui s'y développent ; ce sont les capitaux affectifs capitaux de l'enfance qui se transforment en dons/dépenses affectives avec l'animal, le malade, l'enfant.

L'analogie "surnaturelle", comme l'analogie économique marquent — soulignent — la dimension temporelle dans laquelle se jouent ces capacités, qualités, qualifications ; d'abord on reçoit, alors ensuite on peut donner : la réversibilité n'est pas réalisable. Les processus éducatifs de formations-qualification n'ont pas de prise sur cette temporalité-succession. Les procédures éducatives de qualification ne peuvent remonter le temps et "récupérer" les manques.

Enfin, les textes et les mots des pasteurs nous rappellent également par leur description des qualités de l'éleveur, que le capital affectif développe la pensée et l'agir, que les ruptures entre les dimensions affectives, cognitives du travail avec le vivant comme les ruptures entre l'imaginaire et l'activité cognitive et physique sont des conventions positivistes. Sans ce capital affectif, l'éleveur ne perçoit pas bien, ne discrimine pas bien les signes émanant du troupeau, et n'utilise pas tous ses sens : il a du mal à agir, il est incapable de faire le diagnostic de l'état des animaux et d'agir sur ces derniers.

Les textes et traditions sur les qualifications du travail avec l'animal posent la question du pouvoir de l'homme sur le vivant, des limites de sa conception dominatrice-réifiante vis-à-vis du vivant, qu'il veut transformer, modeler, plier à ses fantaisies, comme des objets inertes : l'animal résiste à l'homme. L'homme est obligé de manifester son désir pour que l'animal manifeste le sien.

Ces textes et ces traditions orales nous rappellent que le vivant animal et humain n'est pas un objet. Le pouvoir du travailleur est limité avec le vivant. Ils posent l'existence de l'autonomie de l'animal et du vivant humain ; l'animal résiste à l'éleveur. La zone d'autonomie la plus forte de l'animal se situe dans son désir, désir de copuler, de reconnaître sa progéniture, de donner du lait, de nourrir.

Enfin, les manuels et textes français nous rappellent l'importance de l'abject dans le travail avec l'animal, en particulier dans *La science des bergers d'autrefois*, qui insiste sur la fonction de démiurge souillé. Ils nous rappellent également la souffrance liée au travail/dialogue avec la mort. La science a du mal à nommer la relation au sacré, au métaphysique, à l'abject (129), au désir, à la mort, dans son discours. Les scientifiques évacuent ces données des analyses de situations de travail, ainsi que la souffrance psychique qui leur est liée. Une analyse de la souffrance du travailleur avec le corps commence tardivement à parcourir les travaux des ergonomistes (130).

(129) Thérame (V.), *Hosto blues*, deux tomes, éd. des Femmes, 1980.
(130) Article "L'agression psychique de la mort dans le travail infirmier" de C. Gadbois et P. Logeay, publié avec le concours du CNRS, sous la direction de C. Dejours, C. Veil et A. Wisner, Entreprise moderne d'édition, 1985.

4. Pratiques d'élevage et théories de la qualification

Plusieurs sources, comme nous l'avons vu précédemment, nous permettent de comparer différentes théories de la qualification des éleveurs.

Les manuels français d'éleveurs

Le manuel du moutonnier (131) met en relief les savoirs affectifs, l'intelligence exigée par le travail et la tolérance à la solitude.

Le traité insiste en premier sur le fait que l'éleveur ne doit pas être peureux pour affronter la solitude et les multiples difficultés et frustrations liées aux intempéries subies par l'éleveur et le troupeau.

"*Il doit être doué d'une grande douceur et d'une grande patience ; un homme en colère ne sera jamais un bon berger. La réussite du troupeau dépend en grande partie du talent du berger pour savoir conduire ses bêtes, s'en faire obéir sans les tourmenter* (131)."

Ensuite, il énumère des qualité *d'observation* et de connaissance individualisée des bêtes et s'il revient sur les qualités intellectuelles du berger, il met en évidence le personnage complexe dont la qualification requiert des qualités affectives (de personnalité) aussi importantes que des qualités intellectuelles. Il met en tête les savoirs affectifs.

Le manuel des éleveurs de bêtes à la laine insiste (132) sur le fait très important que les qualités nécessaires au travail d'élevage se rencontrent difficilement dans la même personne : il met en relief cette difficulté de rencontrer en la même personne les qualités affectives et intellectuelles réunies ; élément propre à la qualification du travail d'éleveur sur lequel nous avons nous-mêmes beaucoup insisté.

Il insiste sur le fait que ces savoir-faire et ces savoirs affectifs qui les déterminent sont innés. Ces qualités du bon berger sont la suite des dispositions innées et les connaissances qu'il doit posséder le fruit de l'éducation. Ces qualités affectives renvoient à la présence de ce *faité*, de ce charme-don qui permet de donner, de charmer.

(131) Villeroy (F.), *Manuel de l'éleveur de bêtes à laine*, librairie agricole de la Maison rustique, déjà cité.
(132) Salmona (M.), "Psychologie du travail de l'éleveur et du maraîcher", communication au premier colloque d'ethnoscience, CNRS, Paris, nov. 1976.

Dans le traité, cette partition entre apprentissage de connaissances et héritages (dons-charmes) de savoirs affectifs est très claire ; dans les discours des Peuls également.

Les théories de la qualification chez les sociologues français

Aussi, quand nous reprenons les analyses de Freyssenet (133) sur les qualifications, nous sommes particulièrement interpellés par l'intelligence investie par les travailleurs dans les tâches d'élevage.

Comme Freyssenet le souligne : "*Il faut briser l'unité apparente donnée à des emplois par une appellation commune ou par les diplômes exigés. Il faut analyser chaque fois le contenu réel du travail, du point de vue de la réflexion qu'il exige. Ce contenu apparaît d'autant plus facilement si l'on considère le procès de travail, c'est-à-dire si l'on repère où se pensent et se décident les conditions concrètes de la production et qu'est-ce qu'il reste comme initiative à prendre par les producteurs directs pour que la production se réalise effectivement.*

"C'est pourquoi on ne peut faire l'économie du problème de l'évolution des qualifications lorsque l'on veut définir ce qu'est la qualification. L'élément commun et essentiel de tous les emplois, c'est l'activité intellectuelle inséparable de toute tâche. Qu'un emploi exige principalement de la force physique ou bien des réflexes, ou un grand nombre de connaissance, ou de l'habileté, ou encore de l'attention, etc., dans tous les cas, quelle que soit la spécificité de l'emploi considéré, la réflexion sur ce que l'on fait est la condition absolue pour parvenir au niveau et à l'usage correct de la force physique, ou bien des réflexes, ou bien encore des connaissances, etc.

"C'est cette activité intellectuelle, inséparable de toute tâche, qui est l'élément commun entre tous les emplois (134)."

L'analyse de Freyssenet fait une impasse majeure en ce qui concerne les travaux avec le vivant. Pourtant, une donnée fondamentale de la définition des qualifications, aussi importante que l'intelligence, sont "les affectivités", les savoirs affectifs qui sous-tendent et alimentent le travail avec la bête, le nourrisson, le malade et les "vieux". Il est intéressant de constater que, si les spécialistes de la qualification en parlent enfin actuellement dans

(133) Freyssenet (M.), *La division du travail*, colloque de Dourdan, chapitre "Division du travail et qualification", éd. Galilée, 1978.
(134) Freyssenet (M.), opus cité.

l'élevage (135), que les infirmières, assistantes maternelles, etc. en parlent et en font une dimension des qualifications, la sociologie du travail garde un "silence qui en dit long" (136) sur le dogmatisme de ses courants dominants. Peut-être un attrait que conserve le travail d'éleveur (malgré les difficultés de vente du mouton) pour les primo-néoruraux et néoruraux (137), est-il de pouvoir exprimer, dans le travail avec le vivant animal, une gamme d'affectivités qui ne font pas partie de la représentation sociale et des pratiques de la *masculinité* et de la *virilité* dans le travail.

Les théories de la Voie peule

La Voie peule comme le manuel du bon moutonnier valorise en premier les savoirs affectifs :

— la capacité d'attention à ses pairs, de convivialité, de solidarité avec les bergers, d'entente avec eux ; il faut savoir les secourir quand ils tombent malades ou ont un accident et prendre en charge leurs bêtes (138) ;

— patience et attention à leur égard et à l'égard de leurs bêtes leur est exigée ("*la patience est demandée à ceux avec lesquels tu te trouves de sorte que votre bétail soit rassemblé* (138)") ;

— la capacité de prendre soin des bêtes, des siennes et de celles des autres ("*la vache de ton ami, tu la gardes en l'entourant d'égards, tu la grattes légèrement, tu lui enlèves les tiques, tu passes la main légèrement sur son corps, tu veilles à son abreuvement*") ;

— il est demandé surtout au pastoureau d'être capable de materner (138) les bêtes, et avant tout de ne pas commettre la faute principale : l'abandon. On lui demande de s'occuper des bêtes comme une mère entretient son jeune bébé.

Il met en relief, également, des qualités intellectuelles d'inventivité et de curiosité :

— la curiosité est nécessaire et *"on chasse celui qui ne cherche pas à savoir comment ça se passe et qui dit qu'il sait faire et a fait* (138)" ;

(135) Salmona (M.), "Le travail agricole, un espace liminaire et nocturne des qualifications, des mécanismes de transmission et d'acquisition des savoirs et savoir-faire techniques, un analyseur des rapports sociaux de sexe dans la société", in "*Enseignement agricole et formation des ruraux*", actes du colloque UNESCO, ministère de l'Agriculture des 23, 24 et25 janv. 1985 (Agri Nathan International) et le Bulletin DGER, *Enseignements agricoles, savoirs et qualifications*.
(136) *Le travail et sa sociologie*, essai critique, éd. L'Harmattan, 1985, ouvrage collectif.
(137) Salmona (M.), *Jeux et enjeux des cartes bancaires*, chapitre sur la Creuse profonde et les comportements des primo-ruraux et néoruraux, CAESAR, ministère de l'Economie et des Finances, Groupement des cartes bancaires, juin 1990.
(138) Diouldé Laya, opus cité.

— l'esprit d'ingéniosité (on développe l'esprit d'ingéniosité du pastoureau) ;

— une grande capacité d'initiative ;

— un sens aigu de la responsabilité ; il y a même l'obligation d'une responsabilité différée "*qu'un vacher rencontre des animaux et les dépasse, dise les avoir vus et il sera responsable de ce qui leur survient par la suite*" ; la Voie peule refuse la vantardise, signe d'irresponsabilité ;

— des capacités de vigilance et de concentration ; il ne doit pas être "dissipé" afin qu'il se concentre, qu'il soit attentif.

Pour les Peuls, le travail avec l'animal ne va pas de soi pour tous les apprentis ; certains ne supportent pas de se responsabiliser par rapport au troupeau, dans la solitude, sans contrôle d'un autre éleveur, et racontent des histoires, se vantent de soins qu'ils n'ont pas donnés : l'irresponsabilité, la légèreté sont des incapacités graves (138), en somme l'impossibilité de travailler avec l'animal sans autorité et surveillance permanente.

Mais une autre incapacité grave est liée au fait que l'apprenti pastoureau ne supporte pas de "garder" et abandonne le troupeau. La tolérance à la solitude est une donnée majeure, des qualités du bon pastoureau et de ses capacités à élever les bêtes. L'agressivité et l'instabilité émotionnelle sont ressenties comme des contre-indications au travail d'éleveur. Ces trois causes d'incapacité de qualification nous renvoient à des dimensions affectives que nous avons nous-mêmes observées et étudiées en utilisant des tests pour infirmer ou confirmer nos hypothèses, dans nos recherches de 1970 à 1972. Comme le manuel du moutonnier, la Voie peule soulève une série de questions sur la qualification, la transmission des savoirs, la conception du travail, la transmission du métier aux jeunes, et l'initiation.

Les Peuls font la différence entre propriété des animaux, héritage économique, et acquisition de savoir, dispositions affectives pour être un bon pasteur ; même les fils de propriétaires doivent apprendre avec modestie et attention, les savoirs de la Voie peule ; ils sont punis s'ils mettent en avant l'héritage économique et social. Les enfants de propriétaires, d'autre part, ne sont pas à l'abri des causes de non-qualification : irresponsabilité, inattention, non-concentration, impossibilité de "se faire" au travail du troupeau, vantardise, violence et difficulté de convivre avec les autres bergers, incapacité de materner les bêtes.

Chez les Peuls, l'initiation dure toute la vie, comme le travail d'éleveur, et s'arrête avec la mort.

"*L'initiation*", dit un texte peul, "*commence en entrant dans le parc et finit dans la tombe. Sortir du parc est comme une mort pour le pasteur. Elle comporte trois séquences de vingt et un ans : vingt et un ans d'apprentissage, vingt et un ans de pratique et vingt et un ans d'enseignement.*"

En somme, l'éleveur s'initie et apprend, comme le disent les éleveurs français, toute sa vie. Il est important de remarquer que la conception peule du métier d'éleveur comprend un phase d'initiation classique, avec ses phases d'isolement, de petites souffrances et de rites très stricts (139).

Trois remarques au sujet de l'initiation peule sont à faire, lorsqu'il s'agit de l'enseignement du métier, ce qui est le cas de l'initiation peule :

a) les composantes d'isolement et de souffrance très importantes dans d'autres types d'initiation (140) concernant les rapports de sexe, par exemple, sont très minorées, adoucies, dans l'initiation au métier, en tous cas chez les Peuls ;

b) l'objectif des initiateurs dans l'initiation aux techniques n'est pas de "*manifester l'hostilité des adultes à l'égard des jeunes*" (140), mais avant tout une expérience éducative de transmission des savoirs et savoir-faire dans les conditions optimales de régulation des conflits et d'aménagement des difficultés rencontrées par les pastoureaux (141) ; une expérience où le dialogue et la négociation sont centraux dans l'éducation ;

c) les ethnologues constatent, lorsque l'initiation concerne l'apprentissage des cultures techniques, que l'initiation ne comporte ni souffrance extrême, ni humiliation à la différence des initiations concernant les apprentissages religieux ou sociaux. "*Ces corps, ces visages sont soigneusement parés, maquillages et ornements ne sont pas d'artificiels placages décoratifs, mais de réels masques de beauté* (142)" et les pastoureaux sont affectueusement traités. Les rites d'initiation sont chargés de faste et de douceur.

D'autre part, la conception de la formation-transmission du savoir chez les Peuls rejoint celle que réclament les futurs éleveurs des centres de formation d'adultes à l'élevage (CFPPA), en France : que les enseignants soient des praticiens éminents de l'élevage. Les Peuls enseignent les vingt dernières années de leur

(139) Diouldé Laya, opus cité.
(140) Bettelheim (B.), *Les blessures symboliques*, Gallimard, 1971.
(141) Diouldé Laya, opus cité.
(142) Dupire (M.), *Peuls nomades*, institut d'ethnologie, université de Paris, 1962.

vie ce qu'ils ont appris pendant vingt ans et pratiqué pendant vingt ans ; on ne dissocie pas la fonction d'enseignement-transmission des connaissances et savoir-faire de la pratique.

Malheureusement pour les jeunes postulants à l'élevage ruraux et urbains, notre société ne s'est pas jusqu'ici (sauf exception) décidée à organiser, malgré la demande claire des néoruraux reconvertis à l'élevage (143), un enseignement avec des éleveurs comme enseignants et non des "profs", ce que les Peuls, comme les éleveurs du Couserans (cf. Besche-Commenge) appellent "des enfants du papier (144)".

Ces textes précisent les limites de la qualification-formation-éducation comme processus de transformation de la personne. Certains adultes résistent à l'acquisition des ces savoirs et savoir-faire. Toutes les tentatives "généreuses" et orthopédiques d'acquisition, formation, enseignement, qualification et de transmission post-naissance, ne peuvent combler le vide d'un manque dans les mécanismes d'attachement. Tout le monde ne peut pas élever, médiciner : ne peuvent pratiquer ces travaux que ceux qui ont reçu (145), à qui "on a donné" avant et après la naissance ; seuls ceux qui ont été accueillis, enveloppés, guidés dans le ventre et hors du ventre, pourront guider, élever et soigner.

Qu'en est-il du caractère initiatique de l'apprentissage des éleveurs en France ?

Ce que nous savons par les textes des moutonniers, comme ceux de *La science des bergers* et surtout ce que décrit l'admirable traité du linguiste Bruno Besche-Commenge sur le savoir des bergers du haut Sarlat, converge avec nos propres observations en Pays gascon et basque, dans les Alpes, le Puy-de-Dôme, le Millevaches et avec les travaux sur le Capcir (146).

Ce n'est pas une procédure initiatique, il n'y a en effet ni isolement, ni souffrance corporelle et psychique provoquées, ni rite ; il s'agit plutôt d'un rite de séparation d'avec la mère et la maison/lieu féminin, soit lorsque l'on part en pâturage d'été avec la parentèle ou les voisins soit lorsque l'on est placé chez des éleveurs hors de sa commune pour aider. Les lieux et systèmes relationnels de transmission sont multiples : les voisins, les patrons chez lesquels on vous

(143) Salmona (P. et M.), "Recherche, action, sur l'installation des bergers et chevriers", déjà cité.
(144) Diouldé Laya, opus cité.
(145) Anzieu (D.), Du plaisir à la pensée : l'attachement, déjà cité.
(146) Assier-Andrieux (L.), *Coutume et rapports sociaux*, étude anthropologique des communautés ariégeoises paysannes du Capcir, éd. du CNRS, 1981, déjà cité.

place, les parents chez qui on va aider, la montée avec les hommes à la montagne. Nous ne pouvons que constater la similitude des modèles initiatiques qui ne comportent ni souffrance ni humiliation. Ces traditions sur la transmission du savoir du métier d'éleveur chez les éleveurs français et africains nous amènent à constater le caractère progressif et sans souffrance de l'initiation au métier d'éleveur. Cela met en question les théories de Marie-Laure Chaix (147) sur les procédures radicalement initiatiques dans la transmission du savoir d'élevage dans le cercle familial en France. En effet, pour elle, l'initiation serait constituée de quatre éléments fondamentaux : la souffrance de l'initié, son isolement, son passage par des rites extrêmement précis et par la ridiculisation de l'initié par le groupe (148). Le parcours et la fin de l'acquisition des savoirs par l'apprenti dans les société pastorales françaises et africaines, ne décèlent ni le stade de la souffrance, ni celui de rite complexe, ni celui de la ridiculisation par le groupe. La transmission n'est pas une initiation.

D'autre part, la caractéristique de cette transmission des savoirs et des savoir-faire du métier chez les pasteurs français et africains, nous amène à penser que, dans le travail avec le vivant, ces sociétés pastorales sont marquées, consciemment ou inconsciemment par une conception du corps et des rapports au corps, de soi au corps d'autrui, où les dimensions de la douceur, de la lenteur, de la patience, sont primordiales dans cette relation et dans l'acquisition des savoirs et savoir-faire. Ils ont une conception des apprentissages concernant le vivant radicalement différente de celle des apprentissages avec l'objet. Nous avions, nous-mêmes, repris la thèse de Simondon sur les transmissions de type initiatique de certains savoirs dans nos premières recherches en 1970 (149). La confrontation directe avec les jeunes enfants, adolescents éleveurs et leurs parents, ainsi que les travaux de recherche sur l'élevage français et africain nous amènent à une toute autre théorie des apprentissages.

Un savoir-faire perdu

Depuis 1968, une série de phénomènes et d'événements ont amené les organisations agricoles à reconnaître l'importance des cultures techniques pastorales et animalières, ainsi que leur spécificité.

(147) Chaix (M.-L.), *Un savoir déplacé, théories et pratiques à l'œuvre dans la formation des agriculteurs*, thèse de doctorat, université de Vincennes, sept. 1983.
(148) Eliade (M.), *Le chamanisme et les techniques archaïques de l'extase : définition de l'initiation*, Payot, Paris, 1951.
(149) Salmona (M.), *La psychologie du petit entrepreneur*, chapitre sur les éleveurs, Paris VII-Jussieu, 1970.

1 — La scolarisation des enfants ruraux hors de l'espace familier, dès la 6e, a entraîné une perte des savoirs animaliers par la famille (garder, soigner, accoucher, faire adopter un petit par sa mère...). Les savoirs et savoir-faire qui se transmettent par initiation ne sont pas acquis à l'école et ne sont plus transmis. Aussi, cette rupture importante dans la transmission des savoirs animaliers aboutit-elle à une situation nouvelle où un certain nombre d'institutions, en particulier le CFPPA du Rheu et l'équipe qui travaille autour de Bruno Lebatteux, se sont trouvées obligées, sous la pression des adultes éleveurs, de monter des stages pour adultes de contention et de manipulation des animaux, stages de fouille des bêtes en particulier, du brûlage des cornes et de soins de base, autrefois transmis par la famille. En effet, de nombreux adultes de trente à quarante ans, qui ont suivi des sessions de formation économique et technique de pointe, ne savent pas réaliser les gestes qui constituent la base du savoir et savoir-faire animalier. Ces stages se multiplient dans de nombreuses régions en dehors de l'Ouest, mais concernent plus particulièrement les zones de production de vaches laitières de l'Ouest.

2 — L'afflux depuis 1968 de nombreux jeunes urbains dans les centres de formation et de reconversion vers l'élevage (CFPPA, école de Rambouillet) a amené les écoles d'agriculture et les autres centres de formation d'adultes, à se questionner sur le savoir scientifique véhiculé par ces écoles et à réhabiliter, en les étudiant de près, les savoirs et savoir-faire des sociétés pastorales des zones pauvres et désertifiées, des zones de montagne où s'installent les néoruraux. Ces zones nécessitent la connaissance des techniques anciennes et traditionnelles, que seuls les ethnologues ont étudiées jusqu'alors. Un certain nombre de centres de formation (CFPPA) ont donc repris, à leur compte, des savoirs et savoir-faire "traditionnels" propres à des sociétés pastorales, mais encore ignorés de la profession.

3 — Enfin, certaines sociétés pastorales, riches et vivantes, comme celles du Pays basque, ont réclamé dès 1966, à travers certains leaders syndicaux (en particulier Jean Pitrau), qu'une vive attention soit apportée à l'étude des cultures pastorales, moutonnières et montagnardes du Pays basque. En effet, la société pastorale montagnarde basque produit du fromage de brebis de haute qualité depuis des siècles, et transmet les manières de faire sophistiquées avec les bêtes et la production du fromage. Cette production de luxe méritait l'effort d'une mobilisation sur l'étude des cultures techniques de la société pastorale basque. Parallèlement à ces travaux, d'autres travaux sur les cultures techniques ont été réalisés dans des régions de même type de production fromagère.

4 — Les échecs successifs et massifs d'un certain nombre d'organisations agricoles étatiques et professionnelles qui voulaient mettre en place des politiques de formation des éleveurs et de reconversion d'agriculteurs à l'élevage ont amené les organisations à se pencher sur les cultures techniques...

Enfin, des politiques de généralisation des pratiques d'insémination et de reproduction décidées au niveau national (et nécessitant des investissements informatiques lourds), ont amené quelques généticiens et ingénieurs à se poser la question sur les savoirs et savoir-faire animaliers des sociétés locales et sur leur utilité, leur diversité et leur sophistication. Ce questionnement sur la formation et les orientations de la formation concernant les cultures animalières, malgré la résistance acharnée d'un certain nombre de formateurs et d'ingénieurs agronomes, a débouché sur un ensemble de communications au colloque de l'UNESCO sur la formation et l'enseignement des ruraux (150). Ces communications venues de tous horizons, en particulier celles des formateurs du centre d'Etcharry et de François Dascon, comme celles de l'équipe de Bruno Lebatteux du CFPPA du Rheu, ont permis de poser clairement la richesse de ces cultures animalières, leur diversité et la nécessité de mieux les connaître pour pouvoir combler la rupture de transmission dans les familles et apporter aux éleveurs adultes les savoirs et savoir-faire qui leur manquent et qui sont nécessaires à la gestion du troupeau. Cette démarche collective avait été préparée par une rencontre organisée par Françoise Luquet sur les savoirs animaliers (1981), rencontre qui réunissait à la fois les formateurs, anthropologues, ethnologues, sociologues du travail et agronomes concernés par les cultures animalières. Comme dans l'univers de la psychologie du travail, de la sociologie du travail et de l'ergonomie, la plupart des chercheurs agronomes et des formateurs des structures agricoles ont beaucoup de mal à intégrer dans leur approche du travail les composantes affectives et relationnelles propres au travail animalier.

D'autre part, actuellement, les conseillers de gestion ne sont plus pour une bonne part d'entre eux des fils d'agriculteurs, et ne connaissent pas ces savoirs et savoir-faire animaliers de la petite agriculture familiale. Aussi, lorsque le ministère de l'Agriculture a voulu mettre en place une formation/reconversion de céréaliers et producteurs de vaches laitières à la production de veau sous la mère, l'échec a-t-il été massif. Les agriculteurs céréaliers et éleveurs de bêtes à viande ne connaissaient pas les techniques d'élevage du veau sous la mère. Ils élevaient les veaux en batterie

(150) Colloque UNESCO, "Savoirs et qualifications", 1985, déjà cité.

et ne savaient ni faire adopter un veau par la mère, ni obliger une mère à l'allaitement de son veau ou du veau adopté. Les céréaliers et producteurs de bétail, afin de réussir cette reconversion, se trouvaient dans l'obligation d'apprendre des techniques animalières sophistiquées que les conseillers étaient incapables de leur transmettre.

Enfin, la conversion à la production du veau sous la mère comporte une détaylorisation complète du travail animalier tel qu'il est réalisé depuis un certain nombre d'années en France et les éleveurs n'étaient pas prêts à payer le coût en temps, en personnalisation des soins, pour un retour à des pratiques anciennes si lourdes en vigilance, soins, déplacements et complications de toute sorte dans l'organisation du travail. La conversion au "veau sous la mère" signifiait pour eux une régression par rapport au modèle céréalier dominant ainsi qu'une production supplémentaire de fatigue, d'attention et de souci. Les arguments économiques développés par les conseillers concernant le prix élevé de la vente du veau sous la mère, ne pouvait en aucun cas effacer les désavantages entraînés par ce type de production traditionnelle (151).

De fréquents échecs économiques de fils d'éleveurs sont liés au fait qu'ils ne possèdent pas les savoirs affectifs nécessaires à l'activité de pansage-élevage. Pourtant la qualification, comme nous l'avons dit, repose sur le groupe dans le travail animalier et souvent, si l'homme ne possède pas ces qualités affectives, c'est la femme, le père ou la belle-mère qui assume ces rôles techniques et comble les vides de la qualification du mari. Malgré cette complémentarité des acteurs et ces glissements de rôles qui permettent de masquer la "non-qualification du patron-éleveur", il y a souvent des échecs. Les organisations agricoles continuent à véhiculer une conception aristocratique de la qualification qui implique que la "naissance", c'est-à-dire l'héritage d'un troupeau par le père, fait la qualification.

Alors que la tradition d'élevage peule rejette les enfants d'éleveurs n'ayant pas les qualités de personnalité requises, en France ces qualités affectives ne sont pas prises en compte.

(151) Gueniot (P.) et Pinchon (A.), *L'élevage des vaches allaitantes et le conseil*, mémoire de maîtrise, université Paris X-Nanterre, CAESAR, ministère de l'Agriculture, fév.-sept. 1986.

5. Les composantes affectives de la qualification dans l'élevage du point de vue de la psychologie

Nos recherches depuis vingt ans sur les moutonniers, puis sur les vachers, ont montré que le travail d'éleveur avec le vivant exige des dispositions affectives, des savoirs affectifs précis (152) :

— la capacité de supporter des gratifications différées par rapport à la réalisation d'activités monotones, régulières, souvent sans effet visible immédiat ;

— à ces capacités, sont associées des capacités de tolérance à la frustration et des capacités de persévérance ;

— une grande stabilité émotionnelle, associée à un contrôle de l'agressivité, liées toutes deux à une maturité affective ;

— une certaine introversion, tolérance à la solitude ;

— une capacité d'automotivation, liée à la fois à la capacité de persévération, à l'introversion, à la tolérance, à la frustration.

Les travaux de Seabrook (153) recouvrent partiellement et enrichissent nos perspectives.

La stabilité émotionnelle

Ces dispositions affectives sont comme nous l'avons dit, artificiellement isolées ; elles constituent entre elles des constellations. D'autre part, leur présence ou leur absence chez les "travailleurs du corps" renvoie aux avatars de la naissance et de l'attachement, à des mécanismes psychologiques complexes qui en déterminent les modulations. La stabilité émotionnelle est liée à la maturité affective. Elle entraîne le contrôle de l'agressivité et la tolérance à la frustration. Un éleveur coléreux, agressif, avec de brusques changements d'humeur, instable, a beaucoup de mal à établir une relation positive avec son troupeau. Quand il rentre dans la bergerie, les bêtes s'écartent, apeurées ; le travail devient très difficile avec les bêtes. Le troupeau est à l'image du maître, agité, inquiet. Les travaux de Seabrook sur les vachers salariés,

(152) Boissard (F.), Higelé (P.), Salmona (M.), *Le travail du moutonnier*, rapport final de recherche, CAESAR, université Paris X-Nanterre, 1975.
— Communication au premier colloque d'ethnoscience de M. Salmona, déjà cité
— Salmona (M.), "Le travailleur et le travail agricole (système homme/animal et système homme/plante", dans *Présent et futur de la psychologie du travail*, actes du premier congrès de psychologie du travail de langue française des 13-16 février 1980, EAP, 1981.
— Salmona (M.), "Les composantes affectives et cognitives du travail d'éleveur et de maraîcher", dans *Ergonomie et amélioration des conditions de travail en agriculture*", colloque de Rodez, paru à Toulouse, IRACT, 1979.
(153) Voir l'importante bibliographie de Seabrook.

trayeurs salariés montrent aussi l'importance de la stabilité émotionnelle, bien qu'il ne l'isole ni ne la nomme ainsi : chez les bons vachers, les vaches approchent seules, elles se rangent seules, elles acceptent la manipulation du trayeur, en relation avec le ressenti de la tranquillité que manifeste le trayeur. Ces dispositions affectives sont fondamentales dans le travail de maternage, d'élevage, de médicinage. Les textes des pasteurs africains et les textes de moutonniers mettent en relief cette disposition ; mais chez les Peuls, il s'agit de capacité de convivialité à la fois avec les humains, les autres éleveurs et les animaux. La maturité affective a une importance dans tous les types de relations. En effet, la maturité émotionnelle influence positivement le dialogue avec les hommes, comme avec les animaux. Cette maturité affective-émotionnelle engendre aussi des possibilités de travailler et vivre seul (154) : elle a une influence sur d'autres dispositions affectives comme la tolérance à la frustration et la capacité de persévérance. L'éleveur ne se décourage pas devant les multiples difficultés qui réduisent les effets positifs de ses efforts. Comme le souligne Françoise Boissard (155) à propos de l'agressivité chez l'éleveur, si des difficultés dans la gestion de l'agressivité se produisent, elles engendrent deux types de situations négatives, pour le travail, pour le produit et pour l'éleveur :

— si la charge agressive se retourne contre le sujet, elle provoque des sentiments d'infériorité, de culpabilité, une tendance au découragement, un besoin d'approbation intense, une dépendance par rapport à autrui, toutes réactions qui se traduisent par des irrégularités dans les résultats techniques ;

— si elle ne trouve pas d'exutoire socialisé pour se liquider, elle donne lieu à de très fortes tensions internes, se déchargeant sous forme de brusques explosions d'impulsivité, voire de brutalité et de violence. Cet état d'instabilité émotionnelle entraîne de grandes difficultés dans les rapports avec la bête, et en particulier pour le dressage des bêtes, car l'animal a besoin de stabilité et de sécurité pour la mise en place d'habitudes et de repères qui facilitent le travail de l'éleveur et la vie des bêtes.

La tolérance à la frustration et les capacité de persévération

L'éleveur est capable de supporter des situations très difficiles — épidémies, accidents —, qui concernent l'animal et anéantissent le travail minutieux, quotidien, de mois ou d'années parfois. Mais il est

(154) Bowlby (J.), opus cité.
(155) Boissard (F.), Higelé (P.) et Salmona (M.), *Le travail du moutonnier*, déjà cité.

capable de supporter également des conditions de travail dures, la pluie, le vent, l'affolement du troupeau à l'orage, tout en conservant son calme et en trouvant des solutions pour éviter des difficultés trop lourdes pour le troupeau. Il "garde son sang-froid", ne s'affole pas dans des situations catastrophiques (156), ne se décourage pas quand les aléas de toutes sortes touchent la bonne santé et la bonne marche du troupeau. Il travaille à long terme et accepte l'aléa, la catastrophe. Cette disposition affective est abordée dans les portraits des vachers par Seabrook, mais n'est pas traduite en termes d'acceptation de l'aléa, ni de capacité de persévération et de tolérance à la frustration.

La capacité d'accepter des gratifications différées par rapport au moment où le travail est réalisé

Le métier d'éleveur est un travail de longue haleine, qui nécessite de nombreux efforts pour des résultats éloignés dans le temps : pour constituer un troupeau, le sélectionner, l'améliorer, il faut de huit à dix ans. L'éleveur s'automotive. Il n'a pas de résultats immédiatement visibles (comme dans le maraîchage) qui vont entretenir ses mobiles au travail, ni des injonctions extérieures. Il accepte comme donnée de la situation de travail de ne pas avoir des gratifications immédiates par rapport à l'effort fourni, invisible et régulier. Malgré les aléas, les difficultés permanentes et frustrations inhérentes à l'élevage (épidémies, maladies, mortalité, accidents), il supporte ces données du travail et persévère dans son effort. Il ne se motive pas à partir de ce qui se passe, dans l'environnement social, ni à partir d'injonctions sociales, ni en fonction de ce qui se passe dans l'instant du troupeau, mais travaille et alimente son énergie personnelle en imaginant l'avenir à moyen terme. Ces dimensions affectives sont très importantes dans les cultures pérennes (productions arboricoles) où l'on travaille pour plus tard. Ni cette dimension affective, ni la capacité d'automotivation ne sont prises en compte par Seabrook.

La longue durée

L'éleveur travaille et réfléchit dans une représentation élaborée du temps, une durée longue, une temporalité biologique liée au temps de croissance et de vie des animaux. Nous reprendrons ces questions de temps dans un chapitre particulier.

(156) Un éleveur anglais salarié de Simiane-la-Rotonde a fait un tableau de ces situations catastrophiques où le sang-froid est la garantie de la survie de l'homme et du troupeau (gros orage).

L'introversion

Cette disposition est liée à la capacité d'automotivation ; l'éleveur est un homme qui parle peu, se contente de tête-à-tête avec les animaux, qui peuvent parfois être de longue durée (transhumance, séjour dans les pâturages collectifs ou estives, et sorties quotidiennes des bêtes le long des parcours). Son dialogue s'organise avec les animaux et ce n'est pas un travailleur qui recherche les contacts. Il supporte la solitude avec les bêtes et la nature. Ce n'est pas un homme dont les mobiles du travail sont liés à une autorité qui suscite un contrôle, ou à des incitations de l'entourage. Souvent, les bons syndicalistes dans le monde de l'élevage sont de mauvais éleveurs : ils ont besoin de gratifications sociales permanentes pour agir. Les bons éleveurs sont plutôt des introvertis qui peuvent passer des heures, des jours, des mois, sans contact avec autrui et qui sont motivés, incités, ressourcés par le dialogue et l'interaction avec les bêtes. Seabrook a lui-même insisté sur cette disposition affective. Les textes des pasteurs africains et des éleveurs français mettent en relief cette introversion et cette capacité de vivre et travailler seul. Elle est elle-même liée aux conditions dans lesquelles se sont développés les mécanismes d'attachement (157).

Le travail de deuil

Autrefois la séparation de l'éleveur avec ses animaux se réalisait sur le champ de foire et se terminait dans de longues palabres autour des tables de cafés bordant le marché. A Aumont-Aubrac, encore en 1977, le marché et la séparation duraient de cinq heures du matin à la fin de l'après-midi. L'éleveur avait le temps de marchander, d'exposer sa production au regard des spécialistes venus à la foire, d'en tirer fierté. Il avait aussi le temps de s'habituer, dans cette mise en scène de l'animal, à l'idée qu'il allait bientôt le quitter et que sa peine était aussi grande que la fierté de l'avoir élevé. Les systèmes actuels réalisés par les coopératives, les SICA, les groupements de vente d'animaux où l'éleveur est dépossédé de sa bête chez lui par un chauffeur qui l'emmène rapidement dans sa camionnette, sans conversation, sans tractation ni mise en scène, ne permettent pas de se donner le temps de faire le deuil. Un des facteurs de résistance de l'adhésion au système coopératif (ou de groupement de vente) réside dans cette négociation hâtive, dépersonnalisée, qui ne permet pas à l'éleveur de montrer son savoir-faire à ses pairs et de faire le deuil de la bête. Certains éleveurs de pointe de bêtes à viande qui ont

(157) Bowlby (J.), opus cité.

fondé des coopératives se donnent le luxe affectif d'aller avec quelques-unes de leurs bêtes "vendre" sur des marchés, ce qui est l'occasion pour eux de retrouver leurs collègues, de montrer les bêtes, la qualité de leur travail et de faire réaliser dans sa plénitude le rituel du deuil (158). Ce deuil ne peut se réaliser qu'en présence de ses pairs.

6. Le travail mental de l'éleveur : une école de l'entraînement à l'abstraction

Le travail quotidien d'éleveur est une activité qui, par sa complexité, suscite le développement de l'abstraction, de l'outillage mental. Ainsi, le travail du moutonnier ou la permanente obligation de procéder à des tris, de combiner des facteurs multiples, de travailler sur des objets variés, entraîne à reconstituer quotidiennement des ensembles et des sous-ensembles de lots de bêtes, favorisant la mise en place de capacités d'abstraction très importantes. Par la passation de six items (159) d'exercices de raisonnement de Schirks, nous avons pu mettre en évidence un taux élevé de bonnes réponses en "dissociation de facteurs" (160), qui pouvait être attribué, partiellement au moins, au métier exercé. En effet, comme le révèlent les entretiens, les éleveurs de moutons sont confrontés à de nombreuses situations-problèmes, faisant souvent appel à la vérification d'hypothèses, donc à l'abstraction. La réussite aux opérations formelles ne peut s'expliquer par l'entraînement scolaire, le cursus scolaire des éleveurs ayant été très court. L'utilisation d'exercices logiques de Schirks de certains items a été faite après un détour par l'analyse du travail et par une observation des situations de travail et des entretiens sur ces situations, afin de repérer les opérations formelles et concrètes exigées par la réalisation des tâches. On a repéré également quels types de "problèmes" et quels modes de raisonnements les éleveurs mettaient en œuvre pour les résoudre. Ce détour par l'observation de situations de travail nous a permis de choisir de manière précise les items qui correspondaient aux problèmes traités.

(158) Salmona (M.), *Questions sur la qualification dans l'agriculture*, CAESAR/APCA, 1978, texte théorique.
(159) Un item d'opération propositionnelle, un item de dissociation de facteurs, trois items de combinatoire et un item de niveau concret. Voir résultat présenté par P. Higelé, M. Salmona, F. Boissard, dans le rapport final de recherche sur le travail du moutonnier, CAESAR, Nanterre, printemps 1975, déjà cité.
(160) Higelé (P.), *Utilisation de la théorie opératoire en formation d'adultes*, thèse de doctorat d'Etat, Paris V, 1979.

Repérage des différentes situations de travail où il y a "problème" et des opérations d'abstraction mises en jeu par ces situations (161)

Dans un premier temps, nous avons observé les situations de travail en utilisant également des entretiens sur ces situations de travail, et dégagé (162) :

a/ quelles étaient les situations et activités particulières dans le travail qui étaient des "problèmes" posant des difficultés de résolution ;

b/ quelles étaient les opérations formelles et concrètes requises par la réalisation de ces tâches liées à des situations précises ;

c/ quels étaient les raisonnements, les conduites intellectuelles que réalisaient les éleveurs pour donner des réponses à ces problèmes, situations et tâches.

Puis, avec des entretiens de soutien actif dont la technique nous a été proposée par Pierre Higelé (163), nous avons fait évoquer par des éleveurs la manière dont ils analysaient ces situations-problèmes. Ils répertoriaient les facteurs intervenant dans les situations, précisant quels facteurs ils prenaient en compte et comment ils combinaient ensuite ces facteurs en liaison avec les données de l'expérience et de leurs connaissances scientifiques pour aboutir à un diagnostic et des actions précises dans les domaines sanitaires, techniques, économiques et associatifs.

A partir des informations récoltées dans l'observation des situations de travail, dans les entretiens ouverts sur les mêmes situations, dans les entretiens de soutien actif sur les modes de raisonnement, nous avons choisi les items correspondant aux opérations formelles et concrètes les plus sollicitées par les différentes situations problèmes. Les éleveurs se sont prêtés avec facilité à la passation des items de Schirks comme à l'auto-analyse approfondie de leurs manières de raisonnement, de leurs problèmes et de leurs décisions.

(161) Oléron (P), *Les activités intellectuelles*, PUF, 1964. "On peut dire qu'en principe, toute situation à laquelle le répertoire des réponses immédiatement disponibles chez un sujet ne permet pas à celui-ci de fournir une réaction appropriée est un problème."

(162) Ce travail a été réalisé en collaboration avec P. Higelé, qui a analysé les entretiens pour identifier les procédures intellectuelles et les opérations formelles et concrètes mises en jeu dans la réalisation de ces tâches et a exploité les entretiens non directifs et les exercices de raisonnement de Schircks.

(163) Ces entretiens ne sont pas directifs, ils visent à aider l'acteur, par des relances permanentes et précises, à se remémorer le contexte de ses décisions, les étapes et les facteurs intervenus dans ses décisions.

Comme le souligne Higelé, "*la confrontation quotidienne avec des problèmes de diagnostic favorise la maîtrise des opérations intellectuelles directement liées à ces actions* (164)". La diversité des problèmes auxquels est confronté un exploitant est très certainement source de progrès dans la maîtrise d'opérations intellectuelles. L'échantillon d'agriculteurs qu'il a étudié (éleveurs et maraîchers) a un niveau opératoire supérieur à celui des contremaître du même niveau scolaire et à une population de bacheliers pour la combinatoire. Ainsi, le métier exerce une influence sur le niveau opératoire : "*si l'activité exercée requiert une assez grande diversité de tâches et de responsabilités, son influence sur l'une ou l'autre opération intellectuelle se révélera positive. Par contre, cette influence pourra être négative si le métier n'est pas l'occasion de se confronter à des opérations de niveau formel* (164)".

P. Higelé pose une question qui me semble importante par rapport à l'analyse de l'outillage mental en psychologie du travail, où l'on se contente souvent de constater à un temps *t* quel est le niveau de la maîtrise des opérations concrètes et formelles d'un travail, sans réinsérer ce résultat dans l'histoire de son travail, des postes et types de travaux qu'il a exécutés depuis qu'il travaille et qui ont pu dégrader son capital intellectuel. On considère trop souvent que la situation actuelle de l'outillage mental est une donné permanente, un élément de la personne qui n'a pas bougé. Comme le souligne P. Higelé, certains métiers entraînaient une régression du niveau intellectuel. Est-on devenu OS parce que l'on n'avait pas le niveau formel ou est-ce le fait d'être OS qui fait régresser ? Il suggère d'étudier l'influence de la prise de responsabilités sur le niveau opératoire des ouvriers. Comme le soulignait une ouvrière de Lip (165), même l'image de son corps avait bougé à la suite de la grève, son embonpoint ne la faisait plus souffrir. Elle a développé son capital intellectuel comme pour son corps dont l'image a bougé.

L'éleveur, souvent considéré comme un OS, se trouve en fait dans une situation de travail qui exige et sollicite en permanence des activités intellectuelles complexes, même dans les tâches qui paraissent les plus simples. Son travail se situe dans un champ d'objets très variés et en permanente restructuration dans l'espace et dans le temps. Son travail nécessite une attention à la fois dispersée et concentrée, des capacités d'analyse et de synthèse et une activité intellectuelle d'abstraction qui implique la maîtrise des opérations formelles. Ces caractéristiques particulières du

(164) Higelé (P.), *Utilisation de la théorie opératoire en formation d'adultes*, déjà cité.
(165) Entretiens avec une ouvrière de Lip en lutte.

travail exigent une plasticité intellectuelle certaine. Il apparaît important à partir de ces conclusions, d'une part de sensibiliser ceux qui travaillent avec l'éleveur à ces caractéristiques de travail, d'autre part de permettre, par exemple aux jeunes qui s'installent ou aux éleveurs en passe de prendre des décisions importantes d'augmentation du troupeau, de bien connaître les caractéristiques de cette situation de travail, de connaître ses limites et ses capacités en particulier celles de l'attention dispersée.

Largeur de champ de conscience et attention dispersée

En effet, certains éleveurs ont beaucoup de difficultés à supporter le travail d'élevage car il ont du mal à porter leur attention sur différents objets à la fois, à développer une attention dispersée. Ce sont souvent des éleveurs qui on un champ de conscience étroit.

Pédagogie de l'attention dispersée

Dans le cadre de son travail de formation d'acteurs, un entraînement à l'attention dispersée a été mis au point par Peter Brook avec les acteurs, que l'on pourrait utiliser avec les éleveurs qui ont une charge mentale lourde liée à ce phénomène.

Les objets sur lesquels porte l'activité des éleveurs sont hétérogènes ; lots de bêtes de caractéristiques différentes se situant dans des lieux divers (parcs, bâtiments). Chacun de ces ensembles est en permanente réorganisation et chaque espace occupé par une catégorie est lui-même en réorganisation quotidienne. Tout travail manuel dans ce cadre se fonde sur une activité intellectuelle intense. Ce travail quotidien de constitution de lot est un véritable casse-tête pour les éleveurs. Aussi, un éleveur du GAEC du Sureau a-t-il inventé un système de repérage de ces ensembles et sous-ensembles qui facilite le tri quotidien et la constitution de nouveaux lots. C'est un collier de plastique dont les couleurs varient en fonction des caractéristiques des lots. Cet outil a eu un grand succès et s'est répandu chez les éleveurs français car il diminue la fatigue nerveuse liée à la constitution quotidienne des lots : il stocke de l'information et en décharge la tête de l'éleveur.

La largeur des champs de conscience

L'éleveur doit exercer une activité d'analyse et de synthèse sur un champ d'objets hétérogènes et en permanent remaniement temporel et spatial. Cela nécessite des capacités intellectuelles particulières liées à la plasticité intellectuelle et surtout à ce que l'on peut appeler la "largeur des champs de conscience (166)". Ces éleveurs se rendent compte eux-mêmes qu'ils ont du mal à poursuivre une réflexion adaptée sur ces différents objets et ne peuvent soutenir le type d'attention qu'elle nécessite. Des phénomènes de fatigue nerveuse se manifestent alors.

L'attention

Une attention de différents types est nécessaire selon les tâches.

Attention dispersée

Quelle est la qualité de cette attention ? Les éleveurs jeunes et moins jeunes ont insisté sur ce phénomène de fatigue psychique lié à cette caractéristique du travail de l'éleveur. Cette fatigue se manifeste en particulier lors de l'agnelage et de la traite en montagne où la multiplicité d'objets et de catégories d'objets, leur intégration rapide dans le champ de conscience demande un effort particulier d'attention dispersée.

Attention centrée

Pour certaine tâches de haute précision, au contraire, l'éleveur doit en même temps surveiller l'entourage et localiser son attention sur la tâche, par une attention concentrée, en particulier dans les tâches sanitaires.

Le travail quotidien de l'éleveur, les opérations de diagnostic, de surveillance permanente et d'organisation du troupeau se font donc en traitant une multiplicité de facteurs : âge, état de gestation, sexe, heure et jour, lieux, état sanitaire, état nutritionnel, etc. Le travail intellectuel sur ces facteurs demande de la part de l'éleveur des démarches intellectuelles difficilement conciliables et présentes en même temps chez une même personne :

— une grande capacité d'analyse, d'observation de détails permettant de faire correctement ces tâches d'observation, de surveillance de l'état du troupeau, de diagnostic ;

— une grande capacité de synthèse, c'est-à-dire de traitement de l'information issue de cette analyse ; cette activité de synthèse repose sur le maniement de facteurs très divers. Elle doit intégrer en permanence des facteurs nouveaux et non inventoriés. Cette capacité doit s'exercer en permanence, car les facteurs et les

(166) Cette dimension mentale a été particulièrement soulignée par les jeunes éleveurs de l'école de Bichteider, mais elle est un thème dominant dans l'analyse des causes de fatigue nerveuse chez les adultes. Elle fait même l'objet de dessins de situations-problèmes où l'attention est éclatée et la fatigue intense.

rapports entre ces facteurs évoluent, entraînant à leur tour une activité d'analyse, de synthèse et de restructuration.

Ces activités reposent sur certains mécanismes mentaux. Ces opérations formelles (dans la terminologie de Piaget) sont caractérisées par la maîtrise de la dissociation de facteurs. Ces mêmes opérations sous-tendent l'activité centrale du métier d'éleveur dénommée par eux "*le coup d'œil*". La permanence de ces démarches demande de la part de l'éleveur une capacité de passer, d'un moment à l'autre, du particulier au général et implique donc une très grande plasticité intellectuelle.

Répétitivité des tâches et activité intellectuelle

La vie quotidienne de l'éleveur présente une série de conduites extrêmement répétitives. Mais si une partie de ces tâches semble pouvoir s'automatiser au niveau des gestes, la plupart paraît loin de permettre en même temps l'installation d'automatismes mentaux.

Répétitivité et recueil d'informations

On constate que la plupart des tâches qui s'automatisent, comme par exemple la distribution de la nourriture en bergerie, ne demandent de la part de l'éleveur qu'une attention centrée sur la tâche, et sont pourvoyeuses d'informations. Elles entraînent l'éleveur à être constamment "aux aguets de l'information". Ces tâches sont importantes au niveau de l'attention et du recueil de l'information, et nécessitent une réflexion permanente, tant au niveau du recueil qu'au niveau du tri des signes. Elles sont hautement chargées d'activité mentale, aussi beaucoup de bons éleveurs ne confient-ils ces tâches à personne car elles sont essentielles dans le recueil de l'information. C'est en regardant, chaque jour, comment les bêtes mangent ou ne mangent pas la nourriture, que l'on fait le diagnostic de leur état de santé.

Répétitivité et particularisation

Certaines tâches, qui peuvent paraître particulièrement routinières, comme le traitement des agneaux à la naissance, les traitements médicamenteux, nécessitent cependant un ajustement permanent à la bête, à sa fragilité, à son état sanitaire. La répétitivité des tâches est donc doublée d'une adaptation et d'une particularisation constante. L'attention y est souvent localisée sur la tâche, en même temps que papillonnante (le cas le plus typique est peut-être celui de la reconnaissance de l'agneau par sa mère).

Répétitivité et précision

Plusieurs tâches routinières de l'éleveur demandent une grande précision dans l'exécution (comme par exemple les piqûres ou l'alimentation des nouveau-nés). Cette précision est fonction des capacités de l'éleveur que nous venons de voir : attention, adaptation à la situation.

7. Le travail de diagnostic : une activité cognitive permanente

Le diagnostic dans la reproduction

• *La détection des chaleurs*

Elle nécessite une vigilance importante dans les conditions actuelles de travail pour repérer des signes sûrs à temps.

"*Autrefois c'était facile... maintenant plus ; on ne voit pas quand elles sont enfermées. Quand elles sont dehors, il suffit qu'il y ait un taureau dans le champ à côté pour qu'elle ait des chaleurs... les génisses, c'est très difficile... il y a les taurelles... elles ont sans arrêt des chaleurs... les glaires se voient quand les chaleurs sont déjà passées... les cycles ont des variations et puis il y des chaleurs qui ne se voient pas, il faut le faire au bon moment, à quelque temps près, ça ne marche pas.*"

Les enfants et les anciens détectent les signes, mémorisent et transmettent l'information. Les enfants jouent un rôle important dans la détection des chaleurs ainsi que les grands-parents parce qu'ils aident à rentrer les bêtes, mais aussi parce qu'ils sont moins occupés que les parents et observent les vaches. Les attitudes des parents vis-à-vis des phénomènes de reproduction des animaux ont évolué : "*les enfants observent et informent, autrefois on les chassait quand il y avait des reproducteurs à la ferme*".

"*Je me rappelle qu'il n'y avait pas l'insémination : on amenait des taureaux. Alors, ma mère fermait vite les volets et nous faisait rentrer pour qu'on ne voie rien de l'opération. C'était partout pareil d'ailleurs. Maintenant, ce n'est plus pareil. Les enfants sont plus avertis. La petite dit à sa mère à propos d'une truie en chaleurs : il est grand temps que tu promènes Filou. Elle trouve cela normal, moi, je n'aurais pas osé. On a fait une césarienne à une vache, elle a assisté à l'opération. Elle en a parlé et dit de la vache opérée : c'est celle qu'on a cousu, maman. Elle a vu le petit veau sortir de sa poche et trouve cela naturel : pour les petits cochons aussi. Nous, nous étions ignorants.*"

Les signes sont peu fiables : aucun signe n'est sûr, ni aucune période semble-t-il, malgré l'opinion des spécialistes. Les signes cités sont multiples : baisse de lait, égratignures, meuglements, comportement inhabituels ("*elles font les folles, elles se montent dessus*"), sécrétions ("*la* nature (167), *elle est très mouillée, gluante*", "*il y a des glaires*"). La détection des chaleurs semble être un travail intellectuel très complexe : il faut suivre chaque unité/vache dans son temps (cycle qui semble ne pas être semblable ni régulier d'une vache à l'autre, et mal décelable dans les signes et la multiplicité des signes) (168).

"*Il y a des chaleurs qui ne sont pas prononcées. Pour détecter les chaleurs, on les lâche tous les jours... Elles se chevauchent, gueulent, beuglent... on voit les glaires quand la chaleur est passée. Souvent, il y en a une qui chevauche l'autre et ce n'est pas celle-là qui est en chaleur. Quand ce n'est pas une chaleur prononcée, on ne sait pas si c'est celle qui est en dessous ou en dessus. Les vaches anglaises marchent toujours flanc à flanc, jamais une par une. Certaines sautent la barrière. Je regarde le tableau, elles meuglent, elles étaient perturbées. Quand elles ne donnent pas leur lait, elles sont en chaleur ; les jeunes ont des glaires. Elles s'écorchent en se chevauchant. Pendant une promenade, la petite Marceline a dit : regarde ce qu'elle a sous la queue. C'étaient des glaires, elle l'avait remarqué, elle n'a que sept ans. Dans l'étable, elles meuglent, elles tirent sur leurs chaînes, essaient de monter sur leurs voisines, elles lèchent leurs voisines, la nature est très gluante... le vagin quoi. L'hiver, c'est le point noir, on a des pertes de temps, on regarde pas toujours. Il y a des bêtes qui sont plus folles, qui cassent tout, d'autres pas... Au printemps, deux à trois sont en chaleur d'un coup parce qu'on y a pas vu assez souvent l'hiver. Ceux qui ont des bêtes de parc qui se montent dessus ne les voient pas. Tous les printemps on a ça... elles ont eu des chaleurs l'hiver qu'on n'a pas vues, elles avaient été inséminées en automne et n'avaient pas retenu.*"

Il y a des variations dans les cycles, ce qui complique la vigilance.

(167) Le sexe visible de la vache.
(168) On a imaginé une technique de repérage des chaleurs par l'utilisation de buvards qui changeraient de couleur quand la vache est fécondable.

"Il n'y pas de doute, en principe, j'ai l'impression qu'il y a des chaleurs plus ou moins prononcées. Est-ce que les cycles sont réguliers sur les vaches ou irréguliers ? C'est assez régulier quand même. Il arrive aussi que j'aie des cycles complètement déréglés sur la même vache d'un cycle à l'autre. Et entre les vaches, il y a des différences. Oh, disons pas grand chose, deux ou trois jours."

D'autre part, certaines vaches, les taurelles, sont toujours en chaleur.

"On a eu une taurelle : elle a des chaleurs tout le temps et monte sur les autres vaches. Quand une vache est en chaleur, elle monte sur l'autre..."

Il est difficile de détecter les chaleurs des génisses.

"Le troupeau d'élèves est dans une autre exploitation : au moment de saillir les génisses, je mets le taureau. On a du mal à détecter les chaleurs... L'insémination est par le taureau... il y a un déchet sur 10... Pour attraper la génisse, ce n'est pas facile... Pour détecter les chaleurs chez les génisses, c'est impossible... Dans les herbages, à côté, le taureau est là... elles montrent qu'elles sont en chaleur."

Malgré l'expérience et les aides apportées pour stocker l'information, certains éleveurs confient ce travail complexe et peu sûr au taureau, mais ils prennent des risques physiques.

"Nous avons un taureau, renouvelé tous les ans. On a abandonné partiellement l'insémination artificielle. On se rendait pas compte des chaleurs et on ne savait jamais de quel mois elle était pleine. Personnellement, je me rends compte de quelle période elle est à partir de six mois... Un vétérinaire s'en aperçoit si on l'appelle... Vous marquez quand vous voyez le taureau les monter. Sur un tableau, on marque tout ce qui a trait au vêlage, aux maladies, au développement du veau. On l'a fabriqué avec X..."

Le taureau pose des problèmes de risques physiques.

"Le taureau, on ne le garde pas longtemps : on a peur qu'il devienne méchant ou qu'il ne remplisse pas les génisses. Quand il est un peu trop gras, il faut faire attention pour le rentrer ou le sortir. Pour le lâcher ou le rentrer, les enfants n'ont pas peur : ce n'est pas sans risque. C'est toujours un charolais. Vous faites confiance à un charolais... jusqu'à présent on est pas trop mal tombé : nous avons eu cinq taureaux. On nous en amène un à la maison et voilà."

Il existe des supports, des plus simples aux plus sophistiqués, qui aident à stocker, mémoriser, remémorer.

On suit avec la feuille de l'inséminateur.

"*On marque sur la feuille de l'inséminateur : inséminée ici 21 juin, vous calculez trois semaines, on va chercher le troisième mercredi. On se dit, tiens on regarde si la vache va avoir des chaleurs. Un jour d'écart, deux jours d'écart. Si elle a des chaleurs huit jours après, on peut pas l'inséminer, on fait venir le véto.*"

Les tableaux des institutions et les tableaux personnalisés. Plusieurs systèmes de tableaux existent : certains sont fabriqués par l'ITEB, d'autres par les éleveurs.

"*On a le rotatif. Ce tableau nous sert beaucoup. Les vaches traitées, on met deux traits rouges. Il y a tout dans ce petit tableau : en ce qui concerne l'insémination et la reproduction, jusqu'à confirmation qu'elles sont pleines. On les enregistre après. A chaque insémination, on passe à la date du jour : le planning est à la date du jour. A telle date, elle va vêler. On marque le nom des vaches sur notre tableau.*"

Les tableaux diffusés par l'ITEB servent, mais les éleveurs en établissent d'autres correspondant à leurs problèmes et objectifs. Ils ont des difficultés de maîtrise, avec la lecture complexe du tableau de l'ITEB.

"*Alors vous marquez sur un tableau les différents indices ? Le tableau, c'est vous qui l'avez préparé vous-mêmes ? Oui, c'est le beau-père qui l'a peint, un petit cadeau. Cela nous permet de savoir quand la vache aura son veau et aura du lait. Les premières chaleurs, si elles dépassent les 3 semaines, on les efface.*"

Malgré les tableaux, les fiches de l'inséminateur, ce problème de détection est loin d'être résolu et introduit une anxiété de fond chez les éleveurs et une culpabilité quand "*ils laissent passer les chaleurs*". Certains en dehors des tableaux se constituent des "pense-bête" à eux pour les surveiller. D'autre part, ils mettent le taureau quand ça ne marche pas avec l'insémination, et mettent les génisses au taureau.

• *L'insémination*

Le moment de l'insémination n'est pas fixe même si l'on a détecté les chaleurs. En effet, le bon moment est variable pour inséminer à partir du détectage des chaleurs.

"*On ne sait pas si c'est le bon moment... Ça dépend des bêtes : une, 24 heures après, une trois jours après chaleurs. On connaît pas bien le cycle. 18 à 21 heures...*"

"*Elle montent les unes sur les autres... Ma fille me le dit quand elle les rentre... Les taureaux c'est très dangereux. Il faut se trouver au bon moment, quelques fois c'est assez, pas assez, trop...*"

Diagnostic de la stérilité

Beaucoup de facteurs échappent aux éleveurs dans la détection de la stérilité. Ils relèvent du système d'analyse d'éléments lointains, maîtrisés par :

— l'inséminateur (connaissance des bêtes et de l'insémination),
— l'agronome (carence),
— le vétérinaire (diagnostic profond-interne et analyses).

Les éleveurs se sentent impuissants et dépossédé, comme pour la détection des chaleurs vis-à-vis de ce problème très complexe relevant à la fois :

— de la bête (anomalie-délivrance-dégénérescence),
— du milieu physique (carences de la terre et de la nutrition),
— des maladie (métrites) qui se répandent,
— d'eux-mêmes et de leur non-vigilance à la bête,
— de leur non-compétence implicite.

Ils ressentent également les inséminateurs et vétérinaires impuissants face à ces phénomènes difficilement maîtrisables et qui augmentent. Cependant, la culpabilité est moins forte car "*les spécialistes ne savent pas mieux qu'eux*".

Mais il y a une anxiété de fond qui se développe de mal maîtriser tous ces facteurs et une anxiété économique.

"*La stérilité des animaux, on est dans l'a.b.c. On sait pas pourquoi, la stérilité individuelle c'est difficile. La stérilité dans l'exploitation c'est plus facile. C'est lié à l'alimentation, à l'hygiène. J'ai des réformes de plus en plus nombreuses tous les ans... Une a été faite inséminée trois fois avec le véto, elle a rien... Un retard d'ovulation... piqûre... ça n'a pas réussi... Une jeune et deux autres ont été inséminées trois fois. Une a l'ovaire desséché, pas la jeune... On tente avec le taureau qu'on élève : quelquefois ça réussit. Pour faire venir le véto la deuxième fois, la troisième fois, c'est trop tard..., elles ont des kystes sur les ovaires.*"

Les éleveurs citent les multiples causes de la stérilité.

• *Le corps jaune*

Le corps jaune reste un concept, une notion vide.

"*Une vache qui a des chaleurs et qui ne retient pas le veau, ça lui fait des corps jaunes sur les ovaires, des espèces de saloperies. C'est pas nous qui allons lui faire des choses avec son ovaire et lui provoquer une hémorragie. C'est le travail du véto :*

l'inséminateur serait pas capable de le faire... Le corps jaune, il vient à la suite d'une métrite... Il y a corps jaune, il y a d'autres choses aussi, c'est peut-être un corps jaune, ou une métrite qui demande à être soignée. Mais une vache peut ne pas garder le veau et n'avoir aucune maladie... le truc corps jaune mal réglé..."

• *Le temps/les carences dans la nourriture*

Des causes complexes éloignées des compétences de l'éleveur sont évoquées : les carences et le temps.

"*Une génisse qui n'avait fait qu'un veau n'a jamais été à nouveau remplie. On l'a fait voir au vétérinaire trois fois. On a eu trois mauvaises années. La nourriture et le temps ont une influence. Même le vétérinaire n'y peut rien si elles ne retiennent pas. On ne comprend pas pourquoi. Peut-être un manque de vitamines naturelles dans la nourriture. Il manque dans l'herbe verte des hormones naturelles ; on n'arrive pas à trouver les mêmes hormones.*"

La délivrance (169)

On ne comprend pas pourquoi elle ne sort pas. Elle est inquiétante car en profondeur, invisible. Elle est inaccessible à l'éleveur mentalement et matériellement. On ne sait pas comment s'en débarrasser.

"*Il faut de fortes chaleurs pour qu'elle rejette toutes ces saletés. Il faut appeler le véto tout de suite pour que la délivrance mûrisse. On fait venir le véto pour les délivrances... fut un temps, elle délivrait toute seule... C'est assez courant dans l'année. L'an dernier, tous les vêlages, il a fallu le véto. Le véto prend une partie de la délivrance et met des ovules et nous demande de mettre ; il fait une intraveineuse. Récupérer la délivrance, c'est délicat. Vous risquez d'offenser les organes, bien déterminer ce qu'est la délivrance, quand vous avez la délivrance, on sait pas bien ce qu'on accroche, c'est délicat.*

La femme *: Je tire un veau, mais je fouille pas dans la bête.*

L'homme *: Moi, ça me fait rien, mais on sait pas où on travaille. Le véto explique pas... Si on avait plus d'informations, on serait sûr de ne pas l'offenser, on s'acharnerait mieux... On a peur d'offenser la matrice, de prendre un organe quelconque*".

(169) *Délivrances ou le placenta dévoilé*, ouvrage collectif sous la direction de A. Bouchart, D. Rapoport, B. This, *Cahiers du nouveau-né*, n°8, 1984.

Diagnostic de la prise de veau

Ce n'est pas facile de savoir si la vache a pris ou pas le veau. On n'est jamais sûr qu'une vache a retenu le veau. Les signes ne sont pas évidents : on la tâte et on fait venir le véto.

"Dans l'équipe, il y en a une à vêler, une autre est pleine, on la surveille pas. L'autre est de cinq mois, je vois qu'elle s'élargit et au toucher, vers six mois... C'est délicat de savoir si elle a le veau, le véto peut lui-même se tromper, à sept mois, il peut pas se tromper. Ca dépend des bêtes ; on trouve le veau à sept ou huit mois, le veau se retourne dans la bête, dans le cuir de la vache, on voit où le veau se trouve... Si on est inquiet à six mois, quand il y a un doute, qu'elle maintient sa lactation, elle perd du temps, on profite des occasions pour que le véto fasse un toucher... on le fait pas, on peut provoquer un avortement et il lui passe la main dans l'enveloppe... Si elle a été inséminée, et qu'elle redemande pas, c'est qu'elle a pris le veau. Il y a des chaleurs que vous ne voyez pas... Vous vous dites tiens, elle est prête à vêler. Moi, je vais chercher sa feuille pour voir à combien de mois elle est : mon mari n'a pas besoin de ça pour savoir."

Le domaine de la reproduction est celui qui a amené une *surcharge mentale*. Les pratiques scientifiques ont des conséquences sur le ressenti du travail intellectuel des éleveurs : les éleveurs se sentent dépossédés de cette observation qui, pour être sûre, passe entre les mains de gens spécialistes, extérieurs à l'exploitation, et dans des outils de stockage qu'ils maîtrisent difficilement eux-mêmes. Cela leur paraissait simple autrefois et sûr (même si ça ne l'était pas), en tout cas maîtrisable par eux dans les anciens systèmes d'élevage, d'étable, de troupeau. Cela leur échappe, ils n'en ont plus le contrôle. Ils doivent réinventer des conduites de recueil d'information, d'observation systématique, car si on leur donne des outils de stockage, ils ne remplacent pas les conduites intellectuelles d'observation. Ils ne résolvent pas le problème de l'invention de nouvelles formes d'observation provoquée (et qui étaient automatiques autrefois). Ils se sentent culpabilisés par les exigences imposées par les structures de vulgarisation qui finissent par les persuader que, s'ils ratent des chaleurs, c'est qu'ils ne sont pas "à la page", qu'ils ne sont ni intelligents ni consciencieux, parce que cela est pourtant simple. D'autre part, l'angoisse économique ajoute à cette culpabilité. Le travail intellectuel que requiert la surveillance et la détection des chaleurs, du point de vue d'une analyse des opérations intellectuelles mises en jeu et du nombre de facteurs à traiter, est complexe, d'autant plus du fait que les signes sont peu fiables (170) (171). Un travail pédagogique d'élaboration d'outils personnalisés serait nécessaire ainsi que de nouvelle conduites d'observation, car les tableaux ne font que stocker et c'est comment et à quel moment observer, qui préoccupe les éleveurs. Les tableaux qui stockent l'information ne sont pas toujours regardés par ces éleveurs au moment où ils devraient utiliser cette information pour agir. Ils ont trop de tâches à remplir à la fois et oublient de consulter les tableaux.

Le diagnostic des maladies

• *Les métrites*

Elles sont multiples et très menaçantes car elles empêchent la reproduction : elles nécessitent parfois l'intervention du vétérinaire.

"La métrite a un écoulement de pus, l'endométrie n'en a pas... Pour l'endométrie, je les traite moi-même aux antibiotiques... La métrite, c'est le vétérinaire, traitements localisés, ça coûte cher... Les lavements, il faut des appareils spéciaux pour les faire. On a eu plus de métrites que de mammites. C'est de temps en temps. On reconnaît la métrite aux saletés que fait la vache, et puis elle ne se remplit pas. Je fais aussi les piqûres."

• *Les mammites*

Elles ont des formes multiples, dangereuses pour la vie de la bête. On les soigne soi-même, mais parfois vient le vétérinaire. Elles sont moins menaçantes que les métrites, car on connaît mieux les remèdes et les causes, et ça ne touche pas la reproduction.

"C'est un problème, la mammite, qui existe depuis qu'on a la machine à traire, il y a cinq ans. On n'a jamais eu de mammite avec la traite manuelle, on le faisait tous les deux. Il y a des jours où on les faisait seul. C'est lié à la machine à traire, on prend des soins partout, on désinfecte. Il y a la mammite chronique et aiguë ; elle est très dangereuse. Cette année, on en a eu une, elle

(170) Salmona (M.), *Pédagogie de la technique-Développement-Analyse du travail*", bilan de quatre recherches/actions 1966-81, La Haute Soule, Le Plateau ardéchois de Colombier, Le travail des maraîchers du Var, Le travail des moutonniers.

(171) Il serait intéressant de construire avec les éleveurs des outils de stockage d'information, plutôt que de leur donner des outils "préfabriqués". C'est ce que J.-P. Darré a fait faire aux maraîchers d'Ollioules pour stocker, mémoriser, prévoir et planifier les informations sur la rotation du jardin. On peut ainsi personnaliser les outils de stockage en fonction de la division sexuelle des rôles techniques et des objectifs et problèmes spécifiques de la famille.

avait un quartier dur comme du fer. Au premier jet, il sort du pus, le pis est comme un morceau de bois. La bête se laisse pas toucher, elle a de la température. Ca va très vite, quand vous nettoyez, vous voyez... On prend pas toujours la température, on le voit sans cela."

"*La mammite est une boule dure qui se forme à la mamelle ; avec une pommade de végébom vétérinaire c'est suffisant pour la traiter. Une vache qui traîne, qui ne mange pas si bien, qui perd du lait... C'est rare si le lendemain matin elle n'est pas malade. Les mammites plus graves, il faut le vétérinaire. Seuls les antibiotiques peuvent la guérir. En quelques jours, la bête peut perdre 150 kg. Le véto est venu deux fois. On a toujours un tube de végébom sous la main. La bête souffre et bouge. Elle a eu un traitement pour lui faire sécher le trayon.*"

Certaines mettent la vie de la vache en danger.

"*Vous avez su pourquoi elle était morte ? Elle a eu un mauvais vêlage et elle a pris une mammite colibacillaire. C'est la plus mauvaise mammite. Ca empoisonne le sang. Il n'y a rien à faire. Si, quand même le vétérinaire l'a soignée. Il y en a très peu qui guérissent. C'est assez brutal. Le vétérinaire est venu et le lendemain elle était morte, au bout d'une semaine de soins.*"

Certaines mammites sont plus difficiles à détecter que les autres.

"*On voit pas les mammites. C'est une saloperie ; celle-là on ne la voit pas. L'aiguë on la voit. Le trayon est pas très dur. Ca se voit en éliminant les premiers jets, c'est difficile à voir. La bête n'a pas mal. En prenant la machine à traire, on stimule les premiers jets, mais si vous passez d'une bête qui a une mammite à une autre la machine, vous lui passez la maladie. C'est pas toujours prouvé que c'est dans les premiers jets, il peut y avoir mammite quand même.*"

Diagnostic des causes d'avortement

Ils ont des causes multiples plus ou moins graves car les unes sont contagieuses, les autres pas, et le diagnostic est complexe.

"*Une tombe dans les champs et ça fait buter, sa chute l'a faite avorter... C'est moins grave qu'une maladie parce que ça contamine pas. On a eu trois avortements en un an, liés à des accidents... L'avortement épisodique : tout le troupeau y passe, c'est un microbe. Un camarade l'a eu, c'est un peu comme la brucellose...*"

"*Les avortements ? J'ai eu de gros pépins, j'ai acheté des vaches avec une pneumonie ; elles ont de la température : 42°.*

C'est l'avortement, avec la température qui le provoque. Elle se tenait raide, elle mangeait pas, elle a passé la pneumonie aux autres. On les a traitées. La voisine a avorté. Malgré les traitements, elles font 41°. Il faisait froid, on les laissait pas dehors et elles se la communiquaient plus que dehors."

Diagnostic des causes de la baisse de production de lait

Elle est le symptôme de phénomènes multiples et complexes : maladie, carences... C'est un problème qui, là aussi, renvoie à des spécialistes.

"Si elles n'ont pas à boire, ça se connaît, le temps (les chutes de lait sont liées au temps), la consommation d'herbe, le changement d'alimentation, le froid, la chaleur. Un troupeau laitier, c'est très sensible aux variations extérieures. Il faudrait faire des analyses de l'alimentation, du foin, de l'ensilage, pour connaître la valeur de chacune d'elle. Pour faire un travail vraiment correct, il faut ces analyses. On va essayer d'analyser l'ensilage de maïs."

Afin d'aider les éleveurs à se réapproprier les conduites de diagnostic des maladies, et de ne pas dépendre du vétérinaire, une série d'organigrammes dichotomiques ont été mis au point par les vétérinaires dans des instituts techniques d'élevage pour faciliter le raisonnement du diagnostic chez les éleveurs (172) (173).

Diagnostic des maux de pieds

Les éleveurs ont des difficultés avec les frisonnes dans les zones sèches et caillouteuses comme les monts du Lyonnais. Ils les font ferrer par le maréchal-ferrant qui sait intervenir à l'intérieur du sabot et qui a les instruments pour tenir la bête.

Mais il faut faire le diagnostic pour savoir où l'amener, chez le maréchal-ferrant ou chez le vétérinaire. Ce n'est pas facile de faire le diagnostic des maladies des pieds et ce n'est pas commode.

"Il y a un maréchal-ferrant. Dans le temps, il y en avait deux. On soulève la bête avec le tourniquet. On met un peu de javel après lui avoir lavé le pied, on gratte sous la corne la blessure provoquée par un caillou qui a fait sa logette dans le pied et a fait une infection. Le maréchal a 55 ans, il soigne, il a trouvé le caillou. La vache, on la prend, on tire le pied en arrière. Il sort des appareils pour creuser la corne, fers coupants, recourbés, d'un seul coup ça gicle, l'infec-

(172) Ce travail pédagogique a été suscité par F. Luquet de l'ITOVIC et N. Bochet de l'ITEB.

(173) Voir en pages 121 et 122 deux planches d'arbres de décision, tirées de la revue de l'élevage ovin *Pâtre*, n° 236, sept. 1976.

tion sort... Avant, on faisait venir le véto et il fallait quand même voir le maréchal ; il mettait un produit, il mettait pas de fer, il mettait une bande. Le maréchal a une liqueur à base de cuivre, un coton et le fer dessus. Il faut bien discerner si c'est provoqué par un caillou, une blessure... Quand c'est le "javart", c'est le véto, elles ont le pied tout rouge, le maréchal-ferrant non... Il n'y peut rien, c'est une infection du pied, elles perdent leur lait."

Il y a des difficultés pour soigner un pied quand la bête a mal et faire le diagnostic implique des risques.

"*Les frisonnes ont des défauts : les pieds sensibles, quand on mène les vaches loin, où il y a des cailloux, elles boitent, elles se taillent. On va chez le maréchal-ferrant, il faut les ferrer ; on avait une vache, on regarde le pied, ici on voyait rien. C'est pas facile de regarder les pieds d'une vache quand elle a mal.*"

Ne pas attaquer les chairs, tenir la bête, pose problème.

"*Notre problème c'est de tenir la bête : c'est pas sorcier de faire ce que le maréchal-ferrant fait, mais c'est dangereux. Il faut pas attaquer la chair.*"

• *Le javart*

"*Le javart, elles ont le pied qui ballotte, elles peuvent pas le poser. Il faut le traiter dans les 42 heures. Ca fait une infection généralisée, ça prend un pied puis l'autre. On en a une qui a dépéri il y 10 ans : c'est plus grave qu'un caillou qui a blessé. Il y a les coupures, les entailles avec les cailloux, ça s'infecte ; il y en a surtout avec les frisonnes. Le javart arrive à n'importe quelle saison. Moins en hiver quand même. On a eu plusieurs problèmes de pieds.*"

• *La cerise*

"*Une a pris une "cerise". Une grosseur dans le pied, il y a pas de liquide qui sort. Le maréchal-ferrant l'enlève aussi avec un désinfectant... Nous, on peut pas y faire grand chose : il y a le bain de javel si on peut inciser et faire partir tout ça. On fait des bains selon ce que dit le véto : le problème, c'est de faire évacuer ce qu'il y a dedans.*"

Diagnostic des carences

Mais certains phénomènes comme les carences renvoient à une multiplicité de symptômes et de causes et restent très complexes.

"*Elles ont des carences, on le voit au poil roux. On tâte celles qui boivent de l'urine, des trucs. Quand il y a une chute rapide de lait, quand il y a un retard d'un mois, on voit que cela ne marche pas. Le*

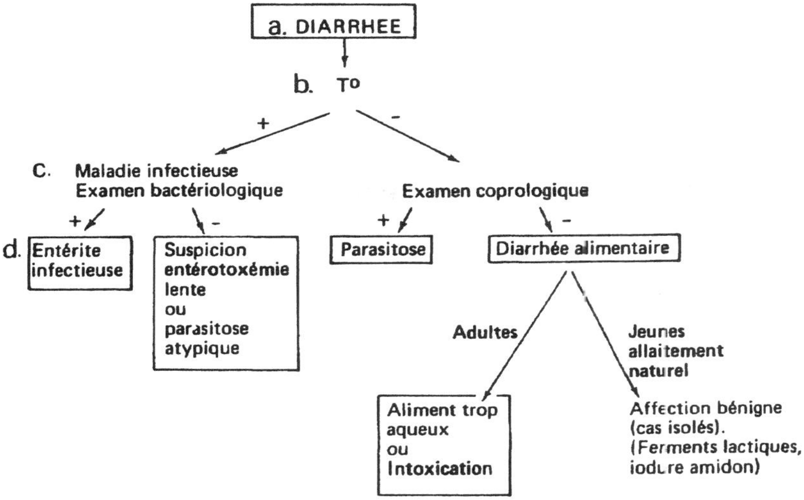

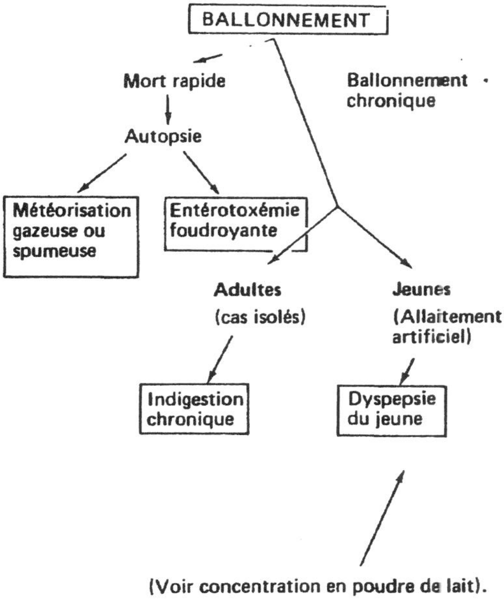

Arbres de décision permettant le diagnostic des troubles digestifs

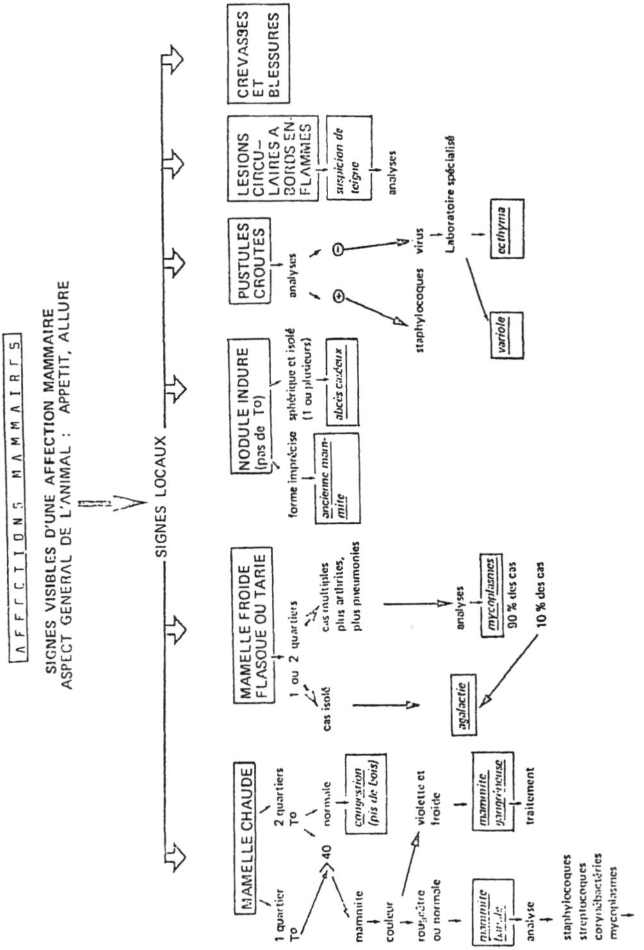

Arbre de décision permettant le diagnostic des signes visibles d'une infection mammaire *poil pique, le poil roux, le poil blanc. Quand ça ne va plus, c'est une carence ; elles vont baisser en lait. Les maux de pattes, signe de carence, quand elles n'ont pas de veau. On tâtonne, on fait des piqûres, c'est complexe quoi. Pas de lait, pas de veau, ça peut être des carences, ça peut être de l'infection."*

"Si une bête est fatiguée, c'est difficile de déterminer. Les années où c'est trop sec, si c'est trop pluvieux, l'herbe n'est pas nourrissante. L'inséminateur nous dit que c'est partout pareil. Quand les bêtes prennent pas, ça peut être ça aussi. Ca agit sur tout. Dans l'ensilage, il y a peut être des carences quand il est pas bien conservé. Des années, le fromage est moins bon. Quand il y a diminution du lait, ça cloche. On voit que la vache n'est pas nourrie suffisamment, quoi. Ca se manifeste par un amaigrissement. On est habitué à la quantité de nourriture qu'il faut à une bête."

Le diagnostic et la division sexuelle du travail

La mémorisation des signes — La mémoire du corps

J'ai montré ailleurs (174) comment les femmes, en fonction de la place qui leur est allouée tous les jours au ras des mamelles de la vache ou de la brebis, développent des habiletés cognitives de repérage-stockage de signes, mémorisation et combinaison de signes. Dans l'élevage, la femme est souvent chargée des tâches répétitives, en particulier de la traite, des soins et de l'alimentation. Aussi voit-elle très régulièrement, plusieurs fois par jour, les bêtes, une par une et a la possibilité de repérer ce qui ne va pas quand elle les trait ou les alimente. Le simple fait que la femme approche et touche régulièrement les bêtes, la privilégie dans le repérage des signes et leur mémorisation. Elle ne voit pas seulement les mammites de la vache, elle les sent avec ses doigts. Sa mémoire des signes passe par le corps.

Les femmes et les conduites de diagnostic

Ce sont les femmes qui font les diagnostics après avoir repéré les signes et combiné ces signes quand elles viennent de traire et qu'elles remarquent des changements. Ce sont elles qui, par le fait qu'elles sont les premières (en fonction de la division sexuelle du travail) à découvrir que les mamelles de la vache sont gonflées, vont tenter de poser un diagnostic pour agir :

— elles vont chercher de l'information complémentaire

(174) Salmona (M.), "Qu'est-ce qui fait courir la petite agriculture ? Femmes et néoruraux", déjà cité.

(recherche orientée d'information) par rapport à celle qu'elles ont découverte de prime abord (elles ont tout de suite élaboré des hypothèses mais l'information ne suffit pas) ;

— elles vont établir des hypothèses après recherche d'une information complémentaire et produire de l'information nouvelle en traitant l'ensemble des données ;

— elles vont approcher leur savoir empirique (et scientifique) des signes qu'elles découvrent et établir un diagnostic.

L'opérationalisation et les hommes

Mais ce sont les hommes qui prennent les décisions, en général, pour les piqûres intraveineuses, pour des soins complexes, pour appeler le vétérinaire ou traiter la vache. C'est-à-dire que, bien que le diagnostic et la démarche mentale générale de traitement et résolution d'un "problème" soit faite par la femme, jusqu'au diagnostic, c'est l'homme qui pose le diagnostic, qui l'amène à opérationaliser, en choisissant dans un ensemble d'opérations techniques possibles, celle qui correspond au diagnostic.

Une série de conséquences pour le travail et la femme en découlent.

• *Démotivation de la femme*

La femme est toujours privée de la partie motivante (175) des actes, liée à la logique interne de l'ensemble des tâches qu'elle exécute. On la prive d'agir, d'opérationaliser après avoir traité mentalement un "problème", élaboré des hypothèses, les avoir confirmées ou bien infirmées en recueillant de l'information et en la combinant, et porté un diagnostic à partir d'une recherche des causes du symptôme. Bien que le travail de la femme soit détaché de l'opérationalisation, cela ne l'empêche pas de faire ce travail mental intense de traitement et de repérage des signes. Le fait qu'elle ne puisse agir, laisse une frustration par rapport aux possibilités d'action, de transformation, de traitement de la situation, toutes activités dynamiques qui la motiveraient pour supporter les activités répétitives, monotones dont elle est chargée et sur lesquelles on lui demande de ne pas "penser", c'est-à-dire "porter des diagnostics".

D'autre part, comme l'activité de diagnostic n'est pas reconnue par l'homme et qu'il pose le sien comme si rien n'avait été fait par

(175) Salmona (M.), *Questions sur la qualification dans l'agriculture*, CAESAR/APCA, 1978, déjà cité.

la femme, cette non-reconnaissance du travail intellectuel lié à la traite est également frustrante et démotivante. La légitimation des conduites de diagnostic de la femme comme la possibilité de traiter, d'agir après diagnostic, redonnerait unité et intérêt à l'activité féminine. Ces tâches incomplètes, non terminées (176) puisqu'elles ne peuvent déboucher sur l'action, l'opérationnalisation — tâches dont par ailleurs on ne reconnaît que la part émergée, visible, manuelle —, provoquent des réactions négatives chez les femmes et des conséquences pour le travail.

• *Le temps entre le repérage, le diagnostic et le traitement est allongé et augmente les risques de propagation*

Les femmes sont irritées de voir que souvent elles pourraient éviter une propagation de la maladie, car elles sont en état, puisqu'elles ont fait le diagnostic, de faire rapidement les traitements ou de prendre les dispositions nécessaires. Mais comme l'information passe de la femme au mari, qui lui-même doit trouver le temps de traiter, et ne le peut toujours immédiatement, cela allonge le temps entre repérage des signes et action et entraîne des risques supplémentaires de propagation. Cela les démotive, puisque, malgré leur effort pour "penser" la situation et résoudre le "problème", l'homme fait comme si elles n'avaient pas fait le diagnostic.

• *Perte et déformation de l'information — non-recherche d'information complémentaire*

L'homme dispose de moins de signes que la femme, qui les a recueillis elle-même, mais de plus de connaissances "scientifiques" pour traiter cette information et prendre une décision que la femme qui a rarement suivi des formations sanitaires spécialisées. De plus, comme dans tout processus de communication, certains signes évoqués par les femmes seront sous-évalués ou évacués par l'homme. Il y a perte de l'information et le diagnostic va être posé par l'homme à partir d'informations incomplètes, car il a rarement le temps de recueillir une information complémentaire (177). Il va ainsi souvent faire de faux diagnostics, interprétant trop vite, avec trop peu d'informations sur les symptômes et trop de connaissances savantes.

(176) Contrairement à ce que nous enseigne le principe de l'effet Zeigarnick.
(177) Voir le schéma page 128.

• *Pas d'analyse approfondie des causes à partir des symptômes*

Un recueil complémentaire d'informations pour mieux diagnostiquer, à partir des symptômes, les causes de maladie, aurait été nécessaire pour éviter ces erreurs.

Les effets de la taylorisation du travail sur le repérage et le traitement des signes

Il y a dans la modernisation de l'élevage une brusque séparation des activités cognitives de repérage des signes, d'observation, avec les tâches manuelles : ce phénomène est lié à la parcellisation, spécialisation et mécanisation des tâches, ainsi qu'à l'accélération du rythme de travail. Autrefois, chaque tâche était accompagnée d'une activité d'observation. Comme la même personne assurait des tâches multiples, qui s'articulaient au long de la journée, le repérage de signes, l'observation, prenaient sens en s'accumulant "*dans la tête de la même personne au sujet des divers animaux* (178)". Actuellement, chaque travailleur ayant une tâche précise, l'observation, le repérage des signes, sont réalisés par des personnes différentes.

Dans la parcellisation des tâches, l'information se perd dans la transmission d'un travailleur à l'autre (179).

Cette perte se multiplie par le nombre de personnes qui ont recueilli, dans des situations particulières (sans maîtriser l'ensemble du procès de travail), et stocké ces informations partielles portant sur les mêmes animaux, à des moments différents de la journée.

Les signes sont stockés dans un système éclaté ; les signes repérés nécessitent d'être regroupés entre les membres de l'équipe de travail et interprétés ensuite pour prendre un sens. Les éleveurs sentent que l'observation dans ces conditions de rapidité et de spécialisation est insuffisante et parcellisée, alors qu'ils ont besoin avec les nouveaux modes de conduite de troupeaux d'observer de beaucoup plus près les bêtes et d'interpréter très vite les signes recueillis (179). Ils se demandent comment observer, quand, où et comment regrouper ces informations au long d'une journée ou au long d'une semaine.

Les questions de l'observation ne sont pas résolues par les tableaux de stockage, circulaires ou rectangulaires fabriqués par les instituts techniques de l'élevage : avant de stocker, il est

(178) Entretiens avec les éleveurs du GAEC de la Borange, Retournac, 1978, recherche sur l'installation des bergers et chevriers, déjà citée.
(179) Salmona (P. et M.), *L'homme et la vache*, déjà cité.

nécessaire de repérer les signes. Ce sont ces nouvelles conduites cognitives d'observation, isolées du travail manuel matériel avec les vaches, qui posent question aux éleveurs.

Les nouvelles habitudes cognitives, que les éleveurs considèrent comme importantes, car l'observation est capitale dans l'élevage, doivent trouver place hors des habitudes anciennes où l'observation était liée à l'activité physique : l'observation comme activité productive en elle-même (sans le travail des mains), comme activité à part entière, n'est pas encore passée dans les mœurs et elle culpabilise les éleveurs. Observer sans travailler, avec ses mains, est encore ressenti comme du temps perdu, du temps coupable. Ce phénomène de culpabilisation existe aussi dans le travail domestique : les mères qui surveillent leurs enfants dans les squares ou à la plage se sentent obligées de tricoter, de coudre, de faire "des travaux de main". Pourtant, observer, surveiller les enfants, est une tâche prenante et nécessite une mobilisation de l'activité intellectuelle importante. Comme les femmes, les éleveurs ne se donnent pas le droit de ne rien faire de leurs mains, pour "faire avec la tête".

En conclusion, le diagnostic est lié à une observation permanente et nécessaire

L'observation d'une multitude d'informations dispersées est nécessaire. En faisant appel à une attention permanente des sens, on s'en sort.

"*On est comme un médecin devant un malade, tout nous intéresse. Nous, on est toujours docteur et on a toujours le malade.* La femme *: Il y a des signes quand même que ça ne va pas... Si elles ruminent pas... si les oreilles froides quand une bête n'est pas bien... si les yeux ne sont pas... Mais savoir si les signes sont graves, c'est difficile. Une vache qui ne rumine pas, il est temps de faire quelque chose... mais qu'est-ce que c'est ? Pareil pour les oreilles froides : une fièvre de lait et la vache est froide. Dire pourquoi une vache va stopper ou pas. C'est pas facile à dire. Quand j'ai eu des problèmes de tétanie il y a quatre ou cinq ans, il m'est arrivé de faire rentrer une vache, pourquoi je l'avais rentrée ? Je suis incapable de le dire, cette vache avait fait un geste de l'arrière, elle était pas conforme aux autres. Elle a été rentrée, je sais pas pourquoi ça passe tellement vite une impression... température, oreille humide, tout quoi, les yeux qui sont plus ou moins rentrés. Ca rumine ou ça rumine pas, quand ça rumine pas, ça va mal. L'odeur des bouses : il y des infections.*

Processus de diagnostic et division sexuelle du travail
Schéma de situation-problème

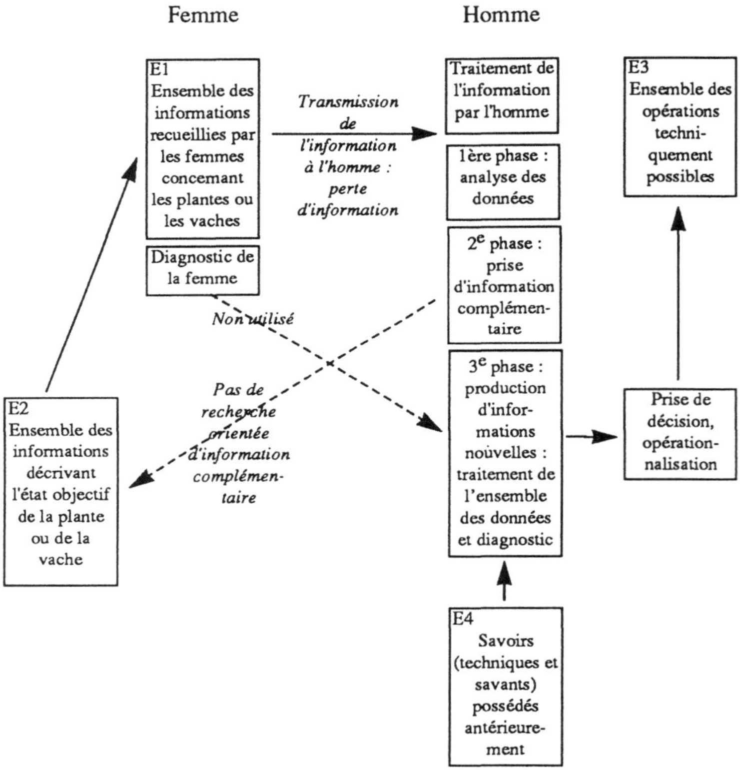

— L'homme n'a pas assez d'information et ne va pas en rechercher. Il possède le savoir savant mais fait le diagnostic en étant sous-informé.
— La femme a des informations mais n'a ni le savoir savant, ni le droit de porter le diagnostic définitif, ni celui d'opérationaliser.
— Cette dissociation des partenaires, l'un recueillant l'information, l'autre la traitant et décidant, entraine des erreurs d'interprétation et des décisions trop lentes.

La couleur des bouses : elle avait une tétanie avec des bouses claires. Des bouses avec épanchement de sang parfois, on les surveille tout le temps."

Il y a des degrés dans la complexité de diagnostic des maladies, et de repérage des signes.

Les étapes de la détection des mammites : la manière de manger, la réaction à la traite.

"*Mon mari va les chercher le matin, il les voit en premier. Il voit une mauvaise digestion. Elle va bouder au lieu de manger, elle ne vas pas ruminer non plus. Lui et moi, on les voit pas sous le même angle : moi, l'œil vif et vigilant de la bête vous donne un point pour l'éleveur, le comportement de la bête qui mange. Mais on ne peut pas détecter la mammite facilement. On contourne le pis en la lavant et on sait.*

"*Une inflammation du pis... c'est un signe. La vache est inerte, alors que la vache c'est toujours préoccupée. Ca peut être aussi un signe de tétanie d'herbage. Elle a les oreilles très dressées et quand vous claquez des mains, elle devient craintive... ou fièvre de lait.*

"*L'inflammation du pis, c'est dur. Le panaris, elle va se décalcifier, couver ce panaris avant que ce soit visible.*"

Quand les signes manquent, il faut redoubler de vigilance pour détecter les maladies.

"*La piroplasmose, cette année je n'ai pas eu de cas, mais toutes ces années, j'ai eu deux ou trois cas dans le troupeau par an. C'est assez difficile à diagnostiquer. C'est pour cela qu'il faut aller voir souvent les vaches qui restent dehors parce que la bête continue à manger, elle a simplement un peu moins de vigueur, elle urine le sang. En allant voir le troupeau, si on voit une bête qui a tendance à rester dans un coin, qui marche pas, qui mange moins que les autres, on a intérêt à la suivre de près. Elle dort de grands moments, sur ses pattes ; c'est assez particulier à la piroplasmose.*"

C'est surtout sur ces mécanismes biologiques et de maladie que l'inquiétude et la demande des éleveurs se développe. C'est à leur sujet que leur dépendance vis-à-vis des spécialistes est forte et que leur échappe la signification et le contrôle de leurs actes techniques.

On ne peut pas comprendre uniquement par des pédagogies concrètes la complexité des mécanismes biologiques, invisibles et abstraits de la reproduction, de la digestion, etc.

8. Les qualités et les motifs des femmes à l'élevage (180) (181)

Quelle que soit leur origine sociale, il est important d'analyser en détail les motifs des femmes qui gèrent un troupeau de vaches, de chèvres et de moutons en particulier, à part entière, ou à égalité de responsabilité avec l'homme.

Les femmes éleveuses (quels que soient leur condition d'origine, leur niveau de formation scolaire, leur statut) qui réalisent ce travail "à part entière" expriment, par ce choix, la volonté et la possibilité de se libérer des contraintes sociales et économiques propres à leur condition de femmes. Elles épanouissent par ce biais toutes les qualités intellectuelles que la société et la famille ne leur laissent pas, en général, utiliser : la gestion du troupeau est un "créneau" qui permet d'exprimer sans trop d'opposition les conduites dites "viriles", d'organisation, de décision, d'énergie affective et physique, mal acceptées encore par la société, en particulier la réflexion et la responsabilité économique dans la production, la commercialisation (très mal acceptées jusqu'ici sauf pour les veuves ou les femmes marginales).

C'est souvent par les femmes que les qualités psychiques qui manquent à l'éleveur pour maîtriser la conduite du troupeau sont présentes :

— conduites affectives et intellectuelles développées chez les femmes dans leur rôle de mère, d'épouse, de ménagère et acceptées socialement,

— goût de la régularité (182) dans le système de travail lié aux habitudes du travail ménager,

— acceptation de la répétitivité du travail souvent mal acceptée par l'homme,

— acceptation de la lenteur et de l'aléa,

— goût des tâches demandant de la précision et de la méticulosité : tâches sanitaires, d'allaitement des agneaux, de triage des bêtes, la mise des éponges, les piqûres,

- acceptation de la frustration liée à certaines situations où la patience et le temps jouent un rôle important.

(180) Salmona (M.), *Psychologie du travail de l'éleveur et du maraîcher*, déjà cité.
(181) Salmona (M.), "Les femmes et le travail avec le vivant : des qualifications invisibles", dans *Les femmes et l'élevage*, *Ethnozootechnie* n° 32, 1976.
(182) Amelot (R.), *Pour une diffusion et une utilisation de l'innovation technique - Résultats d'une enquête réalisée chez les éleveurs de moutons adhérents à un groupement de producteurs*, mémoire de fin d'études, école supérieure d'agriculture d'Angers, 1972.

Si certaines femmes n'ont qu'un rôle secondaire dans le troupeau, la grande majorité a un rôle primordial dans la réussite de l'élevage, en fonction des rôles réalisés par les hommes. L'élevage ovin repose sur une série de caractéristiques affectives et intellectuelles réunies dans un groupe, où les qualités de la femme sont souvent nécessaires pour une conduite réussie du troupeau. Ainsi, la femme (et les enfants) font souvent les travaux que l'éleveur ne supporte pas affectivement et intellectuellement de faire lui-même. Il y a une répartition des tâches en fonction des qualités-qualifications possédées par chacun des sexes.

9. Le vivant animalier et la transmission des savoirs et des savoir-faire

Le travail avec le vivant animal ou humain n'est pas complètement algorithmisable (183). Le travail agricole animalier est un travail du vivant qui, par sa nature même (qui bouge, qui crie, qui s'exprime), a des caractéristiques communes avec le travail de la mère/épouse chargée de l'élevage des enfants et du maintien en bon état du corps des adultes de la "famille". C'est d'abord un travail dont les savoirs et savoir-faire ne peuvent complètement se mettre sous forme d'algorithme, pour reprendre la terminologie d'Yves Barel.

"*Algorithmiser une conduite revient à la généraliser, à la simplifier, à la prédéterminer. Ce qui caractérise d'abord un algorithme, est qu'il est la communicable par l'écrit ou la parole. Le point de départ de l'algorithmisation du travail est donc l'analyse exhaustive du contenu du travail et l'incorporation de cette analyse dans des "objets" extérieurs à la personne du travailleur* (184)."

C'est en particulier le cas des savoirs affectifs.

"*Savoir immédiat de nous-mêmes et de notre situation concrète, savoir évident de nos plaisirs et de nos souffrances* (185)."

Ils interviennent sur une série de dimensions-clefs du travail avec le vivant animal et le conditionnent : la peur, l'angoisse et la phobie perturbent la réalisation des tâches (186) avec l'animal.

Ils conditionnent :

— la qualité de l'interaction (le vivant animal ou humain

(183) Barel (Y.), *Le rapport humain à la matière, Recherche, écologie du travail,* tome II, action concertée DGRST, IPEPS, CNRS, université des sciences sociales de Grenoble, institut de recherche économique et de planification, juillet 1976.
(184) David (A.), *La cybernétique et l'humain*, Gallimard, 1965.
(185) Alquié (F.), *La conscience affective*, Vrin, 1979.
(186) "Avec l'angoisse et la phobie, l'affectivité semble bien impliquer une sorte de perception irréductible à la science", Alquié (F.), opus cité.

répond, réagit à l'activité que le travailleur déploie à son égard, interaction entre le travailleur et le produit fabriqué/élevé),

— l'acceptation de l'aléa du désordre, de l'incertitude (le vivant animal introduit de l'aléa, du non prévu, de l'irrégulier. Or, la "*pensée algorithmique fait face au connu, au régulier, au répétitif, au prédéterminable*", selon A. David (187)),

— la relation à l'espace du corps (188) de l'animal et à son propre corps (le travail avec le corps de l'animal ou de l'homme renvoie le travailleur à son corps, à l'espace intérieur de son corps, à la construction de l'image de son corps. C'est-à-dire à des apprentissages culturels, mais aussi à des savoirs affectifs concernant le corps de l'éleveur et la manière dont il le vit).

La condition d'une formation massifiée et d'une vulgarisation dans ce domaine des sciences et des techniques est l'algorithmisation. Mais dans le travail avec le vivant animal ou humain, l'algorithmisation ne peut être poussée jusqu'à son terme, c'est-à-dire qu'une partie du savoir reste inexplicable. "*Il n'y a d'autre moyen de reproduire ce savoir-faire que la formation par apprentissage, par mimésis d'un autre individu, la simulation* (189)". C'est ce que Barel nomme un *savoir incorporé*, c'est-à-dire "*un savoir ou un savoir-faire dont la caractéristique essentielle est qu'il est inhérent à la personne du travailleur et ne peut s'en détacher, et littéralement le travailleur s'approprie son savoir-faire et ne peut en être désapproprié* (189)". Mais l'apprentissage par l'imitation, la *mimésis*, la simulation ne suffit pas à transmettre complètement et chez tous les acteurs, les savoirs et savoir-faire concernant le vivant animal ou humain : une partie de ces savoirs et savoir-faire relève de savoirs affectifs que l'imitation seule ne peut faire acquérir au travailleur/apprenti. Nous pouvons caractériser le travail avec l'animal selon une liste de dimensions qui nous paraissent propres au travail avec le vivant animal et humain :

— la tolérance à la répétition. Toute mise en place d'habitudes chez le vivant (animal ou humain) nécessite de la part du travailleur et de l'animal des conduites répétitives ; c'est la répétition des geste, de sons (190) liés à des "demandes" stables et précises, qui permet-

(187) David (A.), *La cybernétique et l'humain*, déjà cité. Et Salmona (M.), *Mètis et paradoxe : qualification à l'expropriation de l'intelligence de la production*, CAESAR, 1978.
(188) Salmona (M.), "Apprentissages précoces, imaginaires et techniques", Actes de la table ronde "Technologie culturelle", Ivry, nov. 1982, paru dans la revue *Technique et Culture* n°1, janv.-juin 1983.
(189) Barel (Y.), *Le rapport humain à la matière*, déjà cité.
(190) *Mètis et paradoxe*, déjà cité.

tra l'apprentissage par les vaches ou les moutons d'un certain nombre de conduites facilitant le travail ou le préparant ;

— la possession d'une culture de l'ouïe, de l'odorat, du toucher, de la gestuelle (191). L'interaction et l'établissement d'un lien positif s'organisent par la parole, mais aussi par l'odorat, le toucher et l'ouïe, comme pour le travail d'élevage des enfants. Le mode et le rythme de la gestuelle, le corps tout entier dans son style de mouvements, de déplacements et d'inactivité, jouent un rôle dans l'interaction, le lien ;

— l'acceptation de travailler avec la vie et la mort (192) : l'éleveur a conscience qu'il travaille avec la vie et la mort. Une dimension métaphysique imprègne ses activités, dimension dont il est conscient et qu'il exprime ;

— la confiance dans son intuition par rapport à des savoirs scientifiques dans cette lutte pour maintenir la vie contre la mort.

Le travail avec le vivant induit, exige des comportements qui sont dévalorisés dans l'univers industriel et dans la pensée dominante : la lenteur, notamment.

La lenteur

En effet, tant avec le petit enfant, le malade ou l'enfant, pour réussir certaines tâches il faut savoir respecter le rythme du vivant et soi-même être capable d'agir avec lenteur. La tolérance à la lenteur de l'autre, animal ou humain, comme la capacité d'agir lentement, relève des dimensions culturelles et individuelles de la personnalité. En effet, certains acteurs n'acceptent pas d'aller lentement et "brusquent l'autre", enfant ou animal.

L'acceptation de l'inactivité, de ne rien faire, attendre, patienter

Cette "habileté" très importante dans des séquences précises de la chaîne d'activités propres à l'élevage (par exemple le vêlage, la reconnaissance des agneaux par la mère) est capitale. Tous les éleveurs insistent sur le fait que "faire" dans certaines situations de travail, diminue l'efficacité, introduit du désordre (193) (reconnaissance difficile des agneaux, si on agit) et fait prendre des risques à la vache (velage à la machine, qui risque de déchirer la vache, car trop précipité). En effet, avec le vivant, le phénomène trouve sa résolution non par une action, mais par un effacement de

(191) Salmona (M.), *Questions sur la qualification dans l'agriculture*, déjà cité.
(192) Salmona (P. et M.), *L'homme et la vache*, déjà cité.
(193) Boissard (F.), Higelé (P.) et Salmona (M.), *Le travail du moutonnier*, déjà cité et

la scène de l'action (se taire, ne pas bouger, faire le mort, se dérober, se retirer), par un non-agir. Ces savoir-faire sont intimement liés à des savoirs affectifs et ne peuvent que partiellement s'apprendre ou s'améliorer par imitation ou par un enseignement oral ou écrit.

S'il est possible d'apprendre à faire paître un troupeau de six cents brebis sur des pacages sans gaspiller l'herbe et en "*raclant rationnellement le territoire*", par simulation, répétant ce qu'un oncle ou un maître de stage (voir école de moutonniers du Merle) vous montre en travaillant, il est, par la simulation, souvent impossible de faire dépasser à un éleveur ses peurs devant un travail d'intervention à l'intérieur du corps d'une bête, ou d'autopsie, ou de piqûre intraveineuse, ou de recherche de déchets (placenta), et dans des situations où il devrait garder son calme. Ce ne sera ni l'algorithme, ni la simulation-imitation qui permettront à certains acteurs malhabiles, agressifs ou bloqués d'établir un lien avec l'animal, qui permette de le gérer au moindre coût de charge physique et mentale et de dépasser ces conduites d'énervements, d'échecs, de rejet et d'angoisse.

Le rôle de l'imaginaire dans l'activité sur le corps de l'animal (ou de l'enfant) est primordial : la "reconnaissance" des limites de son propre corps, de sa clôture, de ses ouvertures, de l'espace, jouent un rôle important (194) dans la manière de "traiter", "travailler", avec le corps de l'homme et de l'animal, avec ses déchets et ce qu'ils évoquent pour l'homme (pourriture et mort) (195).

Comme pour le travail éducatif, le travail animalier nécessite de savoir "porter", à la fois guider, aider, rassurer la jeune vache qu'on trait pour la première fois ou la brebis qui agnelle et accepter, assumer, intégrer, supporter "*les bêtises, les caprices, les initiatives* (196)" des animaux, qui introduisent de l'aléa dans le travail et le planning : être ferme par instant et ne pas céder pour obtenir un certain ordre, un certain "apprentissage", ou céder, se tenir coi, s'effacer, pour éviter certains désordres : ce sont ce que j'appelle des stratégies pédagogiques-démagogiques, de phorie (197), d'assomption de l'altérité (animal ou humain), de

Salmona (M.), *Mètis et paradoxe*, déjà cité.

(194) Salmona (M.), "Apprentissages précoces, imaginaire, technique", déjà cité.

(195) "A l'opposé de ce qui entre dans la bouche, ce qui sort du corps, de ses pores, et de ses orifices marque l'infinitude du corps propre et de ses abjections", Kristeva (J.), *Pouvoirs de l'horreur*, déjà cité.

(196) Magnétoscopage du travail de traite chez Mme Freger, éleveuse de vaches, document pédagogique et de recherche de C. Lebleu et M. Salmona, CAESAR, 1980.

(197) Phorie, de *phorein* : porter, supporter, assumer la dépendance et l'autonomie de l'autre et de soi à l'autre.

négociation de l'autonomie et de la dépendance réciproque de l'éleveur et de l'animal.

Comme pour la mère qui "déprime" (198) devant son nouveau-né, en a peur ou l'agresse, des procédures de formation de certaine durée, associant à la simulation des possibilités (dans le type de formation et le temps de formation), d'expression des difficultés personnelles liées aux conduites d'évitement ou d'échec dans le travail animalier, transforment les attitudes, les affects des animaliers et permettent de dépasser (quand cela est possible) ou au moins d'atténuer la peur et l'agressivité.

Ces procédures de formation passent par l'expression des blocages et des affects de l'éleveur. Elles permettent d'améliorer la gestuelle ou la voix, le toucher — outil précieux comme l'odorat dans la manipulation du troupeau et le repérage de signes —, et aident à prendre conscience des effets négatifs de l'angoisse, de l'agressivité vis-à-vis du troupeau et des possibilités de le "gérer" autrement qu'en criant, s'énervant et donnant des coups, ou en "paniquant".

C — RISQUES RÉELS ET FANTASMATIQUES CHEZ L'ÉLEVEUR

Le travail d'élevage-pansage — "médicinage" avec l'animal, le nourrisson, le malade —, suscite chez les travailleurs du corps, des peurs liées à des risques imaginaires d'envahissement, d'étouffement, de pénétration, de déchirure, de chute, d'engloutissement et de pourrissement. Médecins, jeunes mères, infirmières et éleveurs s'y trouvent quotidiennement confrontés comme tous ceux qui travaillent avec du vivant qui bouge, qui crie, qui s'attache, qui converse. Les avatars du "voyage à l'intérieur de la mère" de la naissance, de l'attachement dans l'histoire personnelle de ces travailleurs du corps, modulent ces peurs qui sont plus ou moins aiguës, plus ou moins inhibantes, plus ou moins présentes chez les uns et chez les autres. Mais elles ne sont jamais absentes de la scène du travail, même si elles sont refoulées ou amadouées. Désir, pourriture et mort, fidèles ombres des travailleurs du corps, sous l'effet de technicisation, d'artificialisation du vivant et de réification de l'élevage et du médicinage, ne quittent la conscience des travailleurs du corps que pour envahir avec plus de violence, l'espace des rêves, et d'un

(198) La maison verte créée par Françoise Dolto pour aider les jeunes mères à parler de leur inquiétude devant le nouveau-né. Kreisler (L.), "Les jeux de l'attachement maternel et ses avatars", dans *Les cahiers du nouveau-né*, n°s 1/2, sous la direction de E. Herbinet, Stock, 1978.

discours sourd de "plainte et d'effroi". Le travail d'éleveur-soigneur, est une activité qui entraîne, en particulier dans l'élevage de vaches, des risques d'accidents graves.

Il y a vingt ans, dans les élevages laitiers non mécanisés, les trayeurs risquaient de se faire drosser contre la paroi de l'étable ; ils recevaient sur tout le corps des coups de pieds. Dans la manipulation quotidienne des vaches dans les espaces extérieurs et à l'étable, les coups de cornes, éventrations, liées à ces derniers, étaient fréquents, les piétinements également. Enfin, les broyages de doigts dans la gueule des bêtes sont présents dans les récits des éleveurs de cinquante ans. On rencontre encore ce types d'accidents dans les exploitations de polyculture et d'élevage des monts du Lyonnais, des plateaux ardéchois, des Alpes, des zones de moyenne montagne, où le troupeau est peu important et cohabite avec une production d'arbres fruitiers, de petits fruits, de légumes, et de manière plus rare, dans des exploitations laitières ou de bêtes à viande intensifiées (Bretagne, plateau du Millevaches, etc.). Les éleveurs de moutons et de chèvres risquent de recevoir des coups de pieds lorsqu'ils soignent les bêtes et d'être bousculés par des mouvements de panique du troupeau. Actuellement, les risques d'accidents ont évolué. Les coups de pieds portent, dans les salles de traite, pour les femmes, sur les mains, le visage et la poitrine. Ces lieux du corps sont fortement chargés de valeur symbolique ou/et sociale : les seins sont les lieux de l'allaitement, de la maternité, de la fécondité, de la féminité ; le visage est "le capital de séduction" et "un miroir de l'âme". Les mains sont à la fois outil de travail qui réalise un certain nombre de tâches et aussi, par le toucher, un organe de repérage de signes, très développé et sensible chez les éleveurs comme chez le médecin et la mère de famille. Chez l'éleveur, "*on regarde avec ses mains*" (199), on travaille à l'aveugle à l'intérieur du corps de la bête : les mains et le toucher se substituent à la vue dans le travail situé dans l'architecture intérieure du corps de l'animal. On perçoit à travers les mains, par le toucher, les signes du mal-être de la vache (inquiétude, irritation, maladie, état de gestation, etc.). Enfin, les mains sont les lieux privilégiés des expressions somatiques du mal-être des éleveurs (200) : crampes des mains, irritations, éruptions, eczéma se manifestent sur un lieu du corps stratégique dans le travail avec l'animal. Par exemple dans les exploitations de brebis laitières intensifiées, lorsque les

(199) Salmona (P. et M.), *L'homme et la vache*, déjà cité.
(200) Salmona (M.) et Devries (H.), *Un homme au travail*, déjà cité.

conflits de génération sont intenses entre femmes en particulier, des "problèmes avec les mains" apparaissent chez les belles filles. Les coups portaient autrefois sur des parties du corps, autrement chargées symboliquement chez les femmes. Même si les risques d'accidents étaient plus graves et nombreux autrefois, ils provoquaient une peur différente plus directement liée aux handicaps physiques.

1. Les peurs concernant l'intervention, avec ou sans outil, à l'extérieur ou à l'intérieur du corps de l'animal (201)

Nos recherches sur le travail des moutonniers et des éleveurs de vaches intensifiés, comme celle de Nicole Sourice (202) et de M.-C. Carré (203) sur l'intensification du lapin, mettent en relief l'importance de peurs fantasmatiques et l'influence de ces peurs sur la réalisation de certains types de tâches :

— les tâches de diagnostic et d'intervention à l'extérieur du corps sans utilisation "d'outils du corps" à main nue : nettoyer les plaies, jauger l'état de gestation (palper) etc.,

— les tâches d'intervention à l'extérieur du corps ou sur l'enveloppe du corps avec des outils qui piquent, percent, taillent, brûlent, aspirent, liment : perçage de la peau avec un trocard, perçage de l'anus des agneaux (204), parage des pieds, limage des cornes et des dents de chiens (205), brûlage des cornes, aspiration des saletés du corps, etc.,

— les tâches à l'intérieur du corps à main nue : intervention durant le vêlage, l'agnelage ou à main couverte (gant de nylon) pour la fouille,

— les tâches à l'intérieur du corps (vagin, gueule, œsophage) avec des "outils du corps" : pistolet, sonde, etc.,

— les tâches de sevrage, de biberonnage, de nutrition.

A cette classification intérieure/extérieure du corps et enveloppe du corps, associée avec ou sans outil du corps, il est important d'adjoindre une partition qui recouvre :

(201) Voir photos et planches pages 139, 141, 143, 145 et 147.
(202) Sourice (N.), *L'alimentation des ruminants, bovins, ovins, caprins. Les éleveurs : le savoir de la pratique*, déjà cité.
(203) Carré (M.-C.), *La cuniculture française, quels élevages, quels éleveurs : des éléments de réponse*, mémoire de fin d'études, département des sciences animales, ministère de la Recherche/ministère de l'Agriculture, action écologie et aménagement rural, institut national agronomique, Paris-Grignon, sept. 1982.
(204) Peillen (J.), *La science des bergers d'autrefois*, déjà cité.
(205) Pratique des bergers basques avec les chiens labrits.

a/ les types d'organes et parties du corps touchés ou approchés et leur valeur symbolique :

— les organes et parties du corps sans forte résonance symbolique,

— les organes à forte résonance symbolique,

— les organes de la reproduction (ventre, matrice, trompes, corps jaune, ovaires, placenta),

— "les fenêtre trous du corps" (vagin, anus, narines, bouche, etc.),

— le squelette (parage des pieds : on coupe la corne au risque d'entamer la chair, voire le squelette),

— l'enveloppe du corps, la peau ;

b/ les matières manipulées dans l'acte d'intervention (206) :

— les matières à forte résonance symbolique : glaires, sang, pus, croûtes, débris de placenta (207), corps du nouveau-né, urine, excréments,

— les matières à résonance symbolique moindre.

En effet, les matières manipulées par les éleveurs, déchets du "vivant" développent des dégoûts, des inhibitions proches de la peur ; en particulier le placenta dont les morceaux ne sortent plus naturellement, comme autrefois, depuis la sélection des vaches.

2. Le type de "travail" réalisé par le corps et les sens de l'animal en liaison avec le désir de l'animal ou sans liaison avec ce désir, seul ou en présence de l'éleveur

Dans ce travail du corps, l'animal est actif, en partie autonome, par rapport au travail de l'éleveur :

— la copulation (saillie, monte), avec le bélier, le taureau, le verrat,

— l'accouchement,

— l'allaitement,

— la reconnaissance du nouveau-né.

Dans ces quatre situations de travail, où le travail de l'animal est accompagné du travail de l'éleveur et où le désir-pouvoir de

(206) Kristeva (J.), *Pouvoirs de l'horreur : essai sur l'abjection*, déjà cité.

(207) Loux (F.), *Le jeune enfant et son corps dans la médecine traditionnelle*, La tradition et le quotidien, Flammarion, 1978. "On enterre la délivrance auprès d'une fleur que l'enfant aimera toute sa vie." "Le placenta a une fonction fertilisante. Les utilisations symboliques du placenta le sont en tant que nourriture de l'enfant."

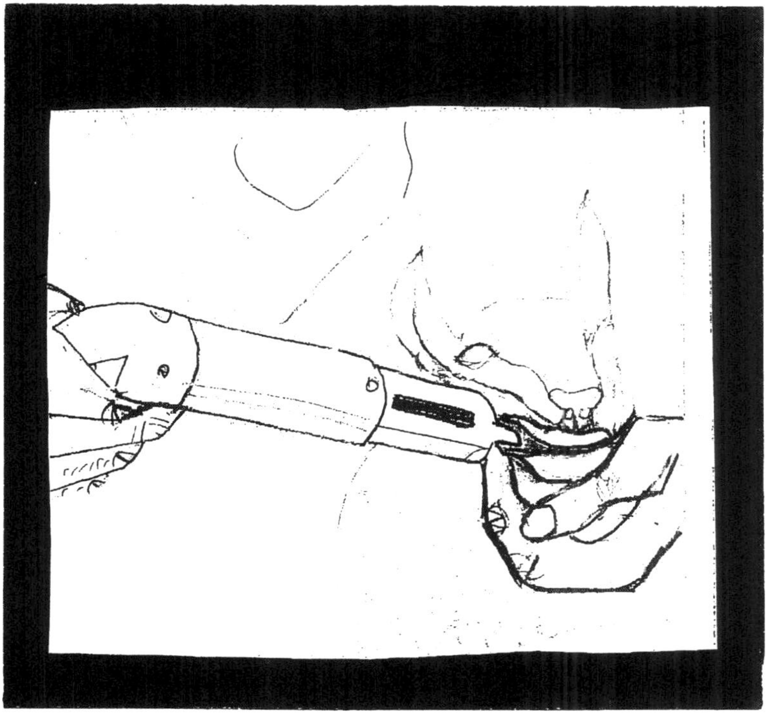

Planche d'outil de réflexion
sur le travail avec l'animal : le pistolet

l'animal met en échec le pouvoir de l'éleveur (en dehors des peurs fantasmatiques liées aux connotations "inquiétantes" et aux peurs paniques de la copulation et de l'accouchement), certaines inhibitions et blocages ou énervements émergent chez les éleveurs liés à ces situations particulières d'inversion où l'animal, par le travail de son corps, a une autonomie de manœuvre par rapport à l'éleveur. L'éleveur n'est pas le promoteur du "travail", il ne fait qu'assister. Il se heurte aux aléas du vivant : l'animal "résiste", ce n'est pas un objet inerte. Chez certains éleveurs, cette situation est insoutenable, et les met "hors d'eux". Nous présenterons quelques types de situations et tâches qui provoquent des peurs fantasmatiques fortes.

Les peurs de l'accouchement

Certains éleveurs de moutons comme des éleveurs de vaches, ont peur d'intervenir dans le corps de la bête lorsque l'accouchement se passe avec des difficultés ; il s'agirait pour eux de tourner la bête, de la tirer pour faciliter sa sortie et éviter des lenteurs, des déchirures de la bête et l'asphyxie du nouveau-né.

Dans le collectif de travail constitué par les éleveur (la qualification des éleveurs étant la plupart du temps collective), souvent la femme ou l'homme a peur d'intervenir à l'intérieur du corps. Alors, c'est au partenaire qui n'a pas peur d'accomplir cette tâche.

Ces peurs ont des conséquences importantes sur la pratique de l'agnelage et du vêlage, chez les éleveurs :

— elles entraînent des interventions tardives chez les éleveurs qui "craignent" ce type de manipulation où il faut "*regarder avec ses mains*" et intervenir sans hâte ni brusquerie ;

— elles entraînent une grande imprécision dans les gestes de repérage à l'intérieur de la bête et des gestes inadaptés dans la temporalité du travail d'accouchement et par rapport à l'espace interne de la bête gestante ; cette peur diminue les capacités de représentation de l'espace interne du corps et du repérage à la main des signes nécessaires pour comprendre et négocier la sortie en douceur de l'animal qui va naître ;

— elles entraînent également, chez l'éleveur qui a une forte peur fantasmatique et réalise malgré tout des interventions répétées et délicates, une forte anxiété, des troubles du sommeil, de l'appétit, et des glissements de symptômes. Le peur et le blocage des gestes sont dépassés et ont disparu, mais d'autres blocages ont lieu ailleurs ;

— elles entraînent également des blocages et inhibitions physiologiques liés à une peur panique qui interdisent les gestes de l'accouchement ;

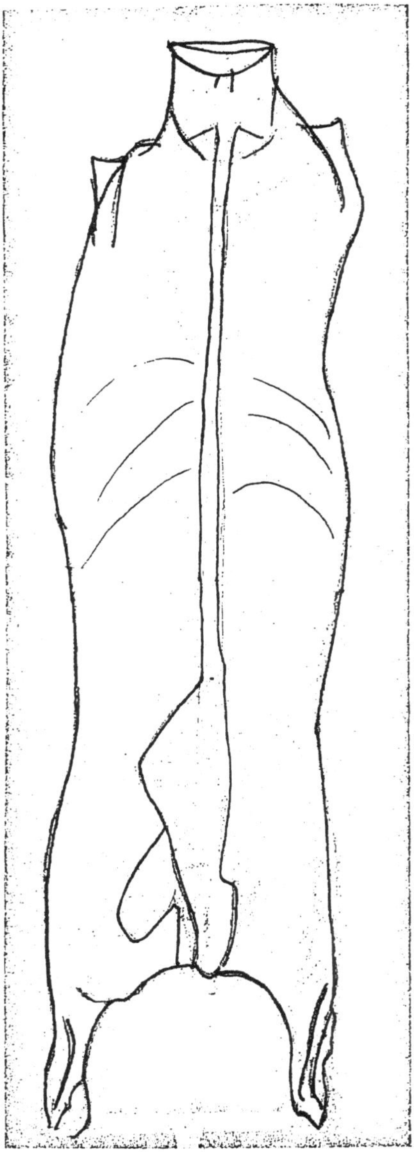

Planche d'outil de réflexion
sur le travail avec l'animal : croquis de carcasse et piqûre

— ils entraînent également une utilisation systématique et intempestive de la velleuse (208) pour sortir l'animal, alors que la situation de la mise bas ne le nécessite pas.

Cette utilisation inadaptée de la velleuse, ne permet pas de respecter les rythmes biologiques de la vache et entraîne surtout des déchirures qui sont lourdes de conséquences pour l'avenir de la vache gestante.

Les peurs dans les fouilles — Le non-visible — L'architecture intérieure du corps

La peur de fouiller les vaches est très forte chez certains éleveurs : dans les stages organisés par le CFPPA du Rheu, ils expriment cette inquiétude paralysante d'être engloutis, de tomber dans le corps de la bête, d'être avalés avec le bras (comme Jonas dans le corps de la baleine). Beaucoup d'éleveurs adultes dépassent cette peur après une formation sur l'anatomie et la physiologie de la vache, et une pratique guidée de cette tâche (209). D'autres ne dépassent pas l'angoisse suscitée par ce geste et vivent la fouille comme une pénétration de leurs propres organes, de leur espace intérieur obscur et menacé. "*Je vais tomber dedans, elles vont m'avaler*".

Les peurs des piqûres et de la mise en place de trocards

Les outils perçants du corps suscitent des peurs de risques réels mais aussi imaginaires, de blesser l'animal, de transpercer et non de percer la peau ou les organes, avec risque de mort.

La peur de l'autopsie

Les éleveurs sont très attachés à leurs bêtes, avec lesquelles, même si leurs pratiques sont très artificialisées, ils compagnonnent pendant plusieurs années et auxquelles ils s'attachent, ils s'identifient. Les nécessités de diagnostic les obligent à ouvrir la bête morte pour définir la cause de la maladie : ils ont une grande répugnance à travailler sur le corps mort, qui les renvoie à leur propre mort.

La peur de l'abject

Rejets d'avortement, déchets, suppurations issues de l'intérieur de la bête, des organes génitaux en particulier, suscitent dégoûts et

(208) Velleuse : dispositif qui tire la bête hors de la mère, grâce à un treuil et une manivelle.

(209) Un projet de vache gonflable (il existe des modèles anatomiques humains et animaux aux Etats-Unis à cette fin) permettrait d'explorer sur un modèle inerte, l'architecture intérieure du corps et d'en appréhender les contours, les limites de ces espaces intérieurs, non visibles.

Planche d'outil de réflexion sur le travail
avec l'animal : le biberon

craintes surtout s'il faut aller chercher à l'intérieur du corps le placenta, lié à la vie et à la reproduction et voué à la mort, à la pourriture. Ces déchets les renvoient à leur propre pourrissement, à leurs expériences réelles ou imaginaires, personnelles ou familières d'avortement, de ratage de la création.

La peur de la descente de la matrice

Parfois la bête perd sa matrice, elle sort du corps. L'éleveur a beaucoup d'angoisse et de mal à manier cet organe qui devrait se trouver "dedans" et est mis à nu, dehors, sans protection. C'est un incident qui demande de dépasser les peurs fantasmatiques et aussi de tenter, et ce n'est pas facile, de réintroduire la matrice, de réduire la béance qui a laissé s'échapper la matrice.

3. Méthodes de sollicitation du "dire des peurs"

Nous avons nous-mêmes avec l'aide de l'ITEB, en 1978, dans le cadre d'une recherche sur l'homme et la vache, réalisé un outil pédagogique audiovisuel à partir d'entretiens magnétoscopés d'éleveurs qui disent leur peur dans l'intervention lors des vêlages difficiles. Ce "dire de la peur" autorise, lors de stages de formation au vêlage, les éleveurs qui censurent en famille et en situation de formation/conseil cette peur pour des raisons de conformité sociale ("*quand on est éleveur quand on est homme, on n'a pas peur*"), à dire cette peur, à la négocier, l'amadouer par la suite et à l'aménager (210).

Un travail d'information sur l'utilisation de la velleuse, les risques pris par l'éleveur à hâter la mise bas, l'importance de replacer les vaches gestantes dans des conditions de commodité et de liberté de mouvements pour mettre bas, a été menée par la vétérinaire Jouanne Lemeur dans le cadre de l'EDE de Quimper depuis dix ans (211), ainsi que des travaux de recherches sur les accidents dans les vêlages en liaison avec le mode d'intervention.

A la suite des projets de recherche financés par l'ITOVIC, l'ITEB, sur le travail du moutonnier et de l'éleveur de vaches et de la réalisation, avec les éleveurs de vaches, d'un montage audiovisuel (212) sur les peurs, réelles ou fantasmatiques,

(210) Salmona (P. et M.), *L'homme et la vache*, déjà cité.
(211) Observation de quelques problèmes sanitaires autour du vêlage et en cours de lactation dans les élevages laitiers intensifs. Etablissement départemental d'élevage du Finistère, Stang, Vittan, Quimper, oct. 1979.
(212) Outil audiovisuel magnétoscopé sur le travail des éleveurs de vaches, *Corps à cornes* de V. Soriano, 1984, déjà cité.

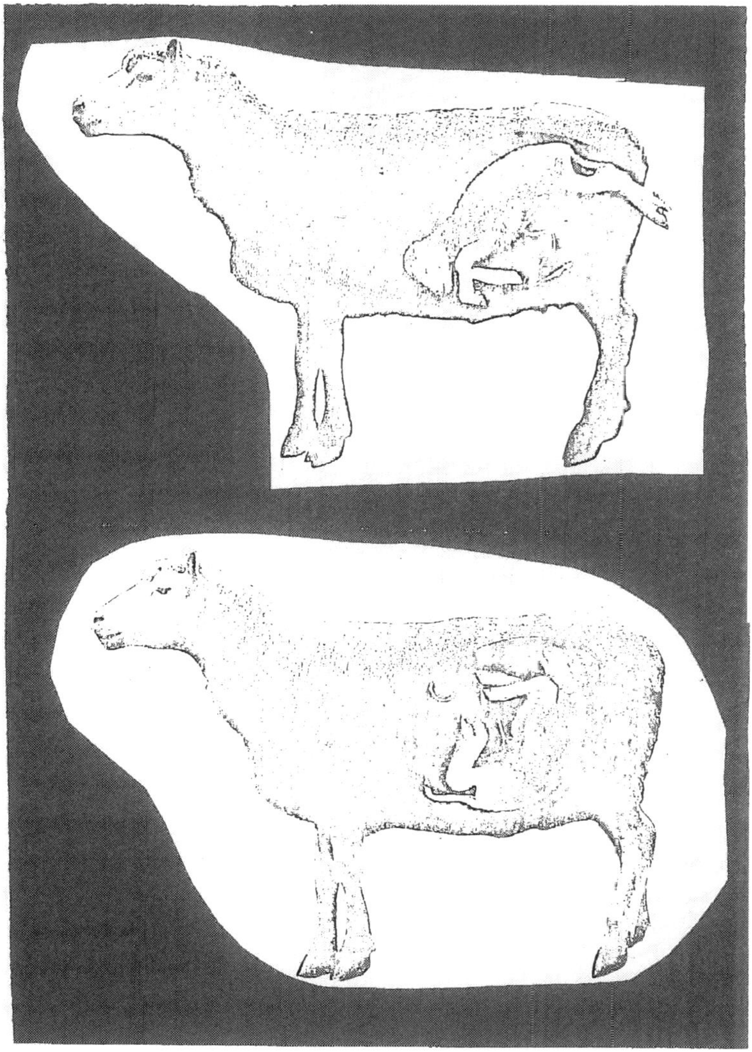

Planche d'outil de réflexion sur le travail avec l'animal : agnelages compliqués

Véronique Soriano a réalisé un film avec le soutien de Bruno Lebatteux et de l'équipe du CFPPA du Rheu, et les crédits de la CEE. Ce film, *Corps à cornes*, présente à la fois les acteurs dans leur situation de travail et leurs préoccupations et peurs dans la relation avec l'animal. Il a comme finalité de permettre à d'autres éleveurs de parler de leurs peurs, de leur relation, manipulation de la contention. Il a également pour objectif de former les formateurs, les conseillers agricoles, les techniciens et moniteurs à cette dimension spécifique du travail avec le vivant animal. Une aide dans la réflexion et le traitement du thème de ce film a été apporté par Claude Everte, psychanalyste et formateur.

Une autre forme de conseil économique et technique dans les organisations agricoles

Chez certains éleveurs, les blocages liés à l'anxiété, l'inhibition suscitée par la mise bas, sont très forts et le "dire" ne permet pas d'amadouer la peur. L'expression de la peur permet cependant de pouvoir, dans le cas d'une décision d'intensification de l'élevage et réorganisation de la division du travail, de réfléchir avec le conseiller à une redistribution des tâches de vêlage. Elle permet de confier ce travail à un membre du collectif qui n'a pas peur ou a moins peur. Cela évite les conséquences techniques et économiques négatives liées à l'obligation de réaliser une tâche à haut risque fantasmatique. Cela évite également la souffrance excessive entraînée par l'obligation d'intervenir, malgré sa peur, chez l'éleveur qui paie psychiquement, par une forte fatigue nerveuse, un sommeil perturbé ou un glissement des symptômes, cet effort de dépassement des peurs fantasmatiques.

Deux outils d'auto-réflexion sur les tâches d'élevage (213)

Nous avons, en 1970, élaboré pour les éleveurs de moutons deux outils permettant de dire ces peurs fantasmatiques.

1/ Une liste de 170 phrases-types d'éleveurs évoquant au sujet des tâches de soins, d'agnelage, d'intervention, la représentation de ces tâches et leur vécu, et les peurs qui y sont associées. Ces 170 phrases étaient commentées en famille, de manière à susciter une expression et une discussion dans le collectif de travail familial, sur les tâches, leurs représentations, leur "vécu" et les peurs ; une réflexion dans le cadre d'une décision

(213) Salmona (M.),"La culture économique et technique face au développement", n° 21, 1974, dans *Formation et développement*, revue *Options Méditerranéennes*, et aussi, "Des outils pour la formation techno-économique", revue *Education Permanente*, n° 24, juin 1974 (présentation d'outils d'autoréflexion des paysans éleveurs en particulier).

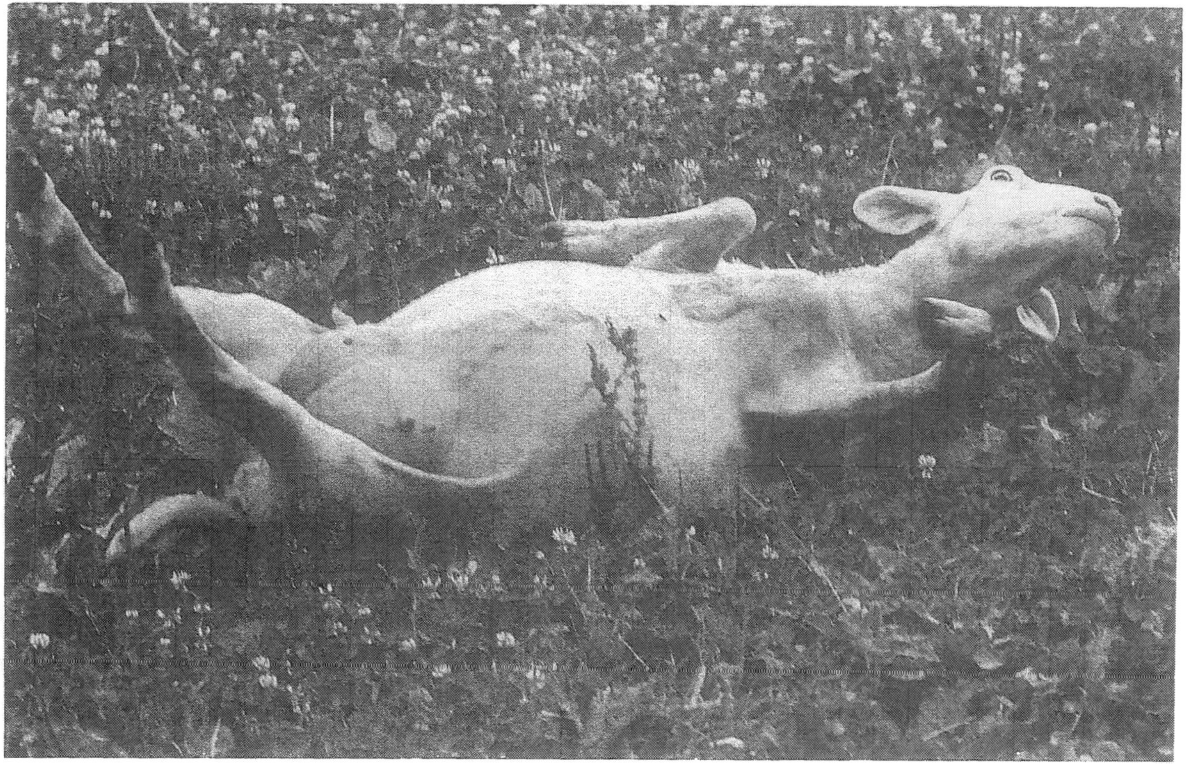

Planche d'outil de réflexion
sur le travail avec l'animal : la météorisation

d'intensification, d'un réaménagement de la division du travail, en fonction de ce vécu et de ces peurs, avait lieu également. Cet outil avait comme objectif de mettre en place une procédure d'expression, d'autoréflexion, en famille ou à l'intérieur d'un groupe d'agriculteurs "en développement" sur la distribution des tâches et le vécu des tâches, avec ou sans l'aide d'un conseiller agricole.

2/ Les planches incitatives sur les tâches à forts risques fantasmatiques. L'agnelage, l'autopsie, les piqûres, la mise de trocards, les drogages, le biberonnage, etc. En 1970, à la suite de la recherche sur le travail des moutonniers, faite pour l'ITOVIC et l'ANDA, à partir de gravures, de photos, que nous avons "atténuées", brouillées par la photocopie, nous avons constitué une série de planches permettant, lors de l'entretien avec les éleveurs sur les tâches de soins/pansage/accouchement, de s'arrêter sur une tâche à fort risque fantasmatique et de parler de manière plus précise que dans la foulée d'un entretien (linéaire et entraînant dans "l'ailleurs" le discours), des difficultés rencontrées.

Ces planches portent :
— sur l'utilisation de trocards sur des bêtes gonflées par la météorisation,
— sur les piqûres intramusculaires et intraveineuses particulièrement redoutées, car on a peur de transpercer la veine,
— sur les fouilles pour aider les agnelages difficiles et la peur de "*se faire couper la main*",
— sur l'autopsie et le refus/peur de manipuler le corps mort,
— sur les soins de nettoyage des maladies externes et de la peau qui suscitent des peurs d'arracher ou de détériorer la peau, mais aussi de manipuler des déchets du corps : croûtes, suppuration, placenta, glaires, morceaux du veau mort que l'on retire de la mère,
— sur l'univers de l'abject,
— sur l'utilisation du pistolet pour traiter les agneaux après la naissance (on introduit dans la bouche des agneaux qui viennent de naître des produits pharmaceutiques qui les vaccineront contre de nombreuses maladies. Ce mode de traitement par un instrument de pulvérisation dans la gueule du petit animal suscite la peur de l'asphyxier),
- sur le biberonnage : peur de s'adonner, en donnant le biberon aux agneaux ou aux veaux, à des tâches dévirilisantes pour les hommes.

4. Des peurs "mythiques"

La disparition du troupeau

Les éleveurs de montagne rêvent et parlent de troupeaux qui disparaissent, soit par la chute d'une falaise, chute dans un gouffre, à la suite d'un orage, d'un affolement, d'une maladresse des hommes ou des chiens. La perte est totale, brutale, irréversible et rapide. Le troupeau est anéanti, il n'y a pas de survivants à la catastrophe : ce thème hante leurs visions nocturnes. Il court dans l'imaginaire collectif des éleveurs (214) (215). Ces "accidents" sont rares mais très présents dans la mémoire collective des éleveurs. Avec la désertification rapide des zones de montagne et des plateaux, les éleveurs qui transhument en montagne sont eux-mêmes affrontés à ces possibilités de disparition brutale du troupeau dans le cas d'un orage, d'un éboulement, d'un affolement des bêtes. Ces vingt dernières années, un certain nombre de cas d'anéantissement du troupeau se sont produits. Pour aider les bergers et les éleveurs à affronter la solitude et la catastrophe toujours possible sans se sentir trop isolé, il a été mis récemment en marche un système de liaison (téléphones à distance) entre les éleveurs seuls en montagne et les centres de basse vallée, centres de surveillance. En cas de difficulté naturelle grave, l'éleveur peut appeler un secours d'urgence.

Les rêves, la peur et le métier

Comme on l'a montré dans *La banque des rêves* (216), les éleveurs rêvent de risques réels (coups, coups de pied) et d'impossibilité de trouver des solutions à des problèmes techniques. Par exemple, à plusieurs reprises des éleveurs de montagne nous ont raconté leur peur, dans les rêves, de ne pas trouver l'ensemble des pâtures collectives sur lesquelles les brebis broutent l'été. Comme la peur de voir disparaître le troupeau dans une catastrophe (orage, chute dans l'abîme) ; un des soucis permanents qui réapparaît dans le rêve des éleveurs, c'est de ne pas trouver la nourriture nécessaire aux bêtes. Deux cas de figure reviennent souvent dans les rêves : peur de ne pas pouvoir nourrir et la peur de ne pas pouvoir protéger.

(214) Jeannne Labrune a eu le projet d'un film sur ce fantasme et a beaucoup travaillé sur l'imaginaire des éleveurs de Massat en Ariège. Cinéma du quotidien merveilleux, *La guerre des demoiselles*, *La fenêtre*, *La digue*.
(215) Brisebarre (A.-M.), *Bergers des Cévennes : espace des hommes*, Berger/Levrault, 1978.
(216) Duvignaud (J.), Duvignaud (F.), Corbeau (J.-P.), *La banque des rêves : essai d'anthropologie du rêveur contemporain*, Payot, 1979.

5. Transformations du travail et évolution des peurs

Les travaux de la psychiatrie du nourrisson, de pédiatres, de psychanalystes (en particulier Bowlby, Anzieu), et des analystes groupés autour des recherches des *Cahiers du nouveau-né* convergent sur l'influence des incidences de la vie intra-utérine, des conditions de la naissance, de l'importance de l'encordage du petit enfant à sa mère (ou à son substitut), dans les premiers mois de la vie. Ces travaux convergent également sur les difficultés de l'adulte liées à un maternage étouffant et anxieux, interdisant une autonomisation de l'enfant, ou à une indifférence/rejet produisant chez l'enfant une impossibilité de construire avec la mère cette enveloppe qui lui permet de survivre psychiquement et d'accepter l'absence progressive de la mère. Dans le cas de surmaternage, il se vit englouti, fusionné avec le corps de la mère, sans séparation, sans peau, en constante situation de se perdre, s'écouler, se dissoudre. En liaison avec les mêmes causes, il se vit envahi. Dans d'autres cas, d'une mère indifférente, agressive ou habitée par des angoisses de mort, le petit enfant se vit également flottant, sans contours, envahi ou en danger de se dissoudre, de disparaître. L'encordage, l'attachement se développent dans des conditions qui rendent difficile la constitution d'un "moi-peau", d'une enveloppe délimitant la séparation d'avec le corps de la mère (217).

Mais l'étiologie de ces peurs ne renvoie pas uniquement à l'histoire personnelle des éleveurs et aux avatars de la petite enfance. Des phénomènes sociaux, structurels, liés à l'évolution du travail, à la production du vivant animal et aux exigences de rentabilité économique provoquent des effets sociaux-collectifs, de déverouillage des peurs archaïques. L'accélération de l'artificialisation des techniques du vivant entraîne chez les travailleurs du corps, des éleveurs en particulier, des phénomènes massifs d'émergence de peurs d'engloutissement, d'écoulement. Ces phénomène sont apparus dans les élevages intensifiés, où la cadence de la reproduction, de la mise bas, des traitements, transforme l'animal en machine-objet mort ou être vivant, tortionnaire-torturé et renvoient à l'éleveur, miroir de l'animal, ce visage de machine mais aussi de tortionnaire-torturé. Alors, les constructions imaginaires rassurantes élaborées au cours de la vie, sur l'image du corps, volent en éclat (218) sous la pression des cadences, des contraintes de la production du vivant et précipi-

(217) Anzieu (D.), "Le moi-peau", dans "Le dedans et le dehors", *Nouvelle Revue de Psychanalyse*, n° 9, Gallimard, 1974.
(218) Salmona (M.), *Vulgarisation scientifique en agriculture : apprentissage précoce / imaginaire et technique*, déjà cité.

tent les éleveurs intensifiés dans une parole "psychotique" (219) d'envahissement-écoulement, de perte des limites entre l'intérieur et l'extérieur, de menace permanente de dissolution des êtres.

Les éléments familiers du travail de l'éleveur — fumier, microbes, déchets —, deviennent, par leur métamorphose (le fumier devient lisier, immaîtrisable et menaçant car liquide) ou par leur présence massive, des "ennemis" qui ne vous laissent pas un instant de repos (220).

Le frère de Goys, qui a fondé la première école de salariés vachers-porchers de Canapeville, avait, dès 1968, prévu l'incidence sur les pratiques amoureuses et sexuelles des éleveurs et sur leur psyché, de la vulgarisation massive de techniques artificielles d'insémination.

Ces transformations radicales dans les rapports de l'homme et du vivant, comme le souligne Tibon-Cornillot, posent question : "*Les progrès de la biologie génétique permettent de prévoir une extension considérable du traitement industriel du vivant ; quel statut conserve donc les représentations du corps là où le bouleversement des limites du corps par les techniques rejoint l'expérience du rêve et des psychoses ?* (221)"

Comme le souligne Roger Bastide (222), les rêves et fantasmes, loin d'apparaître aujourd'hui comme libération de l'imaginaire, apparaissent plutôt comme un redoublement de l'oppression de l'activité du travail (223).

D — LES FONCTIONS PSYCHOLOGIQUES ET SOCIALES DU TROUPEAU

L'économie affective de l'éleveur et de sa famille vont être dépendantes et déterminantes de et pour l'économie de l'exploitation. Comme le montraient si finement les travaux de François Gauchet sur les rôles et les styles de travail, des styles différents peuvent aboutir aux même résultats (chaque travail aussi

(219) Le Tacon (J.-L.), *Cochon qui s'en dédit*, film déjà cité.
(220) Soriano (V.), *Les trois petits cochons* et *Les matériaux dans l'autoconstruction*, déjà cité.
(221) Tibon Cornillot, "Des automates aux chimères", dans revue *Milieux*, n° 23/24 1986. Thom (R.), "Artefacts et structures infravivants", revue *Connexion*, n° 30, "Nouvelles approches de structures artificielles dans les sociétés industrielles", EPI, 1980.
(222) *Les sciences de la folie*, Mouton, La Haye, 1972. Introduction de R. Bastide, ouvrage collectif.
(223) Perec (G.), *La boutique obscure*, éd. Denoël-Gonthier, 1973. "Cause commune du pamphlet à la théorie", postface de R. Bastide.

complexe soit-il peut être réalisé selon plusieurs styles). La variété de réalisation des mêmes rôles techniques, en particulier dans l'élevage, montre cette plasticité des styles de réalisation des rôles techniques.

Comme dans toute typologie, aucune fonction dégagée dans notre typologie n'est pure, mais elle est dominante et détermine un style de réalisation de rôles. D'autre part, le travail d'élevage relève d'une qualification collective puisque le collectif de travail est une famille et la femme, le fils ou le père de l'éleveur, modulent le style du chef d'exploitation et le complètent.

Les fonctions psychologiques et psychosociales remplies par le troupeau modèlent les formes de conduites du troupeau, les résultats techniques et économiques et les perspectives de développement (224). La finalité de sa production et de sa vie personnelle en fonction de ces objectif. Nous avons tenté d'isoler des types de rapport troupeau-éleveur. Ce sont des dominantes que l'on rencontre dans les élevages avec beaucoup de netteté et de fréquence.

Le troupeau "refuge-passion"

Certains éleveurs se réfugient dans l'élevage et l'animal sert, par un travail intensif, à résorber des difficultés graves du point de vue psychologique. Dans ce cas, l'élevage progresse, rapporte. Mais des dissonances existent au niveau du troupeau et de la famille. Les difficultés affectives de l'éleveur, en partie résolues par un travail intensif, réapparaissent sous divers aspects.

"*L'élevage des bêtes permet à ces éleveurs de constituer et de sauver leur identité. En cela, l'élevage remplit pour eux une fonction de réparation* (225)."

Les résultats techniques ne sont pas très bons, l'éleveur n'arrive pas à soutenir un effort sur tous les plans, en particulier intellectuel, de hiérarchisation des tâches. L'éleveur s'épuise dans son travail et s'y enferme : il risque d'hypothéquer son avenir, même s'il a les possibilités intellectuelles et les moyens matériels de conduire son troupeau. La famille est coupée de l'activité de l'éleveur. La femme ou la compagne et les enfants ressentent le

(224) Premier colloque d'ethnoscience, nov. 1976, Paris, cf. Salmona (M.), opus cité.
(225) Soriano (V.), *Choisir et réussir son élevage ou le roman de la technique et de la passion*, ministère de l'Agriculture, DGER/CFPPA Rennes Le Rheu, mission technique BAP, Fondation de France, mars 1985. Réparation (selon le *Dictionnaire psychanalytique* de J. Laplanche et J.-B. Pontalis, déjà cité) : "Mécanisme décrit par Mélanie Klein, par lequel le sujet cherche à réparer les effets sur son objet d'amour de ses fantasmes destructeurs (...). Les fantasmes de réparation ont ainsi un rôle structurant dans le développement du moi".

troupeau comme un concurrent affectif, de manière parfois insupportable. Il arrive que les bêtes soient mieux traitées que le groupe familial des éleveurs. Certains des résultats économiques et techniques sont en "dents de scie".

Le troupeau "moyen de pouvoir"

Certains éleveurs assujettissent la famille et le troupeau dans une même discipline de vie et de travail, afin d'accroître le troupeau, de l'améliorer, et le troupeau devient une fin en soi, tout et tous y sont soumis. Ils expriment leur désir de pouvoir personnel, social et financier à travers le troupeau. Il y a réussite économique et technique, mais diverses dissonances apparaissent dans la vie familiale et la vie de l'entreprise :

— le travail "au troupeau" a épuisé les capacités créatives et de développement de la femme et des enfants, dans une activité de manœuvre,

— l'argent gagné avec le temps ne sert ni à l'épanouissement de la vie familiale ni à l'amélioration des conditions de travail,

— l'avenir familial est hypothéqué car l'équilibre technico-économique reposant sur un équilibre humain sans ouverture, risque d'éclater,

— les enfants ne veulent pas succéder au père, leur force de travail a été exploitée par le père. Certains sont tombés gravement malades (226).

Le troupeau, "jeu intellectuel"

Certains éleveurs considèrent le troupeau comme un objet : objet d'expérimentation qui peut se plier à toutes les manipulations et modifications que l'on peut faire subir à un objet. Le rapport aux bêtes est un rapport de domination/réification. Cette attitude liée à une grande activité intellectuelle et à un désir de pouvoir intellectuel sur les choses et les êtres, entraîne un certain épanouissement lié à ce jeu intellectuel, mené à travers le troupeau. Mais une série de dissonances se développent dans la vie de la famille et de l'exploitation : l'expérience est démiurgique, l'aventure dépasse l'homme. En effet, dans ce cas, la relation à la bête n'est pas équilibrée et ne tient pas compte de certains impératifs liés au vivant qui nécessitent une certaine prudence dans l'expérimentation.

(226) Salmona (M.), *Evaluer les politiques publiques d'incitations économiques : les coûts humains de l'incitation chez les travailleurs indépendants*, chapitre "Le travail des adolescents", CAESAR, Paris X-Nanterre, 1987.

La marche de l'exploitation est perturbée sur le plan économique et technique. Il y a des "pépins" prévisibles pour un éleveur dont le rapport aux bêtes ne serait plus corporel, affectif, égalitaire. La vie familiale subit les conséquences de cet investissement intellectuel passionnel qui, comme dans le cas du troupeau-refuge, sépare la famille de l'éleveur. Les résultats économiques et l'avenir sont hypothéqués par les risques de conflits et techniques. Ces phénomènes sont marqués chez les éleveurs qui ont une formation d'ingénieurs, qui reproduisent l'histoire de *L'île du Docteur Moreau*, et qui tentent de transposer "à la lettre" de nouveaux savoirs et savoir-faire génétiques, véhiculés par les structures de vulgarisation technique et scientifique sur leur troupeau, sans prendre le recul nécessaire. Les techniques de laboratoire d'intensification n'entraînent pas toujours les résultats escomptés dans les troupeaux vivant dans des zones difficiles.

Le troupeau, moyen de transgression de la domination et des rapports sociaux de sexe

Pour diverses raisons (précarité de la situation socio-économique d'origine ou difficulté liée à leur condition), un certain nombre d'éleveurs et d'éleveuses peuvent révéler à travers la création et la conduite du troupeau, toute la gamme de leurs capacités intellectuelles, leurs compétences et leur dynamisme, qu'ils ne pouvaient pas révéler autrement. Pour les femmes, c'est la possibilité d'exprimer une série de sentiments et de conduites censurées par la société (les conduite jugées "viriles" de responsabilité économique, de gestion d'entreprise, de commercialisation et d'influence sociale). En effet, dans l'agriculture, si l'on accepte que la femme joue un rôle de manœuvre non qualifié, de bouche-trou dans la production, on accepte mal qu'elle ait des responsabilités techniques et de commercialisation, ni qu'elle ait des responsabilités sociales. D'autre part, ces dernières acquièrent par la constitution du troupeau, une indépendance financière par rapport au mari et un partage des rôles économiques, ainsi qu'une indépendance socio-affective. Certains fils de paysans pauvres ont constitué le troupeau dans leur adolescence, dans le but (avec la complicité de la mère ou du grand- père) de s'émanciper de l'autorité et de la dépendance économique du père. La constitution d'un troupeau ovin en particulier est un moyen de constituer sans argent, à la sauvette et lentement, un capital, et de trouver par le statut d'exploitant un métier et la possibilité d'utiliser ses compétences.

Cependant depuis vingt ans, l'installation d'urbains reconvertis à l'élevage et de filles de paysans, possédant un statut d'exploitantes, montrent que les préjugés concernant la compétence des femmes, de la part des éleveurs, n'est pas facile à dépasser. La prise de rôles sociaux et économiques-techniques et syndicaux des éleveurs rencontre des résistances. D'autre part, dans la réalisation de ces nouveaux rôles féminins, il n'est pas facile pour un homme de "trouver sa place" avec une éleveuse et son troupeau : les hommes ont du mal à les supporter (227).

Il est à noter qu'autrefois, dans le cas de la venue d'un hommes dans la maison d'une femme, en Capcir (228), le pouvoir de la *patrona (Cap de case)* est despotique, la dévalorisation du statut du mari conduit à une anomie porteuse d'une grande instabilité conjugale et peut pousser l'intéressé au suicide.

D'autre part, la socialisation des enfants a beaucoup de difficultés à se réaliser !

Le troupeau collection

Pour les éleveurs faisant de la sélection, le troupeau, comme une collection, est investi de motivations particulières : chaque bête de race, chaque bête qui naît ou qui est à naître, est un objet qui ne prend, comme pour les collectionneurs, sa signification que par rapport à toutes les autres bêtes de la même race du troupeau et des autres troupeaux existants et de même qualité. L'éleveur est poussé en permanence par le désir d'arriver à créer ou acquérir l'objet rare qui manque dans la série des objets qu'il possède déjà et qui existent ailleurs. Il est habité par le désir de compléter cette collection qui n'est jamais finie, et ce désir l'aide à développer une temporalité sans fin. La mort est présente dans ce désir de fabriquer de beaux reproducteurs. La généalogie et la collection abolissent le temps (229). Faire des reproducteurs, c'est lutter contre la mort.

D'autre part, l'orientation vers les reproducteurs amène l'éleveur à une sociabilité particulière : les éleveurs qui font de la reproduction se connaissent, se fréquentent, ont des activités de concours, de rencontres, vivent en réseau d'amitié assez fermé et de sociabilité intense, qui procurent des satisfactions, des échanges et des stimulations ; on fait partie d'un club, on est une élite.

(227) Entretiens avec des éleveuses militantes, ITOVIC, CEP, FNGEDA, 1980/83.
(228) Assier-Andrieux (L.), *Coutumes et rapports sociaux. Etude anthropologique des communautés ariégeoises du Capcir*, éd. du CNRS, 1981, déjà cité.
(229) Baudrillard (J.), *Le système des objets*, Gallimard, 1968.

Le troupeau "rééquilibrateur"

Certains éleveurs, très compétents, trouvent dans la conduite du troupeau un moyen de résoudre leur besoin de responsabilité, leur sentiment de culpabilité, leur activisme masquant une certain anxiété. Ils rééquilibrent, grâce à la conduite du troupeau, leur vie personnelle et excellent dans les travaux de naissage et de soignage des bêtes, de maternage. Ils ont cependant tendance à entretenir avec les bêtes un rapport de dépendance qui peut, par instant, freiner l'épanouissement de certains aspects de leur vie affective. Les résultats techniques et économiques sont bons, mais les résultats économiques pourraient être meilleurs, car certaines charges économiques sont trop liées au type de relation affective établie avec les bêtes et pourraient être diminués : par exemple, les bêtes sont nourries d'une manière peu économique, elles sont soignées également de manière "superprotectrice", ce qui augmente les dépenses en vaccins, traitements, etc. Nous rencontrons ces styles de gestion technique du troupeau dans les deux sexes. Mais ce cas est assez fréquent chez les éleveuses, atteignant les cinquante ans et dont les enfants ont quitté la maison : elles reconvertissent leurs intérêts affectifs sur les bêtes.

Le troupeau "défi à l'histoire et au temps, et lieu d'enracinement"

Pour certains éleveurs, la constitution du troupeau est un défi aux transformations économiques et sociales. A travers l'action du troupeau et de l'exploitation, ils prennent une revanche vis-à-vis d'une société perçue comme injuste et agressive, dévoreuse de la société rurale. Ils règlent des comptes également avec, dans certains cas, une microsociété, une famille, perçue elle-même comme opprimante à leur égard, déchirée de conflits, traversée d'échecs.

Par un travail intensif, ils libèrent leur agressivité, leur sentiment de frustration et mènent la conduite du troupeau comme un combat, une lutte contre le temps, l'histoire. Ils sont ouverts à l'innovation dans la mesure où elle concourt à résister aux mouvements de l'histoire. Ils désirent protéger le passé, parfois à travers l'acharnement à reconstituer une race, par exemple la race ovine rava en Auvergne. Leurs résultats économiques et techniques sont bons. Les résultats techniques risquent parfois d'être irréguliers dans la mesure où l'agressivité des éleveurs, liée à certaines tensions, les amène à ne pas toujours instaurer une relation d'échange stable et régulière avec le troupeau. Le travail intensif, lié à cette tension pour "prouver leurs thèses" rapidement, entraîne des à-coups dans leur vie sociale et un certain déséquilibre dans les rapports sociaux. L'avenir est ouvert dans la mesure où les enfants ne souffriront pas trop de la tension et de l'effort fourni par les parents. Le mouvement de retour à la terre des jeunes urbains après 1969 (230) vers les zones de montagnes désertifiées, véhicule également ce désir de recréer une microsociété à l'échelle humaine, et de protéger la société de la destruction de la nature et des espèces animales rustiques : ce mouvement entraîne ce que Hugues Lamarche nomme un effet de relocalisation (231).

Le troupeau "moyen d'entreprendre"

Certains éleveurs éprouvent pour leur troupeau un intérêt réel, mais équivalent à celui qu'ils portent à d'autres productions : la relation qu'ils entretiennent avec la bête n'est pas une relation de dépendance ni de domination ; le troupeau est un produit. Cependant, dans leur activité de production, ils n'apportent pas toujours les compétences particulières au producteur de "vivant" materneur et soigneur où précision et méticulosité sont nécessaires à un produit aussi peu normalisé et aussi fragile que la bête (mouton ou vache). Ce sont des lanceurs de produits et ils privilégient la création et le lancement de produit "au suivi" et à la personnalisation nécessaires à ce type de produit. Leurs résultats économiques sont bons, les résultats techniques le sont quelquefois moins. La famille est intégrée à cette activité créatrice et ce dynamisme général l'épanouit. L'avenir est ouvert, mais demande que les enfants aient autant que les parents le goût du travail et du risque.

E — TACTIQUES ET STRATÉGIES AVEC L'ANIMAL

Les éleveurs, dans leur activité quotidienne de travail avec l'animal, ont une série de tactiques et de stratégies liées à la résolution-réalisation d'activités précises dont nous allons tenter d'énumérer la diversité, car elles relèvent des conduites

(230) Salmona (P. et M.), recherche/action sur l'installation de jeunes éleveurs bergers et chevriers, déjà citée.
(231) Lamarche (H.), "Localisation, délocalisation, relocalisation du milieu rural" dans *L'esprit des lieux : localités et changement social en France*, éd. du CNRS, 1986.

intellectuelles et affectives, et d'investissement corporels-gestuels multiples et différents de ceux des maraîchers et producteurs de végétaux.

Nous aborderons également certaines conduites globales de jubilation ou d'absence au corps, de déambulation enfin.

1. Les tactiques dans le quotidien du travail avec l'animal

— Tactiques de la lenteur, l'art du non-agir, de faire le mort
— Tactiques du leurre, de la ruse
— Tactiques de violence
— Tactiques de la saisie et de la surprise
— Tactiques avec la maladie grave et le pari de l'absurde

Les tactiques de l'immobilité, du non-agir et de la lenteur : l'art de ne rien faire/faire le mort

Un certain nombre de tâches avec l'animal relèvent des tactiques du non-agir, ou de la lenteur.

a/ La reconnaissance des agneaux par leur mère

Dans la situation capitale pour la survie des agneaux, qui implique que la mère, à la naissance, reconnaisse les nouveaux-nés (pour les alimenter rapidement et leur permettre de survivre), l'éleveur doit faire preuve d'une gamme complexe de savoir-faire et exécuter une suite articulée de techniques qui sont à contre-courant des principes d'efficacité : ne pas agir, attendre, agir lentement. Lorsque de nombreuses mères ont agnelé, que les bêtes sont toutes mélangées, que la cohue et le désordre règnent dans la bergerie, que "*personne n'y retrouve son petit*", que la confusion générale s'installe, une tactique évoquée en permanence par les éleveurs est de sortir de la bergerie, ou d'être absent, de "*faire le mort*". L'action liée au désir d'accélérer la reconnaissance des agneaux par leur mère, risquerait de produire un désordre supplémentaire et d'obscurcir ce travail complexe qui passe par des odeurs, des attouchements, des sons. L'action introduirait des parasitages, par la présence, l'odeur, l'agitation du corps de l'éleveur et diminuerait les chances de nouer ces liens complexes entre la mère et le nouveau-né. Il faut laisser les bêtes entre elles et être absent de la scène.

L'autonomie d'action des bêtes est importante et le pouvoir de l'éleveur est limité par ce qui se tisse hors de lui, en dehors de sa volonté et qui lui échappe. Il "doit" accepter que ce travail de reconnaissance se produise en dehors de sa volonté. Il reconnaît du même coup la complexité de ce travail, dont les mécanismes lui échappent et qu'il abandonne aux protagonistes — mère et agneau — sur une scène dont il est absent. Il dépend alors du bon vouloir des bêtes entre elles. Il accepte qu'un ordre se constitue en dehors de sa propre volonté et que les conditions de réalisation de cet ordre, de cette résorption du désordre, résident dans son abstention de la scène. Il accepte du même coup de "perdre du temps", de ne rien faire, "*va faire un petit tour et revient une fois l'ordre établi entre mères et enfants*".

b/ L'adoption provoquée

Après cette première phase d'abstention, si au bout d'un certain temps certains agneaux n'ont pas été adoptés, une tactique de déambulation lente de l'éleveur, traînant par les pattes et au bout de ses bras l'agneau sur un parcours, dans le pré, hors de la bergerie, permet à la mère de l'isoler du troupeau, en sortant elle-même ; elle le suit lentement, à l'odeur, derrière l'éleveur, puis quand elle l'a reconnu, tous trois rentrent doucement à la bergerie.

c/ Fécondation — la monte contrôlée

Les brebis sont fécondées dans certaines bergeries selon une procédure systématique : on enferme le bélier dans une cage avec la brebis pour contrôler la monte et utiliser économiquement le bélier. Brebis et bélier ne s'accouplent pas instantanément, le temps est variable selon l'humeur du bélier et de la brebis. Dans ce cas également, l'autonomie des bêtes dans la réalisation de l'acte est importante et l'éleveur est obligé d'accepter ce temps perdu, il ne peut pas hâter l'action. Certains éleveurs ont des difficultés à supporter cette attente qui marque l'autonomie des bêtes par rapport à la volonté de l'éleveur. Actuellement, des formules plus expéditives et systématiques d'insémination sont utilisées et ne nécessitent donc plus l'intervention du géniteur.

d/ Apprendre à téter et à rechercher la mamelle

La survie des agneaux à la naissance dépend, en grande partie, de la rapidité avec laquelle ils vont apprendre à téter ; cela dépend d'éléments mesurables et contrôlables, conditions de confort, d'ambiance de la bergerie, chaleur, place pour les agneaux et les mères, mais également des réactions de la mère et du groupe constitué par mères et agneaux, et enfin de l'agneau. Si la mère est agressive et repousse l'agneau, ou ne montre pas d'intérêt pour l'agneau, si un autre agneau (cas de naissance multiples ou d'agneaux qui volent une mère à son nouveau-né) systématiquement prend rapidement la place sous la mère pour téter, l'agneau de la mère se décourage, ne fait pas d'effort pour apprendre à téter, à approcher la mère (232), à rechercher la mamelle. Cette activité spontanée est barrée par un certain nombre de perturbations venues de l'entourage/interaction avec les autres bêtes. Avec la multiplication des techniques de reproduction, chaque mère peut donner trois agneaux. Dans cette situation également, l'éleveur intervient pour stimuler et protéger un agneau et encourager la mère à l'allaiter, sous des lampes qui chauffent les deux autres agneaux (des doubles, des triples) souvent fragiles car d'un poids plus restreint que lors des naissances simples ; l'éleveur leur apprend à téter, condition de survie des bêtes. Ce travail est refusé dans les grandes bergeries à fort effectif par certains partenaires du collectif de travail, car il exige patience et lenteur (233). Toutes ces tactiques nécessitent que l'on accepte d'être médiateur, support, et que l'on ne soit ni acteur, ni initiateur, ni maître d'un phénomène. C'est un mode d'investissement dans la relation au monde et dans l'action qui se retrouve dans d'autres activités, par exemple dans la relation du potier avec le feu et la cuisson : le potier sait que c'est le feu, sa qualité, son intensité qui permettront la transformation de ses poteries. Il n'est qu'un médiateur, le travail de transformation se fait sans lui, hors de lui, à partir de phénomènes dont il n'a pas toutes les données et qu'il ne contrôle qu'en partie (234), conception proche de celle que Jean-Pierre Vernant décrit chez les artisans grecs (235) : l'art du renoncement à la compréhension et à la maîtrise du phénomène auquel on participe.

La tactique du leurre

Dans l'adoption comme dans la contention, la tactique du leurre est importante. Certaines tactiques du leurre sont douces, d'autres sont des tactiques plus violentes, non pas dans la forme, mais dans l'effet produit sur la bête.

a/ Les tactiques de leurre douces

• L'adoption - le leurre par odeur interposée

Dans l'Aubrac, quand on veut faire adopter un veau par une vache qui a perdu le sien, on recouvre le veau de la peau (et de

(232) Poindron (P.), Le Neidre (P.), *Le comportement du jeune agneau*, institut d'élevage ovin, session 1980.
(233) Au GAEC de Sureau, un élevage de 1 700 brebis, une seule personne se chargeait de ce travail d'apprentissage de la tétée.
(234) Salmona (M.), *Une communauté d'artisans alsaciens devant la modernisation - aspects psychosociologiques*, 1966, AFAP.
(235) Vernant (J.-P.), *Mythe et pensée chez les Grecs, Etude de psychologie historique*, Maspéro, 1965.

l'odeur) du veau mort (236). On peut aussi enduire le nouveau-né de sécrétion de la mère ou du nouveau-né mort, pour que la reconnaissance se produise.

• La traite

On utilise la nourriture pendant la traite pour distraire les bêtes et en même temps pour réaliser plus tranquillement l'activité mécanique de traite, qui n'est pas toujours bien acceptée par les vaches ; on déplace leur attention sur une activité annexe gratifiante, on pratique des leurres de ce type pour réaliser certains soins également.

• La contention

Dans les activités de contention, l'éleveur à l'aide de ses bras ou d'objets qu'il agite, oriente l'attention et les mouvements de la bête vers une direction précise et utilise, comme le torero, le résultat du leurre pour se saisir de la bête, sans danger.

b/ Le leurre et la fascination du réciproque

Dans la corrida, la tactique de la ruse et du leurre est portée à ses extrémités de raffinement et d'efficacité. Comme l'analyse Catherine Clément, le leurre entraîne l'animal dans une dépendance intime du torero, sous l'effet de la fascination. *"Templer", temple veut dire "s'accorder", mais cela veut dire aussi tempérer, modérer, nuancer. Et on verra comment cet accord au rythme du taureau peut, quelquefois, devenir un accord du taureau au rythme du torero, par un soudain renversement comme si c'était le taureau qui demandait lui-même hypnotisé par la maîtrise du torero, que sa proie lui échappe (237)."*

c) Le leurre violent

Dans certains groupes d'éleveurs (238), on jette les chiens sur les bêtes nouvelles-nées, pour susciter l'instinct maternel des mères, pour qu'elles réagissent et adoptent leur progéniture.

(236) Royer (C.), *Les hommes des burons*, déjà cité.
(237) Coupry (F.) et Clément (C.), *Torero d'or*, Hachette, 1981, déjà cité.
(238) En Aubrac, les hommes des burons ont des tactiques de leurre. Cf. Royer (C.), opus cité.

Les tactiques de violence

Les éleveurs utilisent aussi des tactiques de violence, coups au bâton, au pied, et avec des liens. Ils immobilisent l'animal, soit par des liens et des bandes soit dans des cages de contention en métal. Dans l'ensemble, les éleveurs n'aiment pas utiliser la violence et la force avec les animaux et ne le font que s'ils y sont obligés ou si certaines instances de leur personnalité les y incitent. Cependant, des dimensions culturelles doivent probablement jouer entre régions et micro régions sur la manière d'utiliser la force et la violence pour approcher, savoir contenir les bêtes, ou les faire déplacer.

Le discours des femmes (239) et des hommes varie à ce sujet : il semblerait que les femmes préfèrent les tactiques douces et que ce soit un sujet de conflit dans les familles lorsque les hommes, à la suite de coups donnés, aux vaches en particulier, produisent des dégâts physiques sur les animaux (tétons abîmés). Dans les textes des éleveurs, une des recommandations et des caractéristiques de la qualification est de traiter les bêtes avec douceur.

Tactiques de la saisie et de la surprise

Avec les animaux domestiques comme avec les bêtes sauvages, il est parfois nécessaire de réagir très rapidement, saisir une opportunité au moment le plus imprévu et l'utiliser pour réaliser des tâches délicates/complexes dans un temps très court, avec une grande précision (tâches sanitaires en particulier). Parfois, ces opportunités sont liées à des tâches concernant le maternage des bêtes. Il faut saisir la situation qui se présente brusquement, qui permettra la réalisation d'une tâche de nutrition, de pesée ou de contention. Mais il faut surtout savoir répondre à des incidents et trouver des solutions.

Ces tactiques demandent chez l'éleveur une grande disponibilité mentale à l'imprévu, l'inattendu, l'aléatoire. L'opportunité alors de réaliser une tâche, faire des gestes utiles doit être saisie. Il ne s'agit pas seulement de décoder la gravité de la situation qui se présente, il faut ensuite faire suivre le corps, les gestes, les réactions physiologiques, posturales, vocales à ce que l'on découvre brutalement.

Il y a dans ces tactiques de la "saisie" une activité d'inventivité et de création fortes comme dans l'activité maternelle de soins. Il faut donner à l'événement des solutions immédiates. Les éleveuses

(239) Entretiens avec des éleveuses de vaches.

du Puy-de-Dôme disent souvent quand elles retournent voir leurs bêtes après un moment d'absence : "*Quelle bêtise elles nous ont encore préparée ?*". Elles sont toujours sur le qui-vive intellectuellement et affectivement quand elles retrouvent leur troupeau et s'attendent toujours à être obligées de traiter les catastrophes.

La catastrophe fait partie du quotidien, le texte sur les savoirs des bergers de Casabède insiste aussi sur cette dimension de la situation de travail où, en permanence, il y des incidents qui peuvent devenir graves pour le troupeau. Il souligne que l'on prend l'habitude de traiter les incidents, les catastrophes. Il y a un apprentissage de l'aléa, de l'imprévu. C'est une question importante dans la pédagogie du travail avec le vivant animal ou humain que nous avons nous-mêmes posée en termes de pédagogie de l'aléa (240). Ce problème pédagogique dépasse l'univers propre aux techniques du vivant animal.

Depuis dix ans, une des conséquences des actions de formation et de vulgarisation dans l'agriculture est l'apparition de phénomènes de déculturation dans les pratiques concrètes et l'outillage mental des agriculteurs : on a perdu la culture de l'aléa et de la catastrophe.

On n'apprend pas à l'école à réagir à l'imprévu. Le texte du berger de Casabède pose un problème de qualification très important : comment former les éleveurs à réagir de manière opportune et rapidement à l'incident (241) ?

La formation et la vulgarisation véhiculent un discours et des méthodes pédagogiques sur la maîtrise des situations, la connaissance des facteurs qui les déterminent et la possibilité de tout prévoir, de préparer les décisions : les agriculteurs commencent à prendre conscience malgré ce discours de la maîtrise et de la transparence, que, même dans les zones riches, les situations de travail à court terme, comme sur de longues périodes, font surgir des incidents critiques non prévus par la prévision, la gestion (par exemple, la sécheresse et la baisse des prix). Une amertume se développe sur les pratiques et le discours des organisations et des politiques de formation, qui laissent croire à une infaillibilité des méthodes de gestion-prévision et des savoirs scientifiques véhiculés par la technostructure qui ne mettent pas à l'abri de difficultés techniques de tous ordres. Une demande se fait jour d'une pédagogie de l'aléa qui permettrait à certains agriculteurs de se sentir moins menacés par les in-

(240) Salmona (M.), *Mètis et paradoxe : qualification ou expropriation de l'intelligence de la production*, déjà cité.
(241) Besche-Commenge (Bruno), *Les savoirs des bergers de Casabède*, université de Toulouse-le-Mirail, travaux de l'Institut d'études méridionales, 1977.

cidents de parcours qui jalonnent leur activité et les préparerait à supporter cette relative insécurité dans le travail, malgré la multiplication de méthodes de contrôle et de prévision.

Pour conclure sur ces tâches qui engagent la totalité de l'homme, certaines tactiques semblent importantes dans la culture de l'éleveur.

1 — Les tactiques de la ruse, de la *mètis*, de l'intelligence rusée, sont importantes quand il s'agit du vivant : elle font partie des conditions de réussite de l'action technique avec l'animal. Les analyses de Marcel Detienne et de Jean-Pierre Vernant (242) nous paraissent totalement répondre à l'une des composantes du travail avec le vivant animal et le vivant en général. Nous les avons appelées tactiques pédagogiques-démagogiques pour souligner leur caractère général dans l'action avec ce qui bouge, qui réagit.

2 — Comme toutes les tactiques de la ruse, l'intelligence du travail avec le vivant implique que l'on sache céder, laisser la place à l'initiative de l'autre : ces situations de renversement, d'alternance des pouvoirs et des demandes, sont permanentes dans le travail avec l'animal.

3 — Laisser se développer des mouvements de désordre : les éleveurs font sans cesse référence à des situations où il ne s'agit plus seulement de faire le mort, de s'écarter, mais de laisser faire les bêtes dans la violence et le tumulte, de ne pas les contrer dans des mouvements intempestifs individuels ou de foule, qui seraient plus négatifs si on les stoppait que si on les laisse se développer. L'initiative alors est prise de force par les bêtes et ne doit pas être contrée, car elle deviendrait dangereuses pour l'éleveur et le troupeau, ou le matériel d'élevage.

4 — Les éleveurs font sans cesse référence à ce double mouvement des hommes avec leurs bêtes, de guidage et d'attention à l'initiative de la bête et de respect de ces initiatives.

Dans le texte des savoirs des bergers de Casabède, le berger regrette que les jeunes ne sachent plus élever les bêtes qu'en les encadrant, les commandant tout le temps, sans leur laisser d'initiative, pour trouver des coins pour pâturer, les laisser dormir dans les endroits qu'elles ont choisis : "*là où elles sont le plus heureuses c'est*

(242) Detienne (M.) et Vernant (J.-P.), *Les ruses de l'intelligence et la mètis chez les Grecs*, Flammarion, collection Champs, 1974.

lorsque tu les laisses faire, elles ne veulent pas qu'on les fasse moucher, elles veulent choisir elles-mêmes les "mouscaders", *elles aiment aller s'allonger là où ça leur plaît, à leur place, alors là elles sont heureuses, elles se régalent de vivre* (243)".

5 — Laisser se développer les initiatives positives des bêtes liées aux qualités des bêtes.

Dans la société pastorale corse, les travaux de Ravis-Giordani (244) sur le Niolo, comme ceux de Jean-Pierre Desfontaines sur la Castagniccia (245) montrent que de nombreux troupeaux savent délimiter les territoires de pâtures et sont leurs propres initiateurs de parcours. Dans ce cas, c'est "l'intelligence" de ces races qui est prise en compte par les éleveurs et exploitée à des fins positives pour le troupeau et l'éleveur.

Les tactiques avec la mort — tactiques de l'absurde

Les éleveurs travaillent avec la vie et la mort de l'animal. Parfois, malgré le diagnostic du vétérinaire, ils décident de continuer à lutter pour sauver une bête de la mort. Ils ont des stratégies qui leur sont propres : les stratégies des vétérinaires et des techniciens sont construites en référence aux éléments scientifiques pris en compte dans l'activité de diagnostic et de soins et à partir d'une analyse des chances de succès et d'échecs. Les stratégies des éleveurs tiennent compte des signes "non codés dans la science". Elles les mènent à jouer le "tout pour le tout", à lutter malgré que toutes les chances de succès soient, semble-t-il, perdues. Ce même type de stratégies de l'absurde au-delà des signes cliniques se retrouve en particulier chez les cancérologues (246) qui, bien que tous les signes cliniques soient négatifs, sentent chez un malade un mieux. Ces stratégies qui ne reposent pas sur un calcul précis de chances et de risques sont dévalorisées par les agents de développement et sont pourtant fondamentales dans la pensée sociale et opératoires dans la pratique de tous les acteurs qui ont "à gérer" le maintien en vie du corps de l'homme ou d'animaux. Elles ne font pas partie de la panoplie des stratégies liées aux pratiques pédagogiques relevant des théories de la décision et de la pensée scientifique.

(243) Besche-Commenge (B.), opus cité.
(244) Ravis-Giordani (C), opus cité.
(245) Desfontaines (J.-P.), *Utilisation des parcours par les éleveurs de la Castagniccia*, groupe de recherche SEI, Castagniccia, éd. INRA, 1978.
(246) Des études sont faites aux Etats-Unis actuellement pour essayer d'élucider pourquoi et comment certains cancérologues prévoient, malgré des diagnostics négatifs, la survie de certains des malades.

Pour les paysans et pour l'éleveur en particulier, ce qui paraissait perdu d'avance... ou au contraire ce qui paraissait trop facile ne doit pas "tromper", décourager ni fasciner : "*ne pas se laisser flatter par des cultures trop faciles*", disent-ils, ou "*ne pas se laisser endormir par le revenu brut d'une culture*", ou "*ne pas se décourager parce que la bête était condamnée par le véto*". Pour eux, il ne faut pas se laisser prendre à l'apparence des choses et des êtres. Il faut déjouer les ruses de l'univers où l'on agit : il faut garder sa distance avec le réel et pouvoir y intégrer des éléments non sensibles immédiatement, non prévus et parfois catastrophiques (247). Les sociétés rurales intégraient calamités, famines, sécheresses, à leur activité de gestion du quotidien, et survivaient. Ce sont les discours et les pratiques de la logique économique qui ont fait disparaître pratiques et réserves matérielles et psychiques vis-à-vis des catastrophes.

Comme la désappropriation concernant la capacité d'intégrer l'incident dans l'approche de la vie quotidienne de travail, il y a désappropriation, déculturation dans la capacité de supporter les initiatives positives de l'animal : on provoque tout ce qu'il fait artificiellement, plutôt que de le laisser faire.

Ce phénomène est particulièrement important en ce qui concerne le vêlage, comme nous l'avons vu, où l'éleveur ne supporte plus d'attendre que le processus biologique se déroule de lui-même et le force. Il craint que le processus soit trop long, que la bête prenne des risques et il anticipe le mouvement en le contrôlant. Dans d'autres situations d'élevage, on voit apparaître chez les éleveurs, comme le souligne le berger de Casabède, cette incapacité à ce que l'initiative, l'autonomie, le rythme des bêtes soient respectés par l'éleveur. Il y a un surcontrôle, un surencadrement des bêtes, un mouvement de maîtrise totale de tout ce qui se "joue" dans le troupeau, par crainte de ne pas contrôler les situations et de laisser se développer l'initiative de l'autre, devenue menaçante même si elle est positive. Avec la mort et la tactique de l'absurde, une déculturation également s'est produite : on n'ose plus "lutter malgré les signes négatifs".

(247) Thom (R.), "Crise et catastrophe", dans "La notion de crise", revue *Communication*, n°25, 1976, Seuil.

2. Entre la jubilation du corps et l'absence au corps

Les jubilations du corps

Dans son corps à corps avec l'animal, l'éleveur parfois manifeste une présence jubilatoire de son corps : il fait des gestes, pousse des cris, a des postures qu'il ne se permettrait pas d'avoir dans la vie quotidienne. C'est un registre du corps qui se manifeste alors, et qui relève de l'activité festive ; il montre une énergie particulière à bouger, développer dans l'espace ses mouvements, signifier à lui-même son habileté et sa dextérité physiques, comme un danseur ou un sportif. Il transgresse pour un moment, dans la joie de se laisser aller à son envie, la panoplie des mouvements utilisés dans le quotidien. Un registre nouveau de l'expression du corps surgit, allégé, souple, énergique, débridé : une violence bienveillante s'établit avec l'animal, libératrice des habitudes de contrôle, de maîtrise du corps. Cette jubilation du corps était manifeste dans les stages organisés par Bruno Lebatteux au CFPPA du Rheu, concernant la contention et l'approche de l'animal. Les éleveurs, à l'occasion du stage, se "permettaient" de jouer avec leur corps, d'élaborer des mouvements et des déplacements proches de la danse, de prendre des risques avec l'animal (comme dans la corrida) ; ce stage leur offrait pour quelques instants l'occasion de manifester tout un registre gestuel refoulé dans la vie quotidienne.

Ballet autour et avec l'animal où apparaissent des réminiscences d'une gestuelle qui se vit ailleurs, dans des spectacles publics (western, rodéo) et dont ils sont consciemment ou inconsciemment imprégnés. Bien que le stage ait été un lieu d'apprentissage où il fallait "être sérieux", il devenait un temps et un espace d'expressions-tactiques, gratuites et joyeuses avec son corps et le corps des bêtes.

L'absence au corps

Comme le souligne Catherine Clément (248), il y a chez le torero, oubli de son corps, il apprend à le "désénerver", à être absent de son corps et à concentrer toute son attention sur les moindre mouvements de l'animal ; on retrouve également cette démarche mentale chez les éleveurs. Le corps est vécu comme un élément extérieur à soi, objet désinvesti, dissocié (249) pour mieux

(248) Clément (C.) et Coupry (F.), opus cité.
(249) Ackermann (W.), opus cité.

se mobiliser sur l'essentiel, l'attention aiguë au mouvement de l'animal.

3. Mobilité-déambulation-réflexion

L'activité de déambulation, importante chez les éleveurs de moutons, comme chez certains éleveurs de vaches de montagne, entraîne une forme particulière de réflexion. En effet, d'une part, ils surveillent le mouvement du troupeau et corrigent ses écarts, d'autre part ils examinent les pâtures et leur qualité, l'état du sol et du paysage qu'ils traversent. Mais cette activité de vigilance devient automatique. Elle se double d'une autre activité intellectuelle de méditation-réflexion, importante dans la déambulation et suscitée par elle ; ils ont, dans ce temps de déplacement à pied, la possibilité de faire le bilan de la situation, de réfléchir (250) à des problèmes qu'ils tentent de résoudre, problèmes techniques ou économiques. La déambulation suscite une activité heuristique de création, d'invention et de prévision.

L'image traditionnelle du vagabond, de celui qui déambule dans l'espace est une image négative. Cet homme est dangereux, menaçant. L'homme qui se déplace tout seul est incontrôlable. Le sort qu'on lui a longtemps réservé était de l'embastiller comme à la "vieille Charité" de Marseille : l'ordre et la paix sociale nécessitent de le fixer et de le faire travailler, en somme, de le contrôler et de le rendre productif (251). Les travaux sur les groupes sociaux et les individus qui déambulent — les vagabonds, les marginaux (252) — insistent sur le caractère asocial de cette pratique : la mobilité du corps. *"L'homme noir, l'homme seul, le muet toujours un peu homosexuel, doit se soumettre ou se démettre"* (253).

Mais la mobilité, comme le souligne Maurice Godelier, est un privilège. On a du temps pour penser quand on chemine pour aller chasser ou partir à la guerre. *"Les grands voyages avantagent les hommes* (254)". La déambulation des éleveurs leur donne la

(250) Entretien avec les éleveurs d'origine agricole et néoruraux.

(251) Paire (A.), *La vieille Charité de Marseille - Histoire d'un monument*, Edisud, 1986.

(252) Banlant (M.), "Groupes mobiles dans la société sédentaire, la société rurale autour de Meaux aux XVIIe et XVIIIe siècles", dans *Les marginaux et les exclus dans l'histoire*, *Cahiers Jussieu*, université Paris VII, 10/18, 1978.

(253) Beaune (J.-C.) *Le vagabond et la machine, Essai sur l'automatisme ambulatoire - Médecine, Technique et Société 1880-1910*, Champ Vallon, Collection Milieux, 1983.

(254) Godelier (M.), "Le pouvoir masculin", dans *L'homme au masculin*, revue *Groupe familial*, n°78, janv. 1978 .

possibilité de penser, de meubler le temps de la marche d'une activité de réflexion, méditation intense. Dans la journée, l'agriculteur ou l'éleveur sédentaire ne peut dégager que difficilement du temps pour ce type d'activité non manuelle, et pourtant de plus en plus nécessaire à la gestion de l'exploitation. La déambulation protège l'activité intellectuelle de réflexion et la suscite, car les conditions de la marche dans la solitude favorisent la réflexion. Toute une tradition orientale (255) de marcheurs mystiques souligne cette fonction heuristique de la déambulation. C'est par la marche, la déambulation, que l'on peut accéder à l'expérience de soi et du monde, une connaissance, une sagesse.

Dans ce sens, les pratiques de déambulation des éleveurs les protègent de l'encombrement physique, culturel, de l'envahissement des tâches et des problèmes de l'éleveur sédentaire "toujours obligé de faire mille choses à la fois et pressé à tel point qu'il n'y a plus le temps de penser".

Comme les renonçants, les éleveurs déambulent solitaires, à travers les espaces :"*Ils organisent une manière de vie qui n'est pas une vie de village, mais qui, au contraire du village, respecte la nature au point de l'apprivoiser. Les ermites doivent vivre au rythme des saisons, et s'accoutumer aux façons de la nature* (256)".

(255) Corbin (H.), *L'imagination créatrice dans le soufisme d'Ibn Arabi*, Flammarion, 1958.
(256) Clément (C.), La syncope, philosophie du ravissement, Figures, Grasset, 1990.

Un jardin d'Ollioules

(photo Paul Salmona)

Chapitre II

L'HOMME ET LA PLANTE

"Un bon jardinier ne court pas après son jardin :
il combine, il anticipe."

A — LE GAI SAVOIR DES JARDINIERS : COMBINER, MÉMORISER ET DIAGNOSTIQUER

"Le jardin est pour tous les âges, le lieu de la méditation et du rêve. Il offre dans le cadre même du quotidien, les possibilités d'évasion et de solitude. Chaque civilisation, chaque époque l'a façonné à sa manière, en imprimant au décor l'expression de ses certitudes ou de sa recherche de la surprise ou de l'action. Le jardinage en terre arrosée est une civilisation. Elle est disséminée dans tout le bassin méditerranéen et, suivant les temps et les lieux, on en attribue l'introduction à des vicissitudes historiques différentes. Il est certain que l'Espagne a été l'origine de bien des techniques du jardinage agricole méditerranéen. Mais, pour une part, l'Espagne a redistribué des apports venus de l'Orient et véhiculés par les Arabes. L'Italie, dont les régions méridionales ont participé aux échanges avec la péninsule ibérique, est aussi une terre d'élection pour le jardin productif. Le périmètre irrigué traditionnel et jardinatoire est un périmètre de petite étendue, desservi par des ouvrages simples : un barrage de retenue et de dérivation, associant à quelques enrochements des faisceaux de branches enrobés de terre, que l'on répare chaque année, un petit canal de dérivation, un béal *qui animait naguère le moulin du village, d'où partent des saignées distribuant l'eau aux jardins riverains. Plus en aval, quand le* béal *est au-dessous du niveau des terres à arroser, des roues à aubes mues par le courant montent l'eau par des godets jusqu'au mini-réservoirs d'où partent des rigoles d'arrosage. On répartit l'eau suivant les bassins en obstruant successivement les diverses rigoles avec une tuile plate ou une planche. L'eau peut aussi être demandée à un puits d'où l'eau est extraite. Dans le Midi français, c'est dans ces petits jardins, aménagés sur les rives des petits affluents du Rhône, ou sur les petits fleuves côtiers de la Provence et du Bas-Languedoc, qu'ont été acquises et affinées au cours des siècles, les techniques*

de la polyculture méditerranéenne au sein de petites régions différenciées (1)."

1. Les "savoirs" et "savoir-faire" mentaux des jardiniers du Var côtier (2)

Le travail d'organisation de la rotation des cultures et l'activité culturale sollicitent dans le maraîchage des savoir-faire mentaux très sophistiqués (3). J'aborderai dans ce texte quelques savoir-faire mentaux caractéristiques du travail des jardiniers : la mémorisation des événements et activités culturales, l'élaboration de la rotation, l'anticipation et le croisement permanent de l'espace-temps et enfin l'activité permanente de combinatoire.

La mémorisation des événements du jardin

Les différents membres des familles de maraîchers marquent divers types d'informations sur des petits carnets (4) concernant les événements d'ordre techniques et/ou économiques qu'ils ont réalisés et aussi les événements qui leur échappent. On y trouve répertoriés :

• des événements stables, réguliers, en particulier :
— les dates de plantation, de semis réalisés,
— les dates de fumure,
— les dates de traitements,
— les dates de désinfection,
— les dates de récoltes,
• des événements variables :
— l'évolution des traitements et des produits phytosanitaires,
— les résultats des traitements sur les productions,
— les quantités et qualités de variétés de légumes vendus au long des années,
— les lieux de plantations dans l'échiquier du jardin,
— le climat au long des années.

(1) Georges (P.), "Du paysage rural au jardin dans l'agriculture méditerranéenne", actes du colloque "Jardins de la Méditerranée", Circa, Villeneuve-lez-Avignon, 9, 10, 11 et 12 juillet 1980.
(2) Beltrame (G.), Higelé (P.) et Salmona (M.), *Jardins maraîchers, maraîchage sur le littoral Est et Ouest varois*, rapport CORDES-CAESAR, 1980.
(3) Salmona (M.), *Analyse des tâches, division sexuelle du travail et fatigue*, actes du colloque de Troina (Sicile), congrès méditerranéen de sociologie rurale, 1983.
(4) Voir page suivante photos de carnets de conduite du jardin.

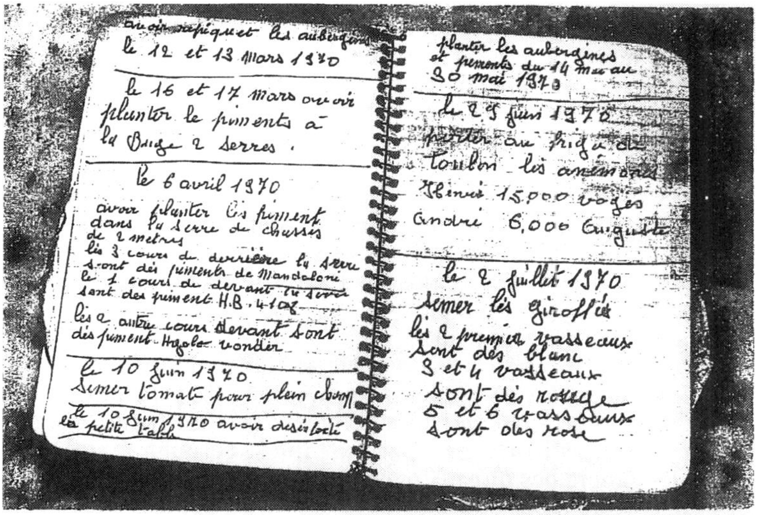

avoir repiquet les aubergines
le 12 et 13 Mars 1970

le 16 et 17 mars avoir
planter le piments à
la Bage 2 serres.

le 6 avril 1970
avoir planter les piment
dans la serre de chassis
de 2 metres
les 3 cours de derrière la serre
sont des piments de Mandaloni
le 1 cours de devant la serre
sont des piment H.B.4.1 [illegible]
les 2 autre cours devant sont
des piment [illegible] [illegible]

le 10 juin 1970
semer tomate pour plein champ

le 10 juin 1970 avoir désinfecté
la petite table

planter les aubergines
et piments du 14 mai au
30 mai 1970

le 29 juin 1970
porter au frigo de
Toulon les anémones
Henri 15.000 [illegible]
André 6.000 Auguste

le 2 juillet 1970
semer les giroflée
les 2 premier vasseaux
sont des blanc
3 et 4 vasseaux
sont des rouge
5 et 6 vasseaux
sont des rose

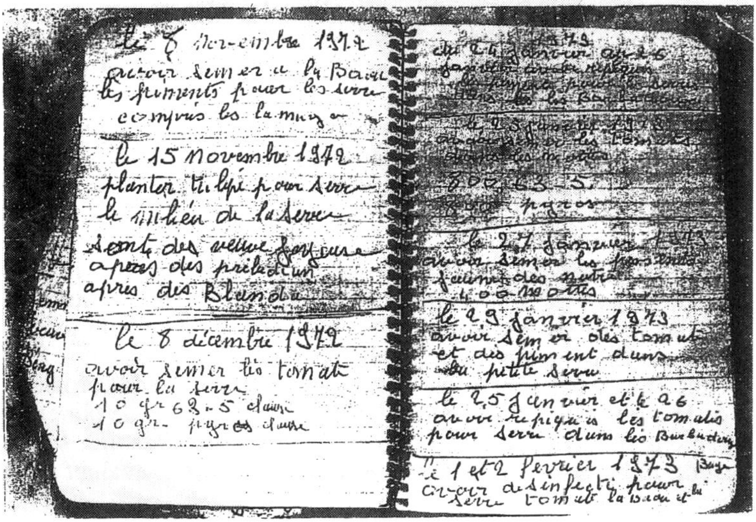

le 8 novembre 1972
avoir semer a la Bau[illegible]
les piments pour les serre
compris les [illegible]

le 15 novembre 1972
planter tulipe pour serre
le milieu de la serre
sont des [illegible]
après des [illegible]
après des Blonda

le 8 décembre 1972
avoir semer les tomate
pour la serre
10 gr 63-5 [illegible]
10 gr pyros [illegible]

le 24 janvier 1973 [illegible]

le 25 janvier 1973 [illegible]

le 27 janvier 1973
avoir semer les [illegible]

le 29 janvier 1973
avoir sem[illegible] des tomate
et des piment dans
la petite serre

le 25 janvier et le 26
avoir repiqué les tomates
pour serre dans les [illegible]

le 1 et 2 fevrier 1973
avoir desinfecté pour
serre tomate [illegible]

Carnet de conduite du jardin

• des événements non prévisibles ou peu prévisibles :
— le temps (quand il y a des catastrophes ou des anomalies),
— les prix de vente des variétés et des qualités et quantités de légumes vendus,
— les "ratés" de la production ou des traitements liés à leur manière de faire, au temps ou à des changements culturaux, enfin à des facteurs inconnus des maraîchers.

Certains événements sont de l'ordre de la longue durée (prix/temps). D'autres sont très rares, accidentels (sécheresse).

Mais on note aussi des savoirs et savoir-faire que l'on a peur d'oublier, qui sont des règles de l'activité technique. Dans le travail de gestion par exemple :
— les distances pour planter,
— les dates auxquelles on doit planter, traiter, désinfecter,
— les traitements ou manières de supprimer les parasites.

Enfin, on note aussi certaines activités sociales, familiales, des plaisirs ou des difficultés : par exemples, certains maraîchers notent le nombre des oiseaux tués à la chasse, etc.

Les carnets deviennent des supports de la mémoire du groupe familial, de ses joies, de ses deuils, de sa vie, de ses activités privées et professionnelles quotidiennes, comme les livres de raison (5) (6).

Les maraîchers de la région de Nîmes utilisent également un agenda comptabilité-enregistrement de temps de travaux, comme support de mémorisation de leur activité techniques et familiale (7).

Ces traces servent aussi à permettre de retrouver, ressaisir ce que l'on a fait de son temps dans l'espace du jardin, donc de retrouver le fil de ses activités professionnelles, le fil du temps, des jours. Elles induisent une cohérence dans un travail que l'on ressent comme éclaté et dispersé, à cause de la rapidité de la rotation et de la multiplicité des cultures. Ces traces permettent de porter un jugement sur l'activité de producteur, sur son efficacité, sur la rotation et de la multiplicité des cultures, et enfin d'évaluer cette

(5) Barbier (J.-M.), *Le quotidien et son économie*, éd. du CNRS, 1981.
(6) Pilon (E.), *La vie de famille au XVIIIe siècle*, éd. A. Michel, 1941.
(7) Salmona (M.), en collaboration avec Bernadette Richard, *L'Agenda comptabilité-enregistrement de temps de travaux*, évaluation d'un outil, centre de gestion de Gap, SUAD de Nîmes-CAESAR, 1973.

efficacité au long du temps. Enfin, elles permettent, sur un longue période, de corréler les phénomènes économiques, atmosphériques et techniques et d'en déceler les causes et les effets sur la production.

Autrefois, on se servait des saints (8) pour se souvenir des dates de plantations ; certains s'en servent encore, d'autres utilisent des calendriers que leur donnent les firmes de graines, certains fabriquent des calendriers eux-mêmes, correspondant mieux à leurs besoins personnalisés. Mais quand on passe des techniques de plein champ à la serre, les dates changent pour les travaux et un recyclage sur les dates est nécessaire, recyclage que les maraîchers ne réalisent pas toujours facilement.

L'anticipation, l'oubli, la remémoration et le tableau de rotation des cultures

Mais parfois on oublie de traiter ou l'on oublie d'arroser à temps et des conséquences techniques et économiques sanctionnent ces oublis : le stockage, la mémorisation et la remémorisation de l'information et des dates, avec la sophistication des méthodes culturales, l'accélération de la rotation, l'intensification des cultures et leur multiplication, sont devenus un réel problème qui produit une crainte permanente d'oublier ou de ne pas prévoir à temps, et une fatigue nerveuse liée à l'anxiété incessante de ne pas "*faire à temps*", de "*courir derrière son jardin*" (9), de ne pas maîtriser son travail. Comme dans la production animale, l'oubli par le producteur maraîcher de certains actes dans la chaîne des activités techniques va avoir des incidences très graves et différées dans le temps. Ces oublis sont vécus par les agriculteurs comme irrécupérables et ils sont irrécupérables. Ces actes techniques n'ont pas la même valeur affective que d'autres actes techniques dans l'ensemble de la chaîne des actes propres à une production, puisque leurs incidences pèseront lourdement sur l'avenir de la production. Il y a une hiérarchie du poids et de l'importance de certains actes techniques concernant une production dans la stratégie d'ensemble propre à cette production. Cette hiérarchisation des actes techniques pourrait entraîner à réfléchir sur les effet du stress directement proportionnels à l'importance et aux incidences de ces actes sur la psyché des travailleurs

(8) Gueidan (E.), *Le jardinier provençal*, Tacussel éditeur, Marseille (sans date) et Benjamin (R), *Le maraîcher du littoral de la Méditerranée*, Imprimerie de l'Aurel, Toulon, 1866. Voir photo de la couverture du *Jardinier provençal*, page suivante, et planches tirées du *Maraîcher du littoral de la Méditerranée*, page 224 et suivantes.
(9) Nous reviendrons sur ce terme de "courir après son jardin".

Page de couverture du *Jardinier provençal*

maraîchers ; ces oublis stratégiques sont porteurs d'une très grande culpabilité. Comme les éleveurs, les maraîchers ne peuvent plus se donner le droit à l'erreur ou à l'oubli.

C'est sur ce problème de stockage, combinaison, visualisation, mémorisation et remémoration d'information que les maraîchers d'Ollioules ont élaboré, avec Jean-Pierre Darré (10), un outil leur permettant de diminuer la charge mentale : en stockant l'information sur un tableau, ils ne l'oubliaient pas, le gardaient "sous les yeux" pour se rappeler les activités à réaliser, pouvaient visualiser l'ensemble de la rotation des tâches et des étapes de la production pour l'ensemble des parcelles, ce qui était nécessaire pour accéder à de nouvelles formes de commercialisations telles que les grandes surfaces et les coopératives. Ces tableaux avaient l'avantage d'être personnalisés en fonction de la division du travail entre les membres de la famille et de l'organisation du travail. Qu'ils soient personnalisés est une condition nécessaire pour que ces outils soient utilisés (à la différence de nombreux outils pédagogiques visant à aider à stocker et mémoriser l'information).

Le travail de maraîcher demande de "penser", au moins deux fois par an, la rotation des cultures dans le jardin. Peu de maraîchers font ce planning de rotation de manière à en laisser une trace pour les autres ou pour eux-mêmes : à Ollioules, seulement deux familles d'agriculteurs sur quarante font un plan de rotation sur papier, les autres le "combinent" pendant qu'ils sont "sur leur machine" ou en faisant des tâches qui "libèrent la tête". Cette programmation est "théorique" car les aléas interviennent, qu'ils soient climatiques ou humains. Elle est plus indicative qu'appliquée à la lettre. En effet, on n'arrive pas toujours à suivre le planning car on n'arrive pas à libérer le terrain à temps, ou bien on n'a pas les plants prêts au moment où il faudrait en disposer et on n'arrive pas toujours à temps pour planter. C'est aussi en fonction de la conjoncture du marché et des disponibilités de travail que l'on aménage, que l'on fait des dérogations au planning. Aussi, ce calendrier est-il plus un guide "théorique" de l'action qu'une règle à laquelle on se tient.

Comment se réalise l'organisation du calendrier de cultures du planning de production ? Elle exige d'anticiper et de combiner.

(10) Rigal (J.-M.), Darré (J.-P.), Salmona (M.), "La culture des légumes et la façon d'en parler", dans "Points de vue sur la formation en agriculture", revue *Education permanente* n°37, 1977.

La réflexion sur la rotation du jardin et le plan de rotation est réalisée deux fois par an, "de tête", par l'homme. Comme l'explique un maraîcher, chaque parcelle a son nom et pour chacune, en automne et au printemps, il "vient" et réfléchit à ce qu'il est possible d'y faire en tenant compte d'une multiplicité de critères à la fois techniques, économiques et humains, du nombre de parcelles et du nombre de cultures qu'il fait pousser. Ce travail mental est une véritable école de la combinatoire (Piaget), du croisement de l'espace/temps en particulier et de l'anticipation/ prévision.

Nous avons, pour aider les maraîchers à exprimer ce savoir-faire mental de combinaison de facteurs, provoqué "en couple" la description (en deux couleurs) des rotations sur deux ans, sur un plan de jardin dessiné par eux, le commentaire des raisons des choix de culture et des systèmes de rotation élaborés.

Le maraîcher va tenir compte au moins de dix critères techniques, mais également de critères économiques et humains :

1. faire "tourner" les variétés sur les parcelles et ne pas replanter deux fois à la même place,
2. prévoir la libération des parcelles en fonction du planning élaboré et de la mise en marché favorable,
3. prendre en compte les rythmes de pousse des cultures principales et intercalaires pour les organiser spatialement et faire des "couples" de cultures compatibles,
4. prévoir la plantation, la mise en culture, en fonction des autres critères économiques et humains,
5. tenir compte des modes et compatibilités des modes d'arrosage sur des cultures qui se côtoient,
6. tenir compte de l'effet des différents engrais sur le rythme de pousse (rapides ou lents),
7. tenir compte des rythmes de cueillette liés aux variétés et aux espèces et de leur compatibilité dans l'organisation du travail (lente, rapide, échelonnée ou non) et de la stratégie de mise en marche,
8. intégrer les temps de désinfection,
9. tenir compte des compatibilités des variétés qui se jouxtent et des traitements utilisés, des désherbants,
10. tenir compte des dates de traitements et des dates limites pour cueillir-récolter à temps, après traitement et désherbage,
11. tenir compte (pour le choix des cultures et l'organisation de la rotation) de la composition, des "habilités", de la charge de travail, de la disponibilité de l'équipe de travail familiale, du plein emploi des salariés,

12. tenir compte, pour planter et échelonner la cueillette, des créneaux économiques (dates où il n'y aura pas d'arrivée sur le marché de la même production produite dans une autre région),

13. tenir compte du revenu d'une culture (11) en fonction de la surface utilisée, du temps de sa mise en marche et de la période, du temps de travail, propre à cette culture, etc.

D'autres critères plus complexes vont intervenir.

14. L'introduction d'innovations : la possibilité d'introduire dans le planning de rotation une nouvelle culture dont on va tester la difficulté de conduite et la rentabilité et que l'on va "suivre" de près. La possibilité d'introduire sur certaines cultures très lourdes en manipulations et en travail de nouvelles techniques culturales qui diminuent la charge de travail, la pénibilité, mais qui vont exiger l'apprentissage de nouveaux savoir-faire.

15. L'introduction de variétés ou de savoir-faire qui vont permettre de "faire des coups", de "jouer" : les maraîchers, tout en s'efforçant de faire un planning de rotation qui aura été élaboré avec le maximum de rationalité économique, technique et agronomique, se donnent le plaisir de réserver dans leur planning un espèce de jeu pour "faire des coups" à l'intérieur d'un système de production très organisé. Par exemple, ils planteront une parcelle avec une production légumière et florale avec l'objectif de tirer de cette parcelle beaucoup plus d'argent que de l'ensemble des autres parcelles de production. Cet objectif est en partie accessible et réalisable, parfois un pur fantasme ; il est lié chez les maraîchers au goût du hasard, de l'aventure, du désordre et du tout ou rien. Ils se réservent dans l'ordonnancement "parfait" du jardin qui nécessite la prise en compte d'une multiplicité de facteurs et contraintes et l'acceptation de ces contraintes, la possibilité d'introduire l'aléa et le rêve.

De même que ce goût du jeu, du désordre et des "coups" fait partie de leur quotidien si difficile à vivre intellectuellement et physiquement, le goût du gratuit, de l'insolite, marque chacun des jardiniers. Dans un jardin, on vous fera visiter des espaces peuplés de tortues que l'on soigne avec amour, dans un autre, des vieilles baignoires plantées au milieu d'une parcelle, remplies de plantes exotiques, dans un troisième, un jardin d'hiver dans sa verrière, ou une volière pleine d'oiseaux rares. Enfin, toutes les maisons regorgent, dans l'entourage immédiat de la maison ou dans

(11) C'est une des questions les plus difficiles à traiter et à résoudre dans le maraîchage de ceinture verte et de polyculture. En effet, les produits chimiques (engrais et produits de traitement) sont achetés pour un ensemble de productions. La main d'œuvre familiale et salariale travaille sur plusieurs productions et il est difficile d'isoler le coût et le revenu de chacune de ces productions.

certains coins, d'une mise en scène minutieuse de bosquets de fleurs, de plantes, de petits arbres, pour le plaisir du groupe qui y travaille.

16. L'introduction de variétés de cultures (et de modes de mise en marché qui leur sont attribués) va amener des possibilités de sociabilité, de rencontres et d'aventures hors du champ familial ou social habituel, pour l'homme en particulier : par exemple, on va introduire une culture qui ouvrira la vente à la coopérative et la participation à un groupe nouveau. Le planning, l'organisation de la rotation des cultures entraîne non seulement la recherche par le maraîcher d'objectifs techno-économiques, mais aussi psychologiques et sociaux pour ouvrir des espaces/temps de liberté, de plaisir, de rencontres, d'informations et d'échanges.

"La rotation, je m'y attache le plus, parce que dans le jardin, je sais ce qui va se passer un an avant : des fois, je me mets dans le jardin et je fais mon plan : telle terre, réservée à telle culture, il faut qu'elle soit libre à telle époque donc il faut planter quelque chose. Chaque parcelle a son nom, la P..., la U..., la F... En automne, je viens avec un plan et je réfléchis à ce qu'il est possible de faire : la même chose deux années consécutives ce n'est pas bon. Je fais le plan deux fois par an. Il ne faut pas se baser sur une bonne récolte pour recommencer l'an prochain. Il faut voir ça sur l'ensemble de trois ou quatre ans. Je regarde ce que j'ai dans ces 6 000 m^2, il y a deux récoltes, je prépare l'automne pour le printemps, quelquefois c'est le temps qui nous empêche de tenir compte du plan de rotation qu'on a fait... On comptait faire telle chose, et il se met à pleuvoir, vous avez préparé votre terre et le lendemain on n'a pas le temps pour semer... alors on est coincé et on est obligé de faire autre chose... Je regarde aussi la surface et le prix de revient au mètre carré de la rotation. Je calcule les surfaces quand je fais ce travail sur la rotation : 4 500 m^2 de haricots... à x *francs... il y des artichauts plantés en août et arrachés en juillet dernier. Il y a des blettes, courgettes et ensuite melons... Avant je faisais de grosses cultures, maintenant c'est diversifié, je me suis aperçu qu'il y a un creux entre la tomate de serre et le plein champ et qu'il faudrait produire... Les poireaux, il y a un creux aussi... Les agriculteurs font des anémones et libèrent la terre... Il y a un trou pour les poireaux, carottes. Il faut que je fasse des décalages. Moi, je peux le faire... le chou c'est pareil en février... Il n'y a pas de choux en septembre sur le marché, il faut que je le marque... si on veut récolter à telle date, il faut planter à telle autre date, et on calcule : on marque les dates de semis et de récolte et on voit si les résultats*

sont bons... Pour l'été, je prépare en mai et mets en terre en août... Pour l'hiver je prépare en décembre et mets en terre en mars... On tient compte de la rentabilité de l'an dernier et ne pas remettre sur une même parcelle les mêmes cultures.

"Il faut aussi préparer les plants à temps, on sait par exemple qu'il faut deux mois et demi pour faire cela... Je réfléchis sur comment faire deux récoltes sur la même terre. Au départ, je fais du poivron et dessus je mets les salades. Je plante les poivrons, les salades sont bonnes à lever, je lève les salades et le poivron, l'eau ne doit pas passer au pied, elle doit passer à côté, je sème des radis tous les quatre ou cinq jours au fond de la raie de façon à avoir des radis échelonnés : on passe un désherbant au fond sans toucher le poivron... Sur le dessus de la raie, il y des carottes, au milieu du persil, au fond du céleri. Je vais tout désherber et repiquer. Il n'y a pas de problème, car il y a un désherbant qui fait les trois ensemble... Le céleri, il y a une époque pour le passer, si la carotte est trop petite, on peut pas le passer, le céleri ne peut passer à n'importe quelle époque... Je plante la carotte et quand elle est assez grosse, je plante le céleri et je désherbe le tout... En attendant les radis, je ferai des tomates tardives .. Si on désinfecte, je fais tomates, radis et salades, deux récoltes de salades jusqu'au printemps, si on ne désinfecte pas, je ferai autre chose.

"Cette année, je ferai des salades doublées de radis, le radis pousse trois fois plus vite que les salades, sous serre ; j'ai même la possibilité de faire deux rotations de radis avec la salade. En vendant à Hyères les radis, je les vends, si on ne les vend pas, ça coûte rien... En général, on prévoit un plan de plantation... Je ne sais pas ce que je vais faire à l'avance, car l'aubergine et les poivrons sont des plantes qui se vendent jusqu'en décembre. Tant que ça se vend, je l'arrache pas. Si à la fin du mois ça se vend pas, je l'arrache et l'ai la possibilité de faire des salades... On organise en fonction de la possibilité et des facilités de ramassage des différentes productions : on évite que de grosses récoltes tombent en même temps, qu'il y ait "embouteillage"... Les aubergines, haricots, radis en plein champ, ça ramasse facilement..."

Le jardin est une école de la mathématique, de la combinatoire, de l'abstraction en général.

"*A quoi je pense, je me cherche des problèmes.*"

Quand les jardiniers n'ont pas de problèmes à résoudre, ils s'ennuient et s'en inventent. Une mentalité collective d'agitation intellectuelle marque la vie du groupe ; elle donne à celui qui les croise le sentiment de changer d'univers, de changer de rythme cardiaque et d'être happé par une petite planète, celle des jardiniers, qui tourne à sa vitesse propre... et vous entraîne dans sa fureur de "penser", de créer, d'aménager et de vivre !

Les apprentissages intellectuels du diagnostic et la mémoire du corps (12) dans les jardins

Les femmes, la mémorisation des signes, la mémoire du corps

Les agricultrices, en fonction de la place qui leur est allouée tous les jours dans le jardin, au ras des planches/tables où régulièrement elles désherbent, butent et sarclent, développent des habiletés cognitives de repérage des signes/stockage de signes/mémorisation (13) et de combinaison de signes ; en effet, par exemple, dans le travail de maraîchage, ce sont les maraîchères (bien qu'elles ne fassent pas le planning de rotation des cultures et ne plantent pas ou peu) qui, avec beaucoup plus de précision que les hommes, se souviennent des types de légumes et de leur emplacement sur le "territoire" du jardin, sur plusieurs saisons. Les trois facteurs — espace, temps, espèces (et même résultats) — sont mémorisés par les femmes, car elles "passent et repassent" tous les jours.

Les hommes, après avoir planté, passent moins régulièrement sur chaque parcelle, car ils ne désherbent pas, n'éclaircissent pas ou rarement, et donc ont une présence moins régulière, donc surveillent moins, repèrent et combinent moins les signes de maladie. De même, ils se souviennent moins également de la rotation d'une culture sur une ou deux années alors qu'ils l'ont décidée. C'est le corps des femmes dans le travail quotidien qui a stocké cette information et elles peuvent restituer cette information deux ans après, lorsqu'elles commentent les rotations de culture en deux couleurs sur le plan de jardin. Leur mémoire est beaucoup plus fiable que celle des hommes, et les discussions vont bon train sur les erreurs des hommes.

Les femmes et les conduites de diagnostic (14)

Ce sont les femmes qui font les diagnostics après repérage et combinaison de signes, quand elles viennent désherber chaque

(12) Salmona (M.), "Cultures techniques de l'élevage et du maraîchage, objectifs pédagogiques, types d'apprentissages, division sexuelle du travail et formation d'adultes", Commission des communautés européennes, direction de la formation professionnelle, séminaire sur le développement des ressources humaines dans les régions méditerranéennes à prédominance rurale, Rome, 23, 24 et 25 mars 1983.
(13) Beltrame (G.), Higelé (P.) et Salmona (M.), *Jardins-maraîchers-maraîchage sur le littoral est et ouest varois*", déjà cité.
(14) Voir schéma et planche pour étudier le petit outillage (et son vocabulaire) dessinée par G. Beltrame, pages 184 et 186.

jour : ce sont elles qui sont les premières (en fonction de la division sexuelle du travail) à découvrir que des plantes commencent à être tachées sur leurs feuilles. Alors :

— elles vont chercher de l'information complémentaire (recherche orientées d'information) par rapport à celle qu'elles ont découverte de prime abord (elles ont tout de suite élaboré des hypothèses, mais l'information ne suffit pas),

— elles vont établir des hypothèses après recherche d'une information complémentaire et produire de l'information nouvelle en traitant l'ensemble des données,

— elles vont rapprocher leur savoir empirique (et scientifique) des signes qu'elles découvrent et établir un diagnostic.

L'opérationnalisation et les hommes

Mais ce sont les hommes qui prennent les décisions en général, soit de traiter par la chimie la plante, c'est-à-dire que bien que le diagnostic et la démarche mentale générale de traitement et résolution d'un "problème" soient faits par les femmes jusqu'au diagnostic, ce sont les hommes qui prennent la décision et opérationnalisent en choisissant dans un ensemble d'opérations techniques possibles celle qui correspond au diagnostic.

La femme est toujours privée de la partie motivante (15) des actes, liée à la logique interne de l'ensemble des tâches quelle exécute. On la prive d'agir, d'opérationnaliser après avoir traité mentalement un "problème", élaboré des hypothèses, confirmé ou infirmé ces hypothèses en recueillant de l'information et en la combinant, et élaboré un diagnostic à partir d'une recherche des causes du symptôme. Bien que le travail de la femme soit détaché de l'opérationnalisation, cela ne l'empêche pas de faire ce travail mental intense de traitement et de repérage des signes. Ainsi, en permanence, bien que ce soit un travail qui paraisse d'exécution, elle développe ses capacités de combinaison de facteurs, de traitement de problèmes complexes (16) et d'élaboration de diagnostics (17). Du même coup, elle s'entraîne aux formes de travail "moderne" de repérage/stockage/traitement de signes exigées par l'intensification où elles excellent et à l'informatisation des données.

Aussi serait-il très important de pouvoir former les femmes à la chimie, traitements/herbicides/engrais, pour qu'elles puissent, si et

(15) Salmona (M.), *Questions sur la qualification dans l'agriculture*, déjà cité.

(16) Oléron (P.), *Les activités intellectuelles*, PUF, 1964. "On peut dire que toute situation à laquelle le répertoire des réponses immédiatement disponible chez un sujet ne permet pas de fournir à celui-ci une réaction appropriée est un "problème."

(17) Higelé (P.), *Utilisation de la théorie opératoire de l'intelligence en formation d'adulte*, déjà cité.

Maraîcher palpant sa terre
(photo Paul Salmona)

quand elles réalisent ou réaliseront l'ensemble de la chaîne d'activités jusqu'à l'opérationnalisation (traiter), posséder les savoirs et savoir-faire chimiques et vétérinaires que l'on diffuse pour l'instant aux hommes et qui pourtant, dans la logique de l'activité technique, devraient être aussi dispensés aux femmes (18).

Nous constatons en élevage, comme dans le maraîchage (19) les inconvénients liés à cette dichotomie entre travail de diagnostic et opérationnalisation : perte d'information entre l'homme et la femme et perte de temps, non-recherche d'information complémentaire (20) et transfert d'apprentissages négatifs de l'homme (il va appliquer, face au symptôme, des solutions qu'il a appliquées antérieurement pour le même symptôme, mais dont les causes sont différentes et il ne fera pas toujours l'effort de recherche orientée d'information nécessaire, et la solution sera inadéquate) (21).

2. Le ressentir ensemble, "l'esthétique" (22) et la mémoire des rapports sociaux de sexe et de postures chez les enfants d'Ollioules

Les enfants, comme le montrent les dessins produits par les enfants de l'école d'Ollioules avec la collaboration de leur instituteur historien et géographe, Gaston Beltrame, ne sont pas pour la plupart des enfants de maraîchers. Certains sont des enfants d'ouvriers maghrébins travaillant dans le maraîchage, mais c'est une minorité. Les enfants d'Ollioules cependant vivent dans un territoire de maraîchage, ils passent et repassent tous les jours à travers les jardins, les parcelles où les femmes, courbées, cueillent les tétragones, les haricots, les tomates, les poivrons, où les hommes récoltent les choux, les choux-fleurs, les asperges,

(18) Salmona (M.), *Questions sur la qualification dans l'agriculture*, déjà cité.
(19) Salmona (M.), *Jardins, maraîchers, maraîchage*, déjà cité.
(20) Nous avons très fréquemment assisté, lors des entretiens et observations directes de quarante familles d'Hyères et d'Ollioules avec lesquelles nous avons travaillé de 1974 à 1980, à de nombreuses discussions entre maris et femmes sur les pertes de temps concernant le traitement des maladies des plantes et qui étaient repérées par les femmes : retards liés aux activités sociales des hommes hors des jardins et au décalage d'information dans le temps entre les hommes et les femmes.
(21) Un grand nombre d'incidents différents se traduisent par le même symptôme apparent.
(22) "*Esthétique* si l'on prévoit de faire subir peu à peu à cette vieille catégorie une légère torsion qui l'éloignera de son fond régressif, idéaliste, et l'approchera du corps, de la dérive." Roland Barthes, dans *Roland Barthes par Roland Barthes*, Coll. Ecrivains de toujours, Seuil, 1975. Sens repris "ressenti ensemble", dans *Le temps des tribus*, par M. Maffésoli, Sociologies au quotidien, Méridiens-Klincksieck, 1988.

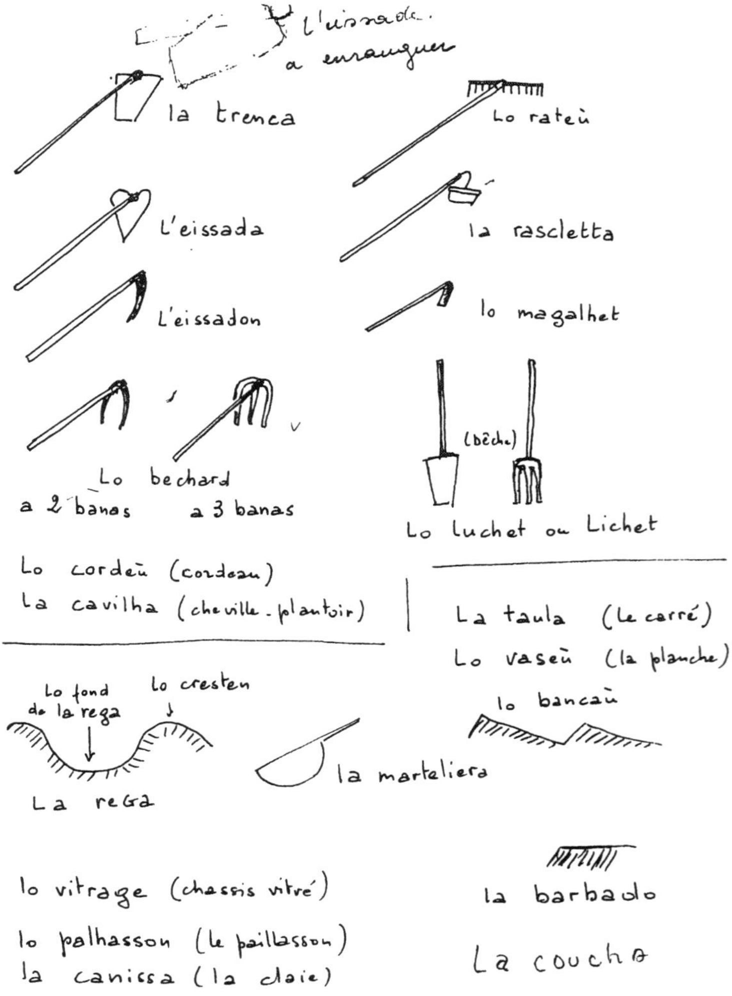

Planche d'expression dessinée par Gaston Beltrame

pour étudier le petit outillage

plantent et traitent, arrosent, ouvrent et ferment les rigoles, les raies, pieds nus dans l'eau avec leur béchard. Les enfants sont imprégnés des cultures techniques dans lesquelles ils vivent, jouent, se baladent à vélo sur les petites routes qui longent parcelles ouvertes à tous les vents et aux regards, le long des murs des anciens jardins. Ces enfants sont des fils d'ouvriers de l'Arsenal de Toulon, des chantiers navals de La Seyne, mais cet univers technique et humain du maraîchage leur est familier. Ils décrivent, avec une minutie singulière, la division sexuelle du travail et les postures des hommes et femmes dans ce paysage miniaturisé, tracé au cordeau, où coule la Reppe, où scintillent les milliers de "raies", les bassins, les canaux du syndicat des arrosants. Cette culture et ce paysage font partie de leur mémoire gestuelle et mentale. Cette mémoire va bientôt disparaître avec l'éventrement par l'autoroute B57 et de multiples bretelles et constructions de chantiers routiers ou d'urbanisation qui trouent le paysage, le désarticulent, le désintègrent, le lacèrent. Les enfants d'Ollioules véhiculent une microcivilisation dans leur mémoire, un territoire dessiné et travaillé centimètre par centimètre, des gestes qui, dans quelques années, auront disparu de ce jardin qu'a constitué pendant des siècles le bassin de la Reppe (rivière aux sources chaudes et froides qui permettait d'obtenir une eau tiède convenant parfaitement à la température de la terre). Ces enfants sont les "porteurs" de la mémoire collective du territoire et des gestes des hommes qui l'habitaient (23).

(23) Voir deux dessins des enfants de l'école d'Ollioules pages 205 et 206 et documents sur Ollioules et la Reppe, pages 188, 190 et 192.

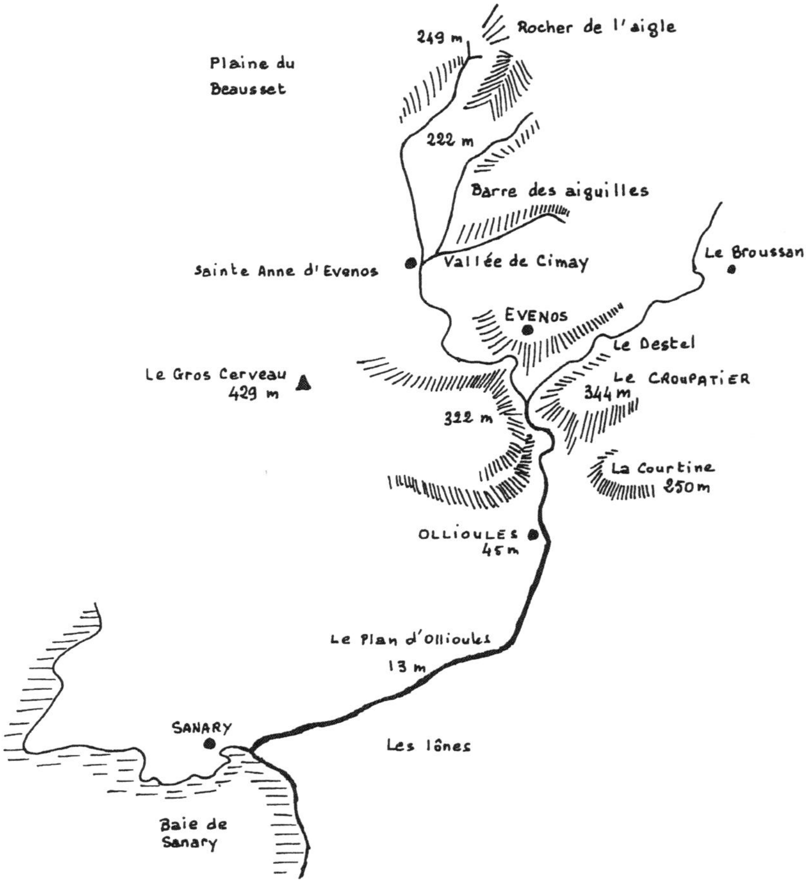

Le cours de la Reppe

B — LES TÂCHES DANS LE MARAÎCHAGE — DIVISION SEXUELLE DU TRAVAIL, FATIGUES (24)

Nous abordons dans cette partie, à partir d'une approche de la division sexuelle du travail, une série de dimensions du travail et de la qualification, l'analyse de la pénibilité physique et mentale associées aux tâches et les problématiques de formation et vulgarisation sous-jacentes.

1. La division du travail dans le groupe familial

Elle se réalise en fonction de critères sexuels, d'âge, physique et psychologique.

La division du travail se fait en fonction de critères sexuels, par exemple certains travaux sont des travaux dits "féminins" : ce sont les travaux méticuleux et répétitifs d'exécution qui nécessitent du soin, de la délicatesse et développent une forte fatigue nerveuse en même temps qu'une fatigue physique intense liée aux postures (très penché, accroupi, enjambant). Ce sont aussi des travaux méticuleux et rapides nécessitant de faire des choix comme la taille, l'ébourgeonnage, etc. Les travaux masculins sont quant à eux à la fois des travaux de prévision, d'organisation du planning de production, et des travaux dits "lourds" car nécessitant de la force physique. Enfin, certains travaux qui ne nécessitent pas une force physique particulière reviennent culturellement aux hommes tels que l'arrosage, la plantation, et les traitements. Ici ce sont des facteurs d'ordre symbolique qui interviennent. "*C'est sacré ça pour les hommes, l'arrosage c'est les hommes... les plantations aussi.*"

De nombreuses exploitations fonctionnent à deux ménages, deux frères, un père et un fils. Dans les deux cas de figure, mais c'est très net en ce qui concerne l'association de deux frères, souvent l'un prévoit, organise, calcule le planning de production, prend des contacts à l'extérieur et contrôle les recettes, tandis que l'autre sert de contremaître/exécutant : joue le rôle de la femme et le frère "patron" parle de l'autre comme d'une femme.

(24) Voir photos de la cueillette et de deux femmes réparant les serres, en cahier central.

La Reppe et ses moulins à huile

(photo Paul Salmona)

Certaines tâches sont abandonnées aux plus jeunes, car le couple plus âgé souffre de maux de la colonne vertébrale. On rencontre également ce partage des tâches chez des couples jeunes, où la maladie apparaît tôt et exclut l'homme ou la femme de tâches qui les font souffrir.

"*Je préfère l'œillet, on n'est jamais baissé, j'ai eu un tour de reins, lui préfère être baissé car il a mal à sa colonne quand il reste droit.*"

Selon les maladies liées au système vertébral ou osseux, certains supportent mieux les tâches debout, les autres les tâches penché.

Les goûts de chaque membre du groupe interviennent également.

"*Ma femme aime cueillir les œillets et pas faire les bottes : la belle-fille c'est le contraire.*"

2. La pénibilité physique et mentale du travail

La pénibilité physique et mentale est très forte dans le travail du maraîchage où le travail "à la main" et très penché est fréquent. La pénibilité physique est très forte malgré l'utilisation de machines ; motoculteurs (que l'on possède en trois ou quatre exemplaires pour différentes activités), motobineuses ou tracteurs-enjambeurs et tracteurs (parfois deux ou trois tracteurs). On fait aussi venir des tracteurs et le rotavator appartenant à des entreprises extérieures. Les maraîchers sont très équipés de machines pour travailler la terre, mais cela n'a pas supprimé la pénibilité de nombreuses tâches que la machine ne peut pas faire : par exemple, le désherbage, la récolte, la plantation, la taille, le pinçage, le repiquage, le déboutonnage, le tuteurage, etc.

"*Nous sommes au bout du progrès, le reste doit être fait manuellement : les produits chimiques font l'herbe. Mais cueillir les légumes, déboutonner, c'est pas possible.*"

D'autre part, la mécanisation a diminué le temps et la pénibilité physique mais augmenté la vitesse du travail et sa quantité.

"*Avec le motoculteur, en une heure on épluche une table, avant il fallait un jour ; on travaille beaucoup et beaucoup plus vite.*"

Vue cavalière des jardins maraîchers d'Ollioules
depuis le Gros Cerveau

L'usure mentale (25)

Par rapport à la production viticole, arboricole ou céréalière, il y a une tension nerveuse permanente, dans le maraîchage, liée à différents facteurs.

• La complexité de la rotation des cultures et de sa programmation

Le nombre des espèces cultivées, la vitesse de rotation de la production des légumes, sa programmation très complexe, induisent une activité mentale permanente et stressante.

"*Il faut programmer, quand il y a un imprévu, ça me déprime... Mon père avait des moutons, on les vendait avant Pâques, si ça n'allait pas, on attendait, alors qu'à présent c'est "va et vas-y" tout le jour derrière une table à emballer, c'est une dépense nerveuse ! Ce boulot qui s'amoncelle, il faut le finir le plus tôt possible... si on ne le fait pas, c'est fichu... Il faut sans cesse combiner, calculer, prévoir. Les céréales c'est pas pareil... Les moissons et c'est terminé ! Au jardin, on s'arrête pas, on est toujours sur les dents. Ce dont j'ai horreur, c'est d'avoir toute l'année des récoltes... Avant d'avoir fini cet endroit, il faudrait avoir replanté...*"

• L'organisation de la rotation des cultures, aux changements permanents des tâches dans la même journée

"*On change sans cesse de tâche dans une même journée. Dans la journée, on change dix fois de métier... Je pourrais faire 150 litres de désherbant, et il faut aller cueillir les choux... Il y a une rupture permanente dans le travail. Je ne sais pas quand je reprendrai le truc pour désherber... J'ai l'impression de ne pas avoir fait de travail quand je n'ai pas travaillé un jour ou une demi-journée entière sur un boulot. Je préfère le légume à la fleur, ça me rappelle la vigne... Les travaux bien définis au départ, j'aime ça... Moi, ce qui m'est le plus pénible, c'est que je viens de la vigne, où le travail est réglé, ici on travaille sans savoir où on va, on nage, on travaille à l'envers. Ça me contrarie ce métier sur les nerfs, il n'y a rien de défini, il n'y a rien de réglé !*"

• Le rythme rapide et sans pause de la production

"*Le maraîchage est une activité incessante, ça n'arrête pas... Ici ça commence, là ça termine, ici on plante... là on cueille... Le*

(25) Dejours (C.), *Travail : usure mentale*, éd. du Centurion, 1980.

maraîchage est plus pénible que les fleurs : c'est constamment... Les fleurs, il y a pas de périodes."

• **Le manque de sommeil permanent**

Les maraîchers dorment peu, car ils livrent leurs légumes souvent tôt aux coopératives et/ou cueillent de très bonne heure pour éviter la chaleur et pour les préparer avant de les vendre sur les marchés en direct. Comme ils travaillent tard pour conditionner les légumes, ou les cueillir ou même parfois les livrer, ils sont toujours en manque de sommeil.

En été, ils font un peu de sieste, aux heures très chaudes, où les serres sont impraticables (45°C), mais ces pauses ne rattrapent pas le manque général et permanent de sommeil.

D'autre part, en hiver, certains surveillent les poêles qui permettent d'éviter le gel dans les serres. "*On fait la tournée des poêles la nuit, on ne dort plus.*"

Enfin, les serres en plastique qui se répandent depuis vingt ans, provoquent, lorsque le vent, se lève, l'inquiétude à l'idée qu'elles peuvent être emportées par le vent. "*Pour la serre, il faut être là 24 heures sur 24, et la nuit, vous dormez pas tranquille quand il fait mauvais temps...*"

Les vents, comme l'humidité, l'ensoleillement, la chaleur, la pluie, sont des facteurs permanents d'observation et d'inquiétude pour régler le travail : vents chauds qui dessèchent les plantes, vents froids qui risquent de les brûler, bourrasques qui les courbent au sol, pluie qui sature la terre et risque de faire pourrir les productions. Mais le gel est rare, car le bassin de la Reppe est un territoire où la température est la plus douce de France, et les écarts de température peu fréquents : "*un petit paradis où poussaient les mandarines et des oranges à l'époque des rois.*"

La pénibilité physique

Les postures et la fatigue physique (26)

De nombreuses tâches restent très pénibles à exécuter physiquement car les postures entraînent une fatigue et des nuisances que nous analyserons en détail.

(26) Les tâches très pénibles physiquement sont également productrices de fatigue nerveuse.

• **Plantation, entretien, préparation**

La plantation et le travail d'entretien de la plante, le travail de préparation de certaines productions, nécessitent des gestes répétitifs dans des postures très courbées (27), parfois accroupies, qui développent une forte charge physique. Mais une charge mentale, dans la plupart des cas, accompagne les charges physiques, charge mentale liée à la méticulosité, à l'attention, etc.

• **Entabler, mettre les fils, nécessitent d'être très courbés.**

"Les fils de fer, il faut se baisser, ça dure deux jours... On passe à l'étage au-dessus... installer les fils de fer pareil... En défillant les artichauts, j'ai attrapé un rhumatisme dans le bras, c'est dur à défiller, c'est sec. La main touche le sol... c'est dur !".

Le travail d'entretien est également très courbé et pénible. Si le travail de plantation et de préparation est fait par les hommes, le travail d'entretien est réalisé par les femmes.

• **La pénibilité physique dans la culture sous chenilles-arceaux** (28)

Le travail est redevenu très pénible physiquement pour un certain nombre de maraîchers qui faisaient de la "grosse cavalerie mécanisée" (29), en plein champ, et se sont mis ou remis à la culture sous tunnel qui demande de nombreuses manipulations répétées dans le temps, rapides, nécessitant de la méticulosité, dans des postures très courbées : cette technique ancienne permet la précocité. Elle est accompagnée de fatigue physique et nerveuse.

"Ce qui est difficile, c'est quand on nettoie les arceaux, on est courbé, il faut soulever le plastique et puis cette herbe est difficile à enlever... C'est pénible la chenille ! Dans la journée, on soulève un côté : quand on a terminé, on soulève plus loin. Les plantes, si vous les mettez d'un coup à la température du dehors, vous les brûlez. Il faut vite les attacher, les plastiques quand vous les déroulez... En plein champ, on travaille au tracteur, c'est moins fatiguant que sous les tunnels de plastique, c'est vite fait."

(27) Voir documents vidéo de séquences de travail de plantation, entretiens et cueillettes des cultures. Pour la notion de fatigue physique, *Pour une analyse des conditions de travail ouvrier dans l'entreprise*, recherche du laboratoire d'économie et de sociologie du travail, par Guélaud (F.), Beauchesne (M.-N.), Gautrat (J.), Roustang (G.), CNRS, Aix-en-Provence, Librairie A. Colin, coll. Sciences sociales du travail, n°7, 1975.
(28) Liée à la méticulosité, rapidité, pénibilité mentale.
(29) Artichauts, choux-fleurs, choux, melons de plein champ.

Les postures sont fatigantes : enjamber, rester souvent penché, "*on travaille dans des positions fatigantes sous les arceaux, il faut enjamber*".

On se ressert de vieux outils, en bois, pour le travail à la main. "*Les melons, c'est pas de tout repos, il faut préparer les sillons... On doit mettre les arceaux, les plastiques, tout travailler à la main, en soulevant le plastique : il y a des outils qu'on ne touchait plus, la raclette... et que l'on réutilise... pour faire l'herbe... on fait deux fois l'herbe à la main sous le plastique... il y a des désherbants mais pas pour le melon, parce que ça retarde... On travaille comme il y a trente ans sous tunnels de plastique, avec la raclette, c'est désastreux. Y' a énormément de travail, car tout se passe sous les tunnels, il faut faire ça à la main, on force avec les plastiques... ça ne se travaille pas avec le tracteur. Il y a beaucoup de pinçages, il faut aérer, si vous laissez enfermé sous les arceaux, il y a de la coulure... ça va de février à avril, les arceaux, on plante et on bute sous les arceaux ! On soulève après trois semaines les melons... Les soulever plusieurs fois ! Plusieurs fois... les arceaux... C'est du travail, il faut attacher...*"

• **Manipuler sans abîmer**

C'est un travail fatigant psychiquement (et physiquement à la fois), car il demande un contrôle/maîtrise permanent des gestes pour soulever le plastique, déplacer les plantes sans les abîmer, enlever l'herbe sans toucher aux plantes, sans les meurtrir ; on retrouve l'action directe négative dont parle Haudricourt, où il n'y a pas de contact brutal avec le produit car il est fragile : il y a constamment conduite d'évitement et de contrôle du geste. Ce contrôle et cette précision sont producteurs de fatigue nerveuse en même temps que de fatigue physique.

Les tâches pénibles psychiquement et physiquement

Ces tâches qui sont déterminantes dans les conduites de la plante et la récolte nécessitent de faire des choix, d'anticiper, ce sont des tâches de responsabilité et d'attention soutenue.

• **La taille**

La taille des tomates, des melons, est un travail qui nécessite de faire des choix, de réfléchir, et d'avoir "le coup d'œil" pour discerner où et quoi tailler. C'est un travail que l'on ne confie pas,

Bergerie ancienne et bergerie moderne
(Photo François Koffler)

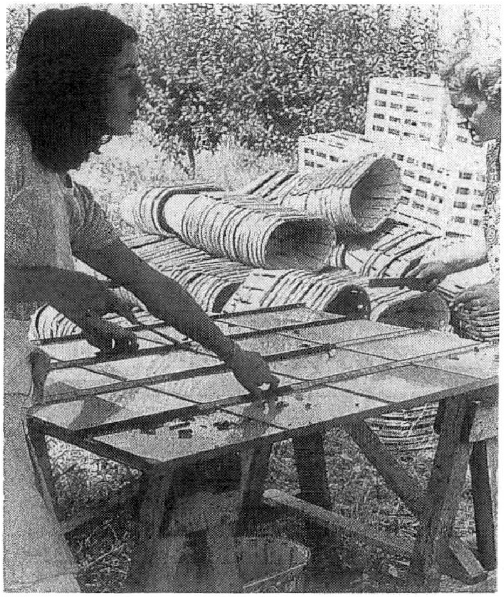

La division sexuelle du travail : tâche masculine de réparation des serres effectuée par Mme Merscheyer et sa fille, et postures de cueillette.
(Photo Paul Salmona)

Technologies modernes : une serre en plastique
et une serre en verre chauffée.
(Photo Paul Salmona)

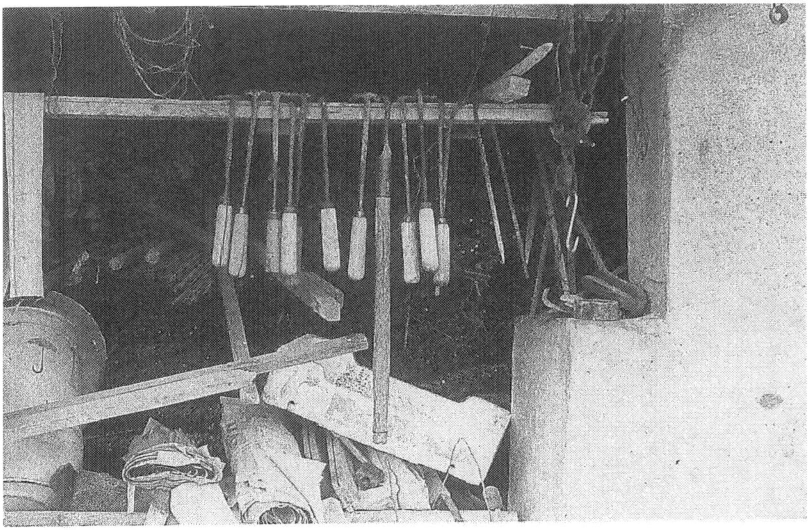

Technologies anciennes :
les petits outils et les paillassons.
(Photo Paul Salmona)

Technologies anciennes : premier chauffage de serre en verre des années 30 provenant d'une chaufferie de bâteau à La Seyne-sur-mer.
(Photo Paul Salmona)

Abarbadou et nursery avec mottes
(Photos Paul Salmona)

Systèmes et technologies hydrauliques : une martelière
et le barrage pneumatique sur le gapeau.
(Photos Paul Salmona)

Systèmes et technologies hydrauliques :
un ancien canal d'irrigation.
(Photo Paul Salmona)

car il nécessite l'intelligence et la rapidité du choix. Souvent ce travail est confié à la femme de l'exploitant. Certaines femmes "conduisent" entièrement les tomates, les taillent, les tuteurent. Mais on confie rarement la taille à un ouvrier.

La taille des tomates est un travail d'attention-anticipation et d'esthétique.

"Ma femme fait la taille des tomates : 7 500 pieds toute seule... elle les attache... elle les mène jusqu'au bout : huit heures par jour tout le mois d'avril, il faut le coup d'œil..."

"C'est un travail complexe, valorisé et gratifiant. Je la mène seule, la taille, moi la femme. Et pour la femme, la taille des tomates, toutes les semaines on voit ces plants grandir, c'est un peu comme un artiste qui modèle quelque chose... Il faut anticiper, comme la cueillette... Le déboutonnage : il faut presque les chercher, les boutons, avec agilité dans les doigts et avec les yeux. Il faut anticiper, il faut en faire un sans oublier ce qu'il y a après..."

La taille des melons est une tâche renouvelée et difficile, car elle demande beaucoup d'attention pour récupérer le porte-fruit.

"La taille du melon c'est délicat, c'est difficile à tenir le melon. Si on se laisse gagner, on n'arrive plus... Le porte-fruit ne sort qu'à la troisième taille, les bourgeons les premiers, il faut les tailler, les seconds aussi, les troisièmes, il sort des melons, on taille au nombre de melons voulus... C'est ça qui est difficile, si on se laisse gagner, on n'y comprend plus rien, c'est la forêt vierge dans les melons !"

Il y a production de fatigue nerveuse importante.

• **Le tuteurage**

Il demande une grande dextérité, rapidité, agilité pour mettre les ficelles et la capacité à apprécier les grandeurs de la ficelle.

"J'ai une ouvrière, il faut qu'elle se baisse pour mesurer la longueur des ficelles. Je fais une ganse qu'on peut tirer... Le fil de fer c'est dangereux... Avant que la plante soit chaussée, on a mis notre ficelle qui traînait, on l'a laissée au fond de la raie et on a changé notre plante. La ficelle est retirée... On y fait un petit tournant de la plante, moi-même je donne le tour, deux tours ou trois trous, ça dépend... On enlève l'herbe qui reste autour des salades... Autrefois, le pessugage se pratiquait sur certaines productions... Tout ce qui était feuille fine, on désherbait au couteau. Tout ce qui était semé à la volée... persil, mâche, carotte, céleri... Maintenant, on sème à la raie et on utilise la raclette."

"Le fait de mener les tomates sur un fil, on gagne le temps pour attacher les tomates à un piquet. Mettre ce fil dans une période

creuse est un avantage, le fil c'est un héritage des "Pieds Noirs". Le fil, ça fait six ans qu'on le fait... C'est le nœud qui va supporter 3 kg de tomates plus la plante... A l'endroit où il y a le nœud, on chausse... Mon ouvrière se baissait pour le couper, elle le mesurait pour le couper. Moi je fais ma ganse, je mesure un bon peu et je coupe, je baisse pas... Chaque, fois, je tire mon fil à la grandeur voulue... Mon fil tombe tout seul. Je garde toujours le bout que j'ai coupé pour le remettre en haut. Après je passe spécialement pour attacher le bas."

Taille, tuteurage avec la mise des ficelles associent la dextérité, l'attention, la rapidité et la responsabilité des choix, l'anticipation et du même coup la fatigue nerveuse est plus importante : la charge mentale est un élément non négligeable de ces tâches.

• Le désherbage et travail domestique

Le désherbage développe une frustration. Chez les maraîchères, cette fatigue est associée à celle issue du travail domestique et au caractère commun à ce dernier : il ne se voit pas et se répète.

"Faire l'herbe, c'est pénible, c'est un peu comme faire la poussière à la maison : quand on a bien fini de faire la poussière, vous vous rendez compte qu'il y en a à nouveau et il faut recommencer, c'est décourageant ! L'arrosage, la cueillette, c'est assez gros, ça se voit, quand on désherbe, on a travaillé tout le jour, et on dirait pas que ça se voit !"

Le désherbage est un travail "féminin", qui est très fatigant physiquement par les postures très courbées ; par la méticulosité et la rapidité exigées par la tâche, c'est un travail fatigant psychiquement également.

"L'herbe, ça fatigue le dos, les reins... L'herbe ça énerve, c'est long, méticuleux, surtout l'herbe à la main dans les semis... Moi, l'herbe ça m'énerve. "Ne faites jamais d'herbe, j'en ai jamais vu vendre"... *C'est comme ça qu'on dit... j'aime pas faire l'herbe, les désherbants tuent pas toutes les herbes, il faut y passer vite... La cardelle, le samsol, le liseron, l'oxalis... et une variété de blé... Le chiendent, on s'en défait... c'est dur."*

• Le *pessugage*

Certains désherbages se font encore avec la pointe d'un couteau : c'est le *pessugage*, cette technique n'a pas disparu.

"Pessuguer les carottes avec la pointe du couteau, c'est très dur ! On a enlevé le désherbage aux femmes, ça permet d'aider les hommes... mais on l'a pas enlevé tout à fait... Le pessugage se fait au couteau pour gratter l'herbe avec la racine. C'est les femmes

très souvent... qui font ça encore. On travaille aux désherbants et on fait l'herbe, les deux à la fois, pour les poireaux."

• Le sarclage

Il était autrefois réalisé par les femmes, car c'était un travail fait à la main. Depuis que la mécanisation s'est produite, il devient "masculin". Les postures très courbées sont pénibles, comme pour le désherbage. Il nécessite méticulosité et rapidité et développe de la fatigue nerveuse. Il n'a pas complètement été mécanisé et les femmes continuent à l'effectuer car il n'est pas toujours possible de le faire à la machine.

"*Le sarclage était long autrefois... On faisait avec le béchardon, avec le couteau... Maintenant, le sarclage est supprimé, les plantes poussent, avec le tracteur qui passe très près des plantes et remue la terre... Et en une heure, on fait vingt mètres... Mais on en fait encore dans certains cas... Avant, on faisait tout à la main et on ramassait pour que l'herbe ne repousse pas ; des graines ressortaient des années après et on partageait un carré en trois, on amenait les herbes et puis après on allait vider quelque part et on brûlait...*"

Comme le désherbage, le sarclage engendre frustration et fatigue nerveuse.

La cueillette, la récolte, les récoltes féminines et les postures féminines

Les travaux de récoltes, pour certains d'entre eux, entraînent des postures très fatigantes physiquement et sont également fatigants psychiquement ; certaines cueillettes sont spécialement féminines, celles du haricot, du petit pois, des fraises, des épinards : elles entraînent des postures particulièrement fatigantes physiquement, à genou, "*enjambant les raies*", et une forte fatigue nerveuse est ressentie par les acteurs, liée à l'attention soutenue pour détecter les légumes et ne pas les abîmer en les cueillant, en particulier les fraises.

Pour les cueillettes, les femmes se mettent également souvent "très penchées", à genou, *à coucou*. Certaines femmes préfèrent les postures à genou ou *à coucou* que très penchées, cela dépend souvent des goûts mais aussi des maladies professionnelles (lombalgie, hernies discales, etc.).

On peut se mettre *à coucou* pour les mâches, pas pour la tétragone. "*Je préfère être à coucou que très penchée, car j'ai mal*".

• **Travailler d'une main/reposer le coude sur la cuisse**

Sur le plan des postures et de la fatigue physique, un des problèmes de la cueillette c'est d'avoir la possibilité de se reposer sur le coude, si une seule main travaille. Toutes les productions ne permettent pas cette possibilité.

"*La cueillette des radis ? C'est agréable car une main qui travaille et l'autre, on peut se reposer sur le coude... C'est très pénible la laitue, oui... La laitue, pénible ! Car les deux mains travaillent et on ne peut pas se reposer.*"

• **Les marques du travail féminin : le cal à l'intérieur de la cuisse**

Certaines cueillettes sont abandonnées par les patronnes et par les ouvrières car trop pénibles du fait de l'utilisation des deux mains dans des postures très penchées : c'est le cas du haricot.

"*On ne fait plus de haricot : il faut les deux mains pour le cueillir. Avec certains légumes, on repose sur le bras, avec les haricots c'est pas possible de s'appuyer*".

Les maraîchères ont un cal à l'endroit de la cuisse où elles posent leur coude pour se reposer, s'appuyer.

"*J'ai un bleu sur la cuisse où je m'appuie.*"

• **Le haricot et les postures d'enjambement**

Le cas du haricot est particulièrement intéressant en ce qui concerne gestes et postures. Certains haricots sont cueillis en étant enjambés (30).

"*Cueillir les haricots, ça fait mal aux reins, au dos : c'est un travail de femme.*"

Les haricots grimpants, sous serre, nécessitent que l'on parcoure la hauteur de la serre et qu'on travaille les bras en l'air, position très pénible.

"*C'est plus pénible les haricots grimpants, car il faut se lever et se baisser.*"

Mais le haricot mobilise également d'autres conduites mentales.

• **Le repérage du haricot — l'attention — l'anticipation**

Il demande une attention très soutenue pour le découvrir, dans les feuilles de même couleur, et de pouvoir anticiper par le repérage du fruit, les geste suivants.

"*Les haricots, les petits pois, je ne sais pas les reconnaître, je ne les vois pas, je les oublie dans leurs feuilles. Sinon je fais toutes*

(30) Voir documents vidéo déjà cités. Nous avons fait la liste des 18 séquences de travail magnétoscopées au long des cycles végétaux par P. Salmona et moi-même dans la filmographie.

les récoltes et l'ouvrière fait mieux les haricots que moi, il faut penser à ce que l'on va cueillir... Il faut cueillir et regarder celui qu'on va cueillir."

• Le haricot et l'action directe négative

Il demande également de manipuler la plante sans l'abîmer, ni de faire tomber les fleurs. On retrouve dans cette qualité, capacité de délicatesse, de dextérité, les hypothèses de A. Haudricourt (31) sur l'action directe négative où il n'y a jamais contact brutal avec le produit, en liaison avec sa fragilité.

"Les haricots c'est fatigant. La plante des petits pois craint moins que le haricot si on abîme en s'appuyant... La position est fatigante, la plante craint beaucoup. Il faut faire attention, la plante est fragile... Quand il y a les fleurs, il faut pas tout envoyer en l'air dans les haricots, il faut le chercher sous les feuilles. Il faut l'écarter, c'est minutieux, doucement, sans abîmer... Si on cueille et on casse les fleurs qui sont à côté, on perd une partie de la récolte de haricots, c'est délicat."

• Les fraises et le facteur couleur/petits fruits

La cueillette des fraises est également très pénible car "à coucou" ou très courbée. Mais si cette cueillette est très pénible physiquement par ses postures, elle ne demande pas l'attention soutenue de la cueillette du haricot, car la fraise est rouge, on la voit dans les feuilles alors qu'il faut chercher le haricot. Ce facteur couleur qui facilite la cueillette, joue plus ou moins selon les petits fruits.

"Le travail des fraises un peu à coucou, avec les jambes pleines de varices, ça va pas bien... C'est plus agréable que cueillir haricots, petits pois, où il faut chercher, c'est plus fatigant physiquement et nerveusement... La fraise ça se voit bien, c'est rouge... C'est plus facile."

• Les facteurs qui diminuent la fatigue nerveuse de la cueillette

Les productions qui font du volume donnent plus de satisfaction que celles qui font peu de volume : il en est de même pour celles qui font du poids.

"Cueillir les fraises c'est frustrant. Cueillir des tomates, ça remplit vite le cageot, et ça fait du poids... la tomate c'est plus

(31) Sur la culture technique, depuis vingt ans, A. Haudricourt, agronome, botaniste, anthropohistorien, a réuni autour de lui une école d'anthropologie. Voir aussi Salmona (M.), "Apprentissage précoces, imaginaires et techniques", colloque d'anthropologie sur la culture technique, CNRS, nov. 82, et "Le gai savoir des maraîchers, le vivant animalier et la transmission des savoirs et savoir-faire. Algorythmes, mimèsis, phorie", colloque d'ethnologie et sociologie sur les savoirs populaires, juin 1983.

entraînant, si on cueille deux heures, on arrive à cinq cageots."

Les légumes qui se voient sont moins pénibles que ceux que l'on cherche dans les feuilles : aussi certains maraîchers cherchent des variétés de haricots de couleur, pour diminuer l'attention de la cueillette.

La préparation des légumes, l'emballage

• Empiétement du temps de travail sur le temps familial et fatigue

L'emballage est un travail féminin qui demande de la patience, de la de dextérité, la capacité de faire des choix, de la délicatesse comme pour cueillir, de la minutie.

"*La nervosité, la brutalité, c'est pas bon. On cueille la fraise, on emballe... Il faut toucher une seule fois... Le manque de minutie, c'est dur pour l'emballage*".

• Fatigue physique

L'emballage, le conditionnement, se font souvent debout, de longues heures d'affilée et une fatigue physique liée à la station debout immobile se développe.

• Minutie — fatigue oculaire et nerveuse

Mais la fatigue psychique liée à l'attention, la minutie, la monotonie et l'obligation de finir, sont très importantes également : ces activités de conditionnement provoquent des troubles de la vue (fatigue) et un très fort énervement. Enfin, ces heures de travail produisent une fatigue particulière car elle empiètent sur l'activité maternelle familiale (le soir) et sont vécues avec une grande frustration par les femmes.

"*Quand on voit ces tas qui s'amoncellent, il faut finir, sinon c'est fichu. A quelle heure va-t-on finir ? Il y a une tension nerveuse terrible à l'emballage.*"

Le temps du tri et du conditionnement est pris sur le temps où les femmes devraient s'occuper de leurs enfants et de l'activité domestique : "faire à manger".

C'est une des composantes majeure de la frustration, l'impossibilité de remplir à la fois tâches domestiques, parentales et professionnelles.

L'achat de calibreuses se développe, mais ne résout qu'une partie des problèmes. Certains producteurs estiment qu'un tiers du temps passe au conditionnement.

• **La préparation du petit maraîchage**

Un certain nombre de maraîchers vendent en direct et préparent le marché. La préparation du marché demande beaucoup de temps et de soin :

— *méticulosité*

Il faut que ce soit très soigné. "*C'est la présentation des produits qui compte, c'est pareil qu'avec les gros produits... Il faut que ce soit impeccable.*"

— *réflexion-prévision*

Il faut prévoir ce qui va se vendre, on ne peut déléguer cette tâche à un ouvrier car il y a une activité d'analyse du marché, un pari. "*Préparer le marché c'est très pénible physiquement. Je m'occupe de tout, c'est très fatigant. Il faut faire voir à l'ouvrier, tout en préparant le marché, savoir ce qu'il faut pour demain, il faut voir ce qui marche plus ou moins bien.*"

— *empiètement sur la vie personnelle*

Il nécessite de travailler tard le soir, et cela empiète sur la vie personnelle et familiale, comme le conditionnement. "*On termine à 10 ou 11 heures, plus tard des fois.*"

Mais par ailleurs, c'est un moment, lieu d'échange, d'intimité entre hommes et femmes. "*C'est le seul moment où on peut parler, car on est réuni au même endroit.*" "*C'est le seul moment où on parle, quand on prépare les légumes.*"

Les travaux de Sara Lara Flores dans les grandes entreprises capitalistiques et modernisées de la frontière mexicaine avec les Etats-Unis, montrent la même division sexuelle du travail (liée aux mêmes qualifications) chez les ouvrières mexicaines que chez les femmes patronnes dans le groupe familial français (32).

3. Les maladies et nuisances dans le travail de maraîchage

Les maladies et le choix des postures (33)

Les maladies professionnelles amènent à adopter certaines postures. Parfois, les maraîchers et leurs femmes préfèrent être courbés ou *à coucou* que debout, car ils ont des hernies discales et la position "droite" est plus douloureuse que courbée.

"*Je ne trouve pas que ça soit fatigant de cueillir les haricots : je*

(32) Lara Flores (Sara), *Feminización de los procesos de trabajo en la agroindustria mexicana : el caso del cultivo del tomate en Sinaloa*, GEDISST, 1989.

(33) Cassou (B.), Huez (D.), Mousel (M.-L.), Spitzer (C.), Touranchet (A.), *Les risques du travail. Pour ne pas perdre sa vie à la gagner*, éd. La Découverte, 1985.

préfère être baissée que droite, c'est l'inverse des autres, c'est que j'ai une hernie discale, je ne supporte pas d'être droite très longtemps. Courbée j'ai pas mal... je fais l'herbe comme les Marocains, mon père m'a habituée à passer partout..."

Abandon des productions ou des tâches et travail féminin — pénibilité

Les tâches féminines de désherbage, sarclage, cueillette, qui impliquent des postures très penchées, à coucou, à genou, en particulier celles où l'on ne peut travailler d'une main et reposer son bras sur la cuisse (cal), sont abandonnées par les patronnes : elles ne trouvent pas d'ouvrières également pour le faire. Certaines patronnes qui ne faisaient pas ces tâches les réalisent pour remplacer les ouvrières. C'est le cas de la culture de la mâche, de la doucette, de la cueillette des haricots et petits pois.

Certaines nuisances accompagnent les conditions de travail des maraîchers

• La chaleur

Il fait très chaud dans les serres une grande partie de l'année : les maraîchers évitent de travailler aux heures chaudes, mais le rythme et la productivité augmentent, ils y sont souvent contraints.

"*Le plus pénible, c'est lorsqu'il faut, en juillet, débarrasser après toutes les cultures qu'il y a dans les serres, avec la chaleur qu'il fait à 40° ou 50°. C'est épuisant on est toujours près du robinet. On a beau dire : il faut y aller tôt, on est obligé de le faire dans la journée, on y va parfois en pleine journée...*"

Aussi l'univers des maraîchers est-il un univers d'hommes, torses nus, et de femmes très légèrement vêtues. Quand elles peuvent, car lorsqu'elles sont en plein champ, les passants les sifflent et leur jettent des pierres, quand ils les voient en short ou en maillot, accroupies ou très penchées sur l'herbe et la terre (34). Les femmes "*n'ont pas le droit*" d'exposer, même habillées, une partie sexuée de leur corps au regard des passants. Aux hommes accroupis, on ne dit rien. Il est difficile de lutter contre la chaleur et la déshydratation, et les femmes en particulier souffrent de ce phénomène. Certaines d'entre elles qui ont des troubles glandulaires en particulier ne peuvent travailler dans la chaleur des serres.

(34) Salmona (M.), "Les corps sociaux et les corps au travail", dans *Les femmes, leur formation, leur avenir en milieu rural*, revue *Pour*, n°51, nov.-déc. 1976.

La division sexuelle du travail
dans les dessins d'enfants d'Ollioules

La division sexuelle du travail
dans les dessins d'enfants d'Ollioules

• **L'humidité**

Beaucoup de travaux de préparation de légumes, le lavage en particulier, nécessitent que l'on trempe les mains dans l'eau, que l'on manie des paquets de légumes humides : on est mouillé et exposé à l'humidité. Ces conditions de travail, surtout féminin, sont mal supportées et certaines cultures sont abandonnées à cause de la manipulation liée au lavage.

"*Les carottes, les navets, on n'en fait plus. Il faut les brosser, c'est difficile... Les pommes de terre, on n'en fait plus, laver les cageots de 10 kg dans le bassin, c'est très dur, c'est réservé aux femmes...*"

Mais les hommes n'échappent pas à cette nuisance en hiver, le travail dans les artichauts, les choux, les choux-fleurs, se fait dans la boue et l'humidité : on manipule des légumes qui sont trempés et l'on est trempé. Enfin, parfois on est obligé de travailler sous la pluie et "*même les Nord-Africains supportent mal ces conditions de travail.*"

Une série de maladies sont caractéristiques du travail chez les maraîchers. Elles touchent différents lieux du corps et différentes fonctions :

— Les maladies de la colonne vertébrale et les rhumatismes sont très importants et liés aux postures et à la station debout ou très penchée.

"*En 1965, hernie discale, il y a laissé sa santé : quant à ma femme elle ne peut plus travailler baissée mais debout. Ma mère, de rester debout, baissée pour sarcler... avant ce n'était pas pénible, elle fait des becs de lièvre à la colonne vertébrale. Moi, j'ai une hernie discale, scoliose, par ces travaux ! Lui il a de l'arthrose lombaire, des rhumatismes aux genoux, quand on cueille, on joue sur les genoux.*"

— Les maladies du système circulatoire liées à la station debout prolongée et à des postures et travaux accroupis : il y a apparition de varices en particulier (35).

"*Les varices et les veines, ça ne va pas...*"

— Les irritations liées aux productions et les allergies sont courantes.

"*La courgette, ça griffe les jambes... L'aubergine ça pique les mains.*"

(35) Cassou (B.), Huez (D.), Mousel (M.-L.), Spitzer (C.), et Touranchet (A.), *Les risques du travai. Pour ne pas perdre sa vie à la gagner*, déjà cité.

Certaines productions irritent la peau, ça donne des boutons, ça gratte.

"Le concombre, on est obligé de mettre gants et manches longues, ça irrite la peau... Le melon et la courgette, je suis allergique, je gratte tout l'été. Je peux pas toucher les melons, ça me donne une sorte d'eczéma sur tout le corps ça me rend très malade. Déjà je les touche pour les vendre, les emballer, ce sont mes petits Marocains qui les cueillent."

— Les intoxications liées aux utilisations de produits chimiques, sans protection, sont fréquentes. Certaines sont graves et les maraîchers ne prennent pas beaucoup de précautions et ne mesurent pas toujours les risques.

— Les troubles cardiaques, digestifs, liés à une fatigue nerveuse excessive, à la tension, "à la lutte contre la montre", à la complexité et rapidité du travail dans le maraîchage.

— La fatigue nerveuse est en permanence forte et se traduit de diverses manières.

"J'ai eu de la tension nerveuse, et lui une congestion cérébrale. L'anémone ça déclenche de l'aérophagie nerveuse, il y a une tension abominable à l'emballage."

— Les troubles psychologiques

"J'ai fait de la dépression, quand j'arrive pas à suivre, quand j'ai des pépins..."

— La fatigue mentale est très forte et permanente dans ce métier.

— Les troubles glandulaires : de nombreuses femmes, qui travaillent en particulier sous serre, se plaignent de l'influence de la chaleur sur "leurs glandes" (thyroïde, etc.). Certaines abandonnent le travail sous serre à cause de ces troubles.

4. Les femmes — Le travail — La formation

Histoire de la division sexuelle du travail

Les femmes sont spécialisées dans une série de travaux d'entretien : elles sont exclues de l'acte de semer, de planter, de l'arrosage, des traitements.

Voici comment elles décrivent leur activité :

"Je ne plante pas, mais je fais tout ce qui est motte ou pose... Pour le melon, je pose les mottes... Les haricots, je sème, je fais la raie, je couvre après semis. Je me charge de mettre les mottes en caisse et de les poser. J'éclaircis pour la laitue... Pour le tuteurage, je passe devant et mets les ficelles à chaque plant, le

mari passe derrière, la fixe par le bas, tous les deux ils le mettent à hauteur de la poitrine... Les désherbants, c'est les hommes... Les artichauts c'est les hommes qui les cueillent et nous les rangeons dans les cagettes... Je bine, sarcle à la main. Si c'est à la machine, c'est l'homme."

Quand un travail se mécanise, il devient souvent un travail d'homme.

Souvent les femmes ont un statut par rapport aux hommes dans la collecte du travail, d'employée de confiance.

"*On travaille presque comme des employées, on n'a aucune initiative. En étant deux familles, quand les femmes s'occupent des exploitations, ça va pas dans les associations. Nous sommes exploitées comme des employées de confiance, sous directive de l'homme.*"

Les tâches qui requièrent patience, méticulosité, répétitivité, et les tâches qui nécessitent de faire des choix (tailles, etc.) leur sont confiées.

"*Il y a bien de patience pour les semis de poireaux, ou l'herbe, c'est long, c'est pas pour l'homme, moi j'aime faire l'herbe. L'homme est fait pour racler, faire le terrain, les semences.*"

Elles aident les hommes à planter, elles plantent elles-mêmes rarement, pourtant aucun obstacle psychologique n'existe.

"*Quand on plante de grosses surfaces d'artichauts, on aide à planter, distribuer le plant sur le terrain.*"

L'absence des femmes dans ce type de tâches n'est pas liée à des incapacités mentales ou physiques, mais à des interdits symboliques, car l'arrosage et la plantation sont faits avec des outils très facilement maniables par les femmes.

En effet, rien, sinon la tradition, n'empêcherait que les femmes traitent ou arrosent, car elles font des travaux où la fatigue physique est importante, comme la manipulation des plateaux, ou la récolte des haricots.

"*Je plante, je repique, je ramasse... Je n'arrose ni ne traite... Je taille les tomates, les attache... Je récolte le persil, pas les choux. La courgette, on la fait tous les deux... On manipule les plateaux, on étiquette... La femme fait la comptabilité.... Les chèques c'est le mari qui les fait, les achats de matériel aussi.*"

Presque tous les travaux d'entretien, à forte dépense nerveuse, se font dans des postures très dures, pénibles..

"*Souvent je travaille "à coucou", à genou, le matin je ne peux pas me lever.*"

Les femmes utilisent pour ces travaux d'entretien les vieux outils du maraîchage " à la main".

"Le binage et le sarclage, on le fait avec une raclette à manche courte, l'homme avec une raclette à manche longue... L'arrosage, on le fait accidentellement !!! On faisait la cueillette des haricots, des petits pois, et l'emballage, tri, calibrage, on le fait encore..."

Autrefois, la division sexuelle du travail portait sur la partition travail assis/travail debout. Les femmes réalisaient "assis" (ce qui ne les empêchait pas de participer au travail debout).

"Le travail était bien défini : emballage, préparer les artichauts. La fille, les nettoyer... La femme ne plantait pas... Préparer le cabosse c'est un travail assis, c'est un travail de femme. Il y a vingt ans, c'était impensable de payer un homme pour un travail assis... Nettoyer les fenouils, les couper, même ça... Les femmes ne faisaient pas les semis, mais le nettoyage des semis. Les plants d'artichauts pour replanter par exemple, c'est un travail assis pour enlever les feuilles. Le fenouil peut se faire éclaircir par une femme : on sème le fenouil en graine, puis on repique et après... il pousse trop serré et après il faut l'enlever... quelquefois les femmes le font, l'éclaircissage..."

"Autrefois les femmes récoltaient la graine ; elles mettaient tous les beaux fruits de côté, en fin de saison on avait une grande journée à retirer les graines des fruits, à les laver, à les sécher... Maintenant, on achète des hybrides. En 1960, on faisait les coulis en même temps que les graines autrefois..."

Les femmes et l'accession au travail masculin

Les femmes prennent la relève des travaux masculins quand le mari tombe malade, ou qu'il va faire un voyage d'études ou un stage.

"Quand il a été malade, je faisais tout l'ouvrage, le tracteur."

Quelques femmes transgressent la division sexuelle du travail quand elles-mêmes sont originaires d'un autre milieu que le milieu agricole ou d'une autre région, ou ont eu un autre travail : comptable, garde-barrière, prof de gym, infirmière, etc.

Elles prennent l'initiative de vendre en direct sur le marché les productions, particulièrement en été, de faire avec leur camionnette le tour des marchés de la côte, de s'occuper activement du marché paysan d'Hyères, du contrôle de l'origine des marchandises, de prendre en charge les traitements chimiques, l'arrosage, la réparation des serres de verre et certaines d'entre elles créent et gèrent des petits marchés microlocaux.

Les femmes qui changent la division sexuelle du travail maraîcher conduisent le tracteur, s'occupent du planning de rotation, vendent chez elles ou au marché ; elles travaillent sans l'aide des hommes, participent aux manifestations et à la vie des institutions, commandent aux ouvriers, s'occupent des papiers (comptabilité, fiches de dates, traitement), enfin font les traitements (travail d'homme). Elles font le même travail que les hommes.

"On fait le même travail... Je mène le petit tracteur, je sulfate. J'ai poudré les courgettes, je plante, je mets rarement l'engrais car c'est lourd à porter. On a fait beaucoup de tomates, sans calibreuse. Un jour sur deux je vais à Hyères..."

Les femmes et l'observation

Le travail d'observation des femmes est extrêmement important dans le maraîchage :

"L'homme intervient aux moments stratégiques, plante, tailles, récolte ; la femme entretient donc (comme à la maison) ; chaque jour elle a l'œil sur un certain nombre de phénomènes, état des plantes, besoins en eau, "souffrance" en engrais, début de maladie... elle surveille en désherbant, pessugant, binant... L'homme passe "aux grands moments", et le reste du temps il observe moins car il passe moins régulièrement dans les parcelles, et moins près du sol, même s'il arrose fréquemment."

"L'arrosage est un travail d'homme, mais quand je vois, en désherbant, la plante qui souffre, je le dis au fils... Je connais les pucerons et j'alerte les hommes..."

En effet, le travail d'entretien les amène plus souvent que les hommes à voir les cultures dans le détail et à stocker de l'information.

Comme le disent les hommes :

"Des fois, on reste huit jours sans aller voir les tomates et si on arrose, nous on n'y retourne pas, les femmes passent attacher, ramasser, désherber et informent les hommes."

La lutte contre les maladies, les parasites, est importante dans le maraîchage. Nous avons vu que les femmes repéraient les signes de ces maladies souvent avant les hommes, mais ne participent pas aux traitements.

On évoque surtout un certain nombre de maladies : celles sur lesquelles on ne peut pas bien agir.

• **La tache**

"Les poivrons jaunes, ils attrapent la tache, on arrose, on arrose, et ils ont la tache et d'un coup on a quelques plantes, paf, paf ça meurt, on se crève à pousser ça bien et ça meurt. J'arrive pas à arrêter la tache, je fais tous ce que je peux pour la faire passer, j'ai pris la colère, on arrache... On a arraché les quelques qui n'ont pas la tache, on a laissé les petits pour voir s'ils auraient la tache... ça provient des races de légumes, de la résistance des qualités... il y en a qui l'ont et d'autres pas..."

• **La mosaïque**

"On combat la mosaïque avec des variétés résistantes".

• **Les maladies des racines**

"Elles ont la maladie du collet."

Mais on parle beaucoup des parasites et insectes, de l'ailerode en particulier.

"Pour arriver à tuer l'ailerode, je prends la colère et je brûle tout, comme ça je les ai tuées, sulfatages sur sulfatages, l'an dernier, j'ai brûlé 1 500 bouquets de renoncules, ça a brûlé... On a des ailerodes depuis les "Pieds noirs".

Les manières de repérer qu'une plante est malade, c'est qu'elle "passit" (36).

"Les plants de tomates commencent à passir : quand ils sont malades, ils retombent, ils se développent pas... Mais on ne sait pas pourquoi ils se développent plus ; est-ce une maladie ? Est-ce une carence ? D'autre part, il est difficile souvent de déceler immédiatement la maladie et d'en faire le diagnostic."

Il apparaît que sur ce problème de repérage des signes, les femmes pourraient jouer un rôle beaucoup plus important qu'elles ne le font actuellement : elles observent le terrain, elles identifient les signes de maladies ou de carences, et en parlent à leurs maris. Elles pourraient, si elles étaient informées et formées sur les traitements, les engrais, la pédologie, utiliser plus rapidement l'information qu'elles recueillent et prendre en charge les opérations nécessaires pour répondre aux problèmes urgents qui se posent dans le jardin. Une formation à la démarche de diagnostic des maladies, pour les femmes, telle que l'ITOVIC (37) l'a mise sur pied, concernant l'élevage moutonnier, une formation à la connaissance des dif-

(36) *Passir* : faner, flétrir, chiffonner. Dictionnaire provençal-français, *Lou tresor doù felibrige* de F. Mistral, éd. L'Unicorne, Genève-Paris, 1979.
(37) Françoise Luquet, responsable du service formation de l'ITOVIC.

férents types de terre (pédologie) et des engrais nécessaires à leurs équilibration, permettrait également aux femmes d'intervenir rapidement.

Enfin, une formation à la chimie liée aux produits utilisés dans le maraîchage leur permettrait d'agir utilement. Pour l'instant, toutes ces formations sont dispensées uniquement aux hommes. Cet ensemble de connaissances dynamiserait et donnerait un sens au travail des maraîchères.

En conclusion, les travaux exécutés par les femmes, pour des raisons que nous avons évoquées plus haut, sont très parcellisés, “bouche-trou”, d'entretien. Elles n'ont pas le droit, même si elles savent le faire, de réaliser dans sa complétude, l'ensemble des activités techniques liées à une production. Leurs travaux sont privés de leur logique interne technique et mentale, constituée par la prise en charge d'une “série-suite” d'actes techniques (allant des tâches d'entretien par exemple, aux tâches d'intervention couvrant une production). Ainsi, ce sont les maraîchères qui désherbent, observent et font le diagnostic des maladies, mais c'est l'homme qui traite. La partie motivante, active, globalisante, introduisant un sens et une intelligence des actes techniques, leur est interdite. La division sexuelle du travail et les formes préférentielles d'accès au savoir scientifique, diffusé essentiellement aux hommes, sont un obstacle majeur à la rapidité d'intervention et à la constitution d'un sens dans le travail des femmes.

1. L'arrosage à la rampe introduit la participation des femmes à l'arrosage. De nombreux travaux sur l'agriculture, en Europe et hors d'Europe, montrent que, quand une pratique se mécanise, elle est prise en charge par les hommes. Cette conclusion ressort tant des études comparatives dans un même pays que des études historiques. Pourtant cette règle n'est ni automatique ni simple (38). Ainsi, l'arrosage chez les maraîchers qui est un travail masculin, devient féminin quand il se perfectionne. Ici l'automatisation joue dans le sens d'une déqualification : c'est un travail que l'on peut confier à n'importe qui puisque la machine le contrôle.

2. L'introduction des mottes a donné un plus grand accès des femmes aux activités de semi-plantation : elles mettent les graines dans les mottes. D'autre part, la motte est une petite révolution

(38) Comme F. Sigaut l'a souligné au colloque Max Planck sur le “procès de travail”, Göttingen, juin 1973.

dans le gain de temps et d'argent. L'introduction des mottes a diminué le désherbage.

"*Les mottes sont élevées dans la serre d'élevage... Il n'y a plus aucun désherbage jusqu'à la récolte. Le terrain est propre. Il y a de l'herbe, on peut se permettre de ne pas le biner... La motteuse c'est un gain de temps. La motte ce sont les femmes qui s'en occupent aussi.*"

"*C'est une révolution, la motte, il y a trois ou quatre ans...*"

"*Je prépare les mottes avec mon mari, la motteuse est un gain de temps : ça mélange le terreau, eau, sol. Il y a des motteuses qui sèment.*"

3. L'introduction du fil de nylon a simplifié le travail des femmes.

"*Avec le nylon, il y a un gain de temps, de main d'œuvre, de peine... La motte et le fil ont bouleversé notre travail du point de vue temps et main-d'œuvre.*"

4. Le désherbage artificiel a été une révolution, un grand changement pour les femmes, en particulier par l'utilisation du plastique noir.

Ces mécanismes se retrouvent quand on analyse les activités techniques des ouvriers agricoles en maraîchage et élevage : ils n'opérationalisent pas, c'est le patron qui le fait. Pourtant, comme la femme, ils font le diagnostic, car ils passent tous les jours dans la parcelle et entretiennent le jardin. Ce n'est pas un travail d'OS puisqu'il y a intelligence investie dans la tâche de diagnostic (selon la définition de Freyssenet sur les composantes de la qualification). Comme pour les femmes, il serait nécessaire de former les ouvriers à la chimie.

5. L'évolution du travail dans le maraîchage

a/ La vulgarisation de la science et de la chimie dans le maraîchage : un phénomène de domination

C'est au sujet des traitements, liés au problème des maladies et de la fertilisation, que les maraîchers se sentent les plus dépendants, les plus démunis, par rapport à la science et aux détenteurs de la science. Ils n'ont pas les moyens de maîtriser le savoir chimique qui leur permettrait d'utiliser avec pertinence les traitements que les firmes privées et les coopératives leur vendent.

"On ne comprend pas bien ce qu'il y a d'écrit sur la boîte, et puis on ne peut pas suivre l'apparition des nouveautés... on est perdu..."

Mais ce même problème se pose en ce qui concerne les engrais, l'analyse des terres et la lutte contre les carences de la terre également.

En ce qui concerne les carences, ils résolvent le problème en faisant faire des analyses de sol par des firmes privées ou par les agents des coopératives de circuits privés ou professionnels de vulgarisation et de rencontres. Ce savoir, d'autre part, véhicule des informations contradictoires et très vite remises en question par l'apparition de nouveaux produits, de nouvelles consignes des diffuseurs : "*On nage, on ne sait plus qui croire, à quel saint se vouer... On fait n'importe quoi.*" Ce problème de vulgarisation de la science est non résolu et capital, avec l'intensification et la sophistication des techniques de production.

b/ La conversion vers les serres

Depuis un certain nombre d'années, la conversion vers les serres plastiques s'est accélérée chez les petits maraîchers : elle permet une amélioration de la précocité, de la productivité et un suivi des cultures. Elle pose aussi de nombreux problèmes d'adaptation matérielle et mentale.

La place des serres n'est pas "réfléchie", on calcule mal l'emplacement. On ne peut pas les déplacer ensuite et on subit des conséquences techniques et économiques.

"*On réfléchit pas quand on fait les serres, je les aurais faites ici au lieu de là, j'aurais pu faire un groupe et le changer, le déplacer ; les gens qui font les serres, ils les placent, s'en vont et c'est fini* (39)."

On ne prévoit pas, assez avant de les monter, les multiples facteurs qui vont intervenir : l'inondation par l'eau, par exemple :

"*J'y ai des remontées d'eau. J'ai pas beaucoup réfléchi aux problèmes de l'eau... Je reçois l'eau de mon voisin, elle reste deux ou trois jours dans les serres et s'en va.*"

(39) Comment finance-t-on les serres ? Par différentes sources de financement. A la fois par les représentants des maisons qui font crédit, par le Crédit agricole, par l'autofinancement, par les banques privées. *"Les serres, je les ai installées, les représentants m'ont dit tu paies quand tu as des sous... à mesure que je pouvais, je les ai payées."*

"Monter les serres, c'est difficile... les niveaux... etc. On se met avec des voisins pour le faire..."

La construction des serres plastiques qui est à la fois un investissement important et une révolution dans les systèmes de culture est rarement accompagné d'une réflexion sur la pédologie. Dans le cadre d'un film réalisé par l'OFRATEME avec les maraîchers du bassin de la Reppe, une séquence de formation des maraîchers, animée par un pédologue du canal de Provence, se déroule à l'intérieur d'une serre. On y montre l'étonnement et l'inquiétude des maraîchers, liés à la difficulté d'accéder à la compréhension d'un savoir trop dense et trop éloigné de leur pratique. Cette séquence de film est devenue, à l'encontre de la volonté des réalisateurs, une séquence comique dévoilant le décalage des langages, des cultures entre l'expert et le maraîcher sur un problème pourtant vital pour eux (40).

Les transformations qu'entraînent les serres dans le travail

• L'argent est mieux maîtrisé, des rentrées échelonnées d'argent peuvent s'organiser. "*Avec les serres, on a des rentrées d'argent toute l'année.*"

• Le temps est mieux maîtrisé car le travail se contrôle mieux sous les serres et on peut mieux calculer le temps de travail.
"*On contrôle mieux le travail dans les serres qu'à l'extérieur, on sait que pour faire une banquette il faut tant de temps. Il n'y a pas de variation à cause des serres, dehors s'il faut biner une culture, ça va plus ou moins vite, si c'est plus ou moins mouillé, on peut moins contrôler.*"

• Le travail de vigilance, d'attention, est très important. Des conduites systématiques de contrôle et d'enregistrement se mettent en place. "*Avec les serres, il faut être tout le temps là, on les bichonne, on fait attention à tout... En plein champ, on laisse la nature faire les choses. On a un tableau, on sait que toutes les semaines il faut arroser, on a le thermomètre... on marque les traitements. Je note les périodes d'intempéries, les pépins, les périodes de gros mistral. On donne la terre à analyser au labo...*"

• Le travail est plus concerté, plus suivi, plus organisé. "*Sous la serre, on fait un travail plus concentré, plus suivi. Je suis jaloux si on a une voisine au marché qui a les tomates de serre quinze jour avant moi.*"

(40) *Terres déchirées*, film OFRATEME CNDP, télévision éducative et syndicale de l'Ouest varois (SALOV). Ce film est à la disposition des maraîchers de ceinture verte et a beaucoup circulé.

• La charge mentale augmente avec la vigilance et le “souci” des investissements. “*On n'osait pas ouvrir les serres, ni partir à 2 km ; sans la serre avec un vent à 150 km/heure, ça bouge pas... mais on est beaucoup plus inquiet avec les serres et on est pas décontracté les jours de mistral.*”

• On aménage le temps de sa vie familiale avec celui du travail, si on fait des serres de légumes on peut avoir une vie de famille, ce qui n'est pas le cas si on fait de la fleur de plein champ. “*Les légumes, ça pose pas des problèmes de famille ; dans la journée, mon fils est en classe... tandis que si je fais des fleurs, je ne le vois pas. Avec les légumes, je le vois ; le soir c'est terminé, je voudrais profiter plus de ma famille... avec les fleurs ce n'est pas possible.*”

c/ La restructuration des savoirs, des savoir-faire, le recyclage par rapport au travail de plein champ

• Il faut adapter la culture à l'espace traité. “*Sous serre, il faut adapter les cultures à l'espace : il y a trente-six largeurs de tunnels, je n'ai pas les 8,50 m et je perds une rangée de tomates. Il ne s'est pas perdu d'espace*”.

• Il faut repenser l'utilisation de la main d'œuvre avec les serres. “*Il y avait pas assez de travail pour travailler à temps complet dans cette serre, alors je la délaissais par moment : il faut avoir assez de cultures pour qu'il y ait un personnel qui reste à temps complet dessus pour que ce soit suivi. Avec une serre de 6 500 m², je m'en occupe complètement.*”

• Il faut adapter les variétés, les traitements, les techniques au travail de la serre, reconsidérer les équilibres dans leur ensemble. “*Les traitements c'est difficile, la végétation est plus fragile qu'en plein champ, on risque plus, il y a plus de frais... Il y a des problèmes de maladies, d'aération... Ils ont manqué d'air les haricots. Les haricots ont fait tout d'orgueil, tout en feuilles, ils ont frisé ; sous les serres, avec les haricots, il faut tâtonner, ce n'est pas la qualité qui va là-dessous.*”

• Il faut tout revoir en culture sous serre. “*Il faut revoir les engrais aussi, je préfère mettre du fumier. Ce sont les variétés en serre qui posent problème. On consulte le catalogue et on essaye, on consulte le voyageur, il faut que ça plaise à la terre. C'est un test que l'on fait. Il faut essayer des variétés qui plaisent à la terre.*”

• Il est nécessaire de consulter la documentation, de se recycler, mais aussi de savoir prendre sa liberté par rapport à la documentation technique. Le savoir expérientiel est aussi important que le savoir scientifique apporté par les experts.

d/ Analyse des terres et paupérisation culturelle

Des mécanismes se développent lorsque les agriculteurs passent du système de production en plein champ à la culture sous serre. Cette transformation incite les maraîchers à faire faire des analyses de terre. Les analyses et leurs résultats sont réalisés et restitués dans un système de nomination scientifique méconnu des maraîchers et peu accessible.

Aucun tableau de mise en relation n'existe entre le système de nomination local de la terre, lié à la pratique des maraîchers et à leur histoire, et le vocabulaire scientifique des analystes. Ce tableau de conversion serait nécessaire, car en son absence les maraîchers n'ont plus aucun système de nomination de la terre : ils ne possèdent pas le système de nomination scientifique et ne font plus confiance au système de nomination local qui ne leur sert plus dans le contexte des analyses de la terre. Il y a alors paupérisation culturelle maximale.

Ils pourraient, avec un tableau de conversion, et même si ce tableau ne permet pas de mettre en correspondance terme à terme l'un et l'autre système (car ils ne partent pas des mêmes points de vue, critères, objectifs, finalités, objets) :

— retrouver l'utilité du système de nomination local et mobiliser ce "savoir" sur les terres, très riche et opératoire depuis des siècles, en attendant de posséder le système de nomination scientifique et de faire la synthèse entre les deux,

— diminuer la dépendance au spécialiste vulgarisateur qui, seul, possède le code des références scientifiques de la nomination savante des analyses de terre.

e/ Formation, activité technique et niveau opératoire dans le maraîchage

Comme pour le travail des moutonniers, nous avons repéré les opérations concrètes et formelles mises en jeu par les tâches des maraîchers. Puis nous avons fait passer en famille de manière anonyme et sans restriction de temps, une série d'exercices logiques fabriqués par Pierre Higelé (41) et concernant des problèmes de maraîchage. Ils comportaient douze items, deux de niveau concret, trois portant sur la proportionnalité, deux sur la dissociation de facteurs et cinq sur la combinatoire. Nous avons pu évaluer effectivement qu'ils maîtrisaient les

(41) Higelé (P.), *Utilisation de la théorie opératoire de l'intelligence en formation d'adultes*, déjà cité.

opérations formelles nécessitées par les tâches (en particulier la planification-programmation de la rotation des cultures qui relève de la combinatoire du point de vue de l'abstraction mise en jeu) (42).

Ces opérations ont été retenues en fonction d'hypothèses selon lesquelles les maraîchers doivent pouvoir maîtriser un certain nombre d'opérations formelles pour mener à bien leur activité technique.

La combinatoire, qui est la capacité de dénombrer systématiquement toutes les combinaisons d'un certain nombre d'objets sans en oublier ni en répéter, est indispensable si l'on veut envisager l'ensemble des manières possibles de conduire une exploitation.

"*Pour résoudre des problèmes liés, par exemple, au plan de fumure et en particulier pour être capable de le modifier en fonction des résultats, la maîtrise de la dissociation de facteurs est nécessaire* (43)."

Dans le cas de la fumure, par exemple, pour le calcul d'unités fertilisantes, la maîtrise de la *proportionnalité* est nécessaire.

Ce choix d'items provient pour partie de résultats d'études antérieures menées sur un public d'agriculteurs, mais également d'hypothèses émises à partir de la connaissance que nous pouvions avoir de cette population.

Le niveau opératoire de cette population apparaît comme élevé en référence à un public d'ouvriers où le nombre de personnes maîtrisant le niveau formel était beaucoup plus faible. En particulier la maîtrise de la combinatoire et de la dissociation de facteurs : la moitié des sujets la possède et permet d'affirmer la capacité de ce public à faire des choix économiques et techniques. Comme l'élevage moutonnier, le travail du maraîchage sollicite de manière permanente l'utilisation chez le travailleur de la combinatoire et développe les capacités d'abstraction : le jardin est une école de l'abstraction. En effet les bons résultats aux exercices de combinatoire, de dissociation de facteurs ne peuvent s'expliquer par le cursus scolaire des maraîchers qui n'est pas très long. C'est l'activité permanente de repérage, stockage, combinaison des signes, d'anticipation et du croisement de l'espace-temps dans le travail technique qui développe dès l'enfance ces capacités d'abstraction.

(42) Salmona (M.), "Le gai savoir des jardiniers, le vivant animalier et la transmission des savoirs et savoir-faire. Algorythmes, mimésis, phorie", déjà cité.

(43) Nous avons fait la même démarche de recherche, sur les opérations concrètes formelles mises en jeu dans le travail, auprès d'une population d'éleveurs de moutons en 1972, également en relation avec Pierre Higelé, piagétien et spécialiste de l'analyse du travail et des opérations intellectuelles mises en jeu dans l'activité technique.

Pour éviter tout malaise lié à l'idée de jugement sur les acteurs, les exercices ont été réalisés par les maraîchers sans limite de temps, chez eux, après présentation collective et détaillée des objectifs utiles pour les maraîchers de cette passation d'exercices logiques. Lors de la restitution des premiers résultats et d'une réflexion collective sur la complexité mentale du travail, des difficultés concernant le dosage se sont exprimées ainsi que des difficultés à combiner la multiplicité des facteurs qui entrent dans la rotation du jardin.

Des difficultés ont été constatées dans les exercices logiques, dans le domaine de la proportionnalité. Elles peuvent en entraîner dans tous les problèmes nécessitant des calculs de dosage (engrais, fumure, etc.) qui relèvent de la maîtrise de la proportionnalité.

Comme il a été fait à la SEITA par Higelé, pour entraîner les ouvriers en recyclage à certaines opérations formelles qu'ils maîtrisent mal et sont nécessaires à leur travail, la création d'un atelier d'opérations qui entraînent à la proportionnalité, avec des supports matérialisés (et non des exercices "papier/crayon" scolaires) permettrait aux maraîchers de récupérer ces savoir-faire mentaux, sur lesquels ils ont des difficultés et qui sont nécessaires dans l'activité quotidienne concernant la chimie, les engrais, la fertilisation et l'activité de dosage en général.

Les maraîchers ont de grandes difficultés à faire des règles de trois, mais la perspective de les entraîner à cet exercice dans un cadre scolaire proposé par Gaston Beltrame ne leur convient pas. Par ailleurs, nous n'avons pu obtenir aucun crédit pour mettre en place avec Pierre Higelé des pédagogies spécifiques aux maraîchers permettant de récupérer ou d'acquérir la proportionnalité en particulier.

C — TRAVAIL ET LIENS AVEC LA TERRE

1. Une relation sociale

Les maraîchers parlent de la terre en termes d'être doué de sensations, de volonté, de pensée : c'est un être vivant qui exige des manières de l'approcher, subtiles, elle est un corps vivant que l'on nourrit, soigne, prive ou laisse reposer. On dialogue avec elle, avec son corps.

Cette interaction homme/terre est complexe.

• Il faut savoir "prendre" la terre comme on apprend à prendre une personne, un animal. "*Toutes les terres sont bonnes si on sait les prendre ; il faut pas les travailler trop molles... il faut les travailler quand c'est le moment...*"

Elle a besoin comme un être vivant de soins et d'attentions pour la maintenir en état.

• Il faut laisser reposer la terre. "*A la fin 1956, on a cessé avec le gel de faire des fleurs. Avec la fleur, il y avait des temps, plus de calme, pour laisser la terre reposer.*"

• Il faut que la terre se purge, car elle a des activité digestives, avale, digère, est malade. "*La terre est infestée, je ne sais pas si elle est purgée mais les poireaux sortent. Si on reste six ou huit mois sans mettre une plante sur la terre, elle mangera certaines bactéries qu'il y a dans la terre, elle va les avaler. Il y aura une transformation...*"

• Il faut priver, parfois affamer la terre pour la soigner. "*La terre ne veut plus de piments, elle est fatiguée de voir la même récolte dessus... Ils montent trop. Les fleurs coulent, les plantes frisent, elles travaillent pas au fruit. Cette année, on les a pas fumées ; elles vont mieux. Avant on avait des cochons pour fumer. Les terres sont épuisées avec l'engrais chimique.*"

• Les terres sont parfois saturées, épuisées, mourantes. "*On va faire des tomates dernières. On évite de faire des laitues. Les terrains sont saturés.*"

La terre réagit à l'intensification et aux produits chimiques ; elle résiste et proteste, elle manifeste son désir, sa volonté de vie.

• Elle refuse les cultures. "*La terre quand elle ne veut plus, elle ne veut plus d'une plante et si une plante se plaît bien ici, elle va pousser, si elle se plaît pas, elle va mourir, c'est comme une personne.*"

• On passe avec la terre des contrats. Elle tient ses promesses si on les remplit. "*Si je lui donne, elle me donne.*"

2. Les rapports à la terre (44)

Les maraîchers connaissent en détail les variations de la terre et à l'intérieur d'une parcelle de terrain, par exemple, les variations liées à l'humidité, et aux caractéristiques de la terre. Ces variations fondent leurs classifications à partir d'une série de notions, d'images et de critères autres que scientifiques.

(44) Voir en cahier central, photos sur les technologies anciennes et modernes du maraîchage.

La terre, selon le cas, offre des facilités à être travaillée et donne des plaisirs du corps et esthétiques.

"J'ai deux types de terre, celle du Gapeau est fertile. C'est une terre d'alluvions, belle terre. Une terre d'alluvions c'est plus agréable à travailler, le tracteur fait des raies beaucoup plus belles".

"Les terrains les meilleurs sont au bord des rivières, couche d'alluvions, terre friable, mais pas trop sablonneuse. Ca se sent quand on plante le tracteur en terre, il gratte un peu."

"Les gars ont beaucoup de plaisir à travailler la terre là-bas. On la voit s'ouvrir derrière le tracteur. Mon petit Marocain préfère faire les raies là-bas qu'ici. C'est plus joli à l'œil, elles restent plus nettes."

Ce n'est pas l'œil qui est concerné par le travail seulement, mais une sensation vécue dans l'ensemble du corps, irradiée à travers l'outil, la machine et le bras. Il y a toute une part d'invisible et d'indicible (45) dans le travail des maraîchers, comme dans le travail de la terre. La terre est ressentie comme autonome (comme l'animal qui travaille seul et n'est qu'accompagné dans son travail de copulation, d'allaitement, de reconnaissance des petits, par l'éleveur.).

Les conditions de préparation, d'humidité, de consistance sont importantes. Il faut labourer quand la chaleur évapore l'humidité.

"Il faut humidifier la terre quinze jours à l'avance, quand la chaleur l'évapore, on laboure cette terre. Si c'est trop mou, qu'on laboure là-dessus, on fait des mottes, ça va pas."

En effet, si c'est trop humide, on tasse, les mottes sont incassables.

"Si on a une grosse pluie, qu'on veut labourer tout de suite, on casse les mottes, on tasse. C'est incassable. C'est surtout la préparation qui compte."

"Certaines terres sont battantes, se tassent comme le négadou, quand on les travaille."

"C'est une terre compacte, une terre battante, elle se tasse... Le "négadou" qui se tasse, noir, alluvionnaire. Je fais des cultures qui sont pas de printemps car au printemps je peux pas les travailler : je fais des macau pour cela, des artichauts macau. D'autres terres sont compactes, on peut pas les travailler, s'il pleut au printemps... Quand les choux sont buttés, j'augmente ma butte avec la charrue vigneronne. Ca fait sécher."

Tous ces phénomènes ne sont pas également visibles ni maîtrisables par le travailleur.

(45) Des sensations cénesthésiques et difficilement descriptibles.

Connaissance et théories implicites agronomiques du sol

Pour les maraîchers varois, un sol n'existe pas en général, mais "*en une combinaison complexe de facteurs qui produisent des sols compacts, sableux, blancs, bruns, stériles, fertiles... chaque type d'organisation apparaît comme une réponse à une coordination originale des éléments. Pour eux c'est une conjonction de réactions du sol et de la plante à une micrométéorologie agricole qui créé les conditions concrètes de la production agricole.*"

En particulier, dans toute la production des variétés précoces, cette connaissance micrométéorologique est nécessaire. Pour eux, l'agronomie, proche de la climatologie, une agronomie préscientifique de la pédologie, de l'hydraulique, n'est réductible à aucune de ces sciences mais ils les utilisent toutes "*empiriquement*" en dehors de de la chimie agricole et la pratique fondamentale de l'analyse des sols (46).

• Les maraîchers sont à la recherche d'un équilibre de température, la terre doit pouvoir s'échauffer mais rester fraîche et humide et s'assurer les réactions du sol à l'humidité.

• Il faut ameublir la terre, la rendre souple : c'est le souci primordial, "*l'état ameubli de la terre est synonyme de fertilité* (46)". Comme dans les traités d'agronomes andalous, l'intensification se fonde sur le respect de l'équilibre naturel et il y tient une place essentielle.

• Par opposition à une agriculture éliminant les sols moyens ou mauvais, ils se veulent capables et cherchent à récupérer tous les sols et tirer parti des plus mauvaises terres : blanches, sablonneuses, graviers, argiles et même la terre salée.

Ils sont soucieux d'investir beaucoup de temps, d'engrais, d'effectuer un travail considérable pour rendre maraîchère une terre difficile et manifestent ainsi une conception "*à l'opposé de la recherche d'un rendement maximum fondé sur une rationalisation de type moderne où l'on donnera le maximum de travail et d'engrais aux meilleures terres* (46)".

• Certains travaux sont nécessaires pour convertir la terre au maraîchage, il faut niveler, terrasser (47), construire des rigoles pour drainer l'eau, des talus pour éviter les inondations des ruisseaux, planter des arbres ou canas contre le vent. C'est un travail de longue haleine, incessant, "toujours à recommencer".

(46) Bolens (L.), *Agronomes andalous du Moyen Age*, département d'histoire générale de la faculté des lettres de l'université de Genève, librairie Droz, Genève, 1981.
(47) Blanchemanche (P.), *Les bâtisseurs de paysages*, éd. de la maison des sciences de l'Homme, Paris, 1990. Voir p. 225 la construction d'une restanque, pages 228 et 229 des planches de technologies anciennes tirées d'un vieux traité de maraîchage et pages 232 à 236 une documentation sur la fabrication du jardin dans ce même traité.

"*On a remplacé les vignes par les légumes, on a terrassé avec une brouette. Mille brouettes par restanque. 700* m^2 *de terre et en 1936 la première serre... On a lancé les piments en 1950...*"

Le jardin est une véritable construction, à partir d'un sol transformé par le travail des hommes, les apports d'engrais, l'organisation des pièces, des tables et des systèmes d'irrigation, enfin des abris contre le vent. "*Le parcellaire paraît toujours très régulier, tiré au cordeau. Cette agronomie de détail n'épargne ni le labeur humain, ni la répétition de l'opération* (48)."

• Ces conceptions du sol sont liées à des théories implicites concernant la nature. "*L'action de l'homme n'est pas perçue comme un bouleversement de l'ordre naturel mais comme une adaptation minutieuse, tatillonne à cette unité* (48)." Dans ce sens, les maraîchers du littoral varois se rapprochent d'une conception écologique du travail avec la nature.

• Les terres doivent pour être bonnes et faciles à travailler et ne pas consommer trop d'engrais, avoir et conserver une consistance liée à une série de facteurs propres à la terre, à la pluviosité, à l'humidité. Ces facteurs sont indépendants de la volonté du travailleur, c'est un équilibre complexe.

• Mais l'action, le travail de la terre dans de bonnes conditions dépend aussi de l'initiative du maraîcher. Par exemple, le choix du moment où elle est bonne à travailler. Il se doit de saisir au vol les opportunités. "*Sur la même exploitation, il y a beaucoup de différence d'une terre à l'autre... ici, il y a des terres argileuses, sablonneuses, pas trop ni l'un ni l'autre... elle est facile à travailler, mais les plantes y poussent pas bien... Ici elle est à point la terre. C'est un peu d'alluvions. Là-bas c'est plus humide, on reçoit les eaux de la partie haute. Ici c'est une terre plus noire, plus difficile à travailler, bonne terre, plus humide. Il y a des moments où il y a un certain point d'humidité où la terre est à point de travailler. Des fois c'est trop mou mais on a peur d'autres pluies et on le fait quand même, qu'il faudrait pas le faire car il y a le risque de reporter quinze jours plus tard.*"

Les descriptions de cette terre "à point" montrent que le maraîcher qui a une connaissance détaillée et intime de la terre a mis en place la notion d'interaction de facteurs. La terre bonne à travailler n'est pas une donnée brute mais le résultat de la combinaison d'une série de facteurs. Cette conception de la causalité liée à une subtile combinaison de facteurs est très importante dans le travail de maraîchage.

(48) Bolens (L.), opus cité.

La construction d'une restanque
(document Gaston Beltrame)

Typologie des terres

a/ Les terres qui se transforment sous l'influence de l'eau

Certaines terres ne résistent pas, elles lâchent. Ces terres, sous l'effet de la pluie, perdent leur qualité et les attributs d'éponge, d'absorption et leur consistance, elles se diluent et l'équilibre est rompu entre le mou et le dur. "*Quand il pleut trop, on dit que la terre lâche, la terre perd ses consistances, elle se fond, quand vous marchez sur le sol vous vous enfoncez, quand vous vous enfoncez dans le sol, les racines se détachent de la terre et la plante souffre de l'humidité. Les sols spongieux, la terre lâche plus facilement que les sols argileux. Là où on enfonce jamais, les plantes ne pourrissent pas. Je connais la limite de ces terres, on s'en aperçoit dans les récoltes et les façons culturales.*"

b/ La terre qui tient/qui a du soutien

La terre pour tenir doit avoir des composantes particulières, en particulier de l'humus, sinon elle durcit trop ou lâche. "*Il y a des terrains meilleurs en soutien : ce soutien c'est l'humus qu'on a dans la terre qui retient l'humidité, c'est une composante de la terre. Il y a des terrains au plan, la nappe est très basse de l'eau du gapeau. Il y a humidité constante... Celui qui doit construire à Costebelle ou Fenouillet là-bas, il a une couche de terre de 20 cm. Il doit arroser tous les jours. Aucune terre ne ressemble à une autre : le gravier, le sable, il faut de tout pour faire un mélange de terre valable. Une tenure idéale est composée par tous les éléments nécessaires à une bonne souplesse de terrain, c'est une terre facile à travailler, qui ne sèche pas trop vite, qui permet avec un outil, de faire un travail plus en profondeur, plus facile.*"

c/ Une terre souple et qui tient : le jardinier et l'imaginaire de la pâte, la pensée du recaveur (49)

On est dans l'imaginaire de la préparation d'une pâte ou d'une sauce épaisse, les jardiniers utilisent des métaphores culinaires pour parler de la terre bonne à travailler. "*La terre sableuse se travaille bien, est souple. Ici, c'est une terre vraiment très bonne, un peu sableuse, qui se travaille bien, agréable à travailler, souple et qui tient à la fois. Sur le fond de la parcelle, argileux, c'est plus lourd, humide, c'est mou, on piétine et ça durcit au printemps.*"

Cette notion d'équilibre entre différents facteurs qui rendent la terre bonne à travailler est très importante. Cette connaissance est

(49) Recaver : recreuser, défoncer, cultiver.

mise en place par le travail avec la matière, comme le souligne Gaston Bachelard.

Dans l'imaginaire de chaque maraîcher existe l'image matérielle d'une terre à consistance idéale "*d'une parfaite synthèse de résistance et de souplesse, un merveilleux équilibre qui donne une immédiate alacrité à la main travailleuse, les jugements péjoratifs inverses du trop mou et du trop dur prennent naissance* (50)".

4. Epiphanies de la terre et de l'action sur la terre (51) (52)

Lorsque les maraîchers évoquent le travail qu'ils effectuent avec la terre, et les pratiques qu'ils développent pour la préparer à recevoir plants, mottes ou semis, ils se réfèrent à des théories implicites et des stratégies de l'action qu'ils empruntent à un registre métaphorique très riche : la terre est comparée dans l'action et les liens que les maraîchers élaborent avec elle, à différentes figures féminines ou à un animal, enfin à un port. Ces métaphores renvoient à des théories implicites et des stratégies des rapports amoureux/familiaux, ou de la chasse, enfin de la navigation. Ces registres métaphoriques varient en fonction de différents facteurs :

— en fonction de la composition de la terre ; si elle est grasse ou pierreuse, lourde ou légère, compacte ou fine, argileuse ou sablonneuse, *négadou*, c'est-à-dire très humide, ou de coteau et sèche ;

— en fonction des conditions atmosphériques et de sa plus ou moins grande teneur en eau : s'il a beaucoup plu et qu'elle ne "tient" pas et s'effrite, ou au contraire, "prend", devient dure comme du ciment ;

— en fonction des objectifs que le travailleur poursuit : rechercher "profond" l'humidité ou travailler "léger", en surface, pour ne pas faire évaporer l'humidité, casser les mottes trop dures pour accueillir les semis, faire un labour léger et superficiel qui ne blesse pas les racines, juste pour retourner la surface ou labourer profond afin de pouvoir "*soleiller la terre*", la purifier et l'aérer en l'exposant aux rayons comme on ensoleille la literie à la fenêtre ;

(50) Bachelard (G.), *La terre et les rêveries de la volonté*, Librairie José Corti, 1947.
(51) "Un tracteur dans un garage n'est qu'un objet technique (...). Quand il est au labour, et s'incline dans le sillon pendant que la terre se verse, il peut être perçu comme beau. Tout objet technique, mobile ou fixe peut avoir son *épiphanie esthétique* dans la mesure où il prolonge le monde et s'insère en lui." Simondon (G.), *Du mode d'existence des objets techniques*, déjà cité.
(52) Epiphanie : manifestation de quelque chose qui était caché ; définition du Robert, *Dictionnaire de la Langue Française*, 1989.

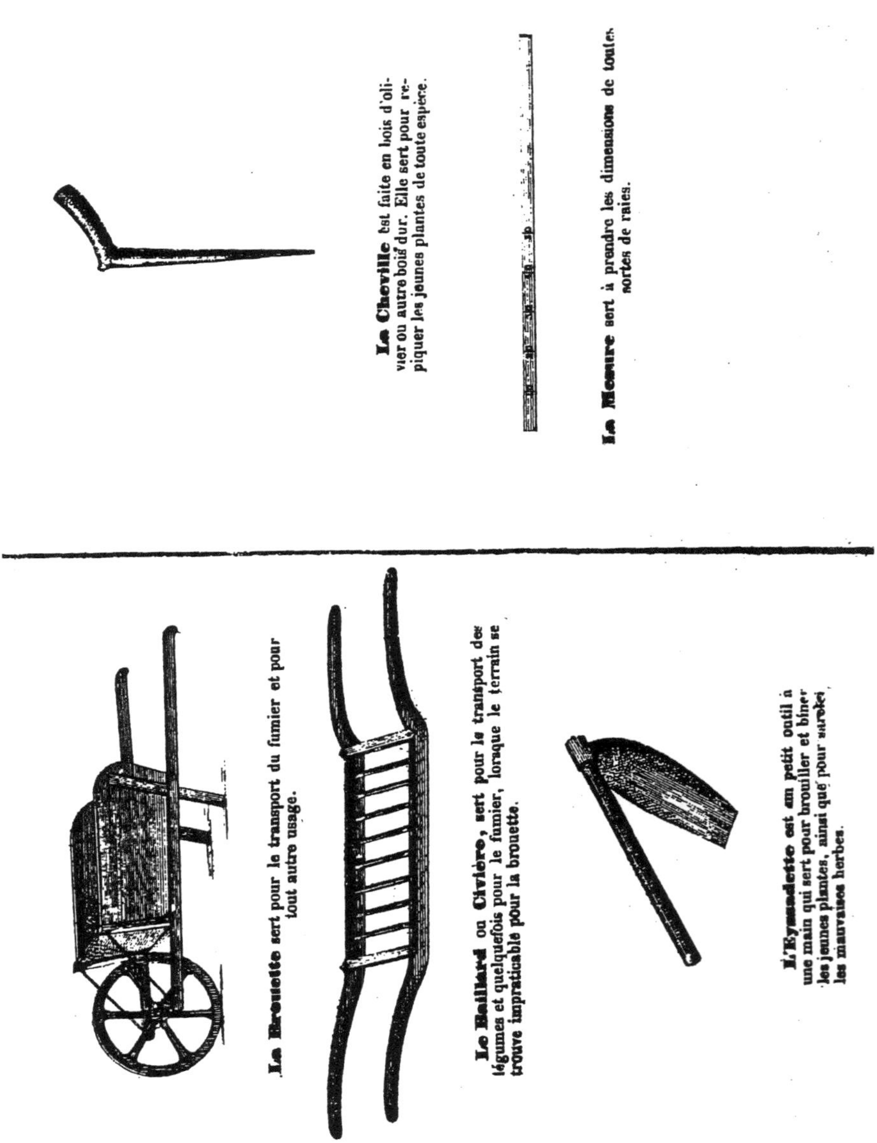

Outils et technologies anciennes dans *Le maraîcher du littoral de la Méditerranée* de R. Benjamin, traité de maraîchage édité à Toulon en 1866 (document Jules Vuillon)

Le Béchard est un outil à deux dents dont on se sert pour bêcher le terrain aussi profondément qu'on le désire.

La Trinque est une large lame qui enlève des tranches de terre; elle sert pour niveler le terrain, dresser les courants, applanir les vasaux et tirer les raies de toutes formes.

Le Transplantoir sert pour enlever et mettre en place avec la motte, les pommes-d'amour, les piments, ou toute autre plante qui a été mise en pépinière.

L'Arrosoir sert pour arroser les jeunes plants dans les bâches ou placés à tout autre lieu.

— en fonction du passé, de l'histoire de la terre, selon que c'est une terre à vigne, qui n'a pas été soumise au travail répété et minutieux du sol, propre aux jardiniers, ou une terre déjà maraîchère.

a/ Les grandes scènes (53)

Les maraîchers évoquent dans la conduite de leur travail, des grandes images (54) relevant du registre des rapports aux femmes, aux animaux, à la mer, qui guident leur action.

La Belle au bois dormant

C'est la terre que l'on doit "réveiller" ; la terre est dans ce cas de figure une très jeune fille, une presque petite fille à peine nubile. Elle est "endormie", somnolente, absente, absorbée dans un état second, à part, dans une activité étrange, puisque non productive. Il faut la réveiller, en révéler sa nature de femme et l'amener à sa fonction maternelle, productive. Cette métaphore de la terre que l'on réveille, révèle, rend mère, renvoie au personnage de la Belle au bois dormant, dans sa variante "aimable", où le prince charmant réveille, épouse et fait mère la Belle. D'autres variantes, plus brutales, amènent le prince à violer la jeune fille dans son sommeil.

Pour le travailleur, comme dans le conte, les stratégies vis-à-vis de la terre-fille ici sont lentes, impliquant préparation, gradation, délicatesse : elles s'adaptent à celle-ci. Car la terre a besoin de lenteur, de temps, de légèreté, d'égards, d'étapes, pour lui faire prendre conscience de ses "potentialités" (comme disent les économistes et agronomes) et les réaliser avec elle. Il ne s'agit pas de la brusquer, de la "forcer", mais de prendre accord avec son rythme, de respecter les étapes et le code. La terre-fille n'est pas passive, elle peut se refuser, s'échapper, s'effaroucher, se bloquer, ou dormir, moyen ultime de refus. Dans ce cas de figure, le projet est économique : il s'agit de la rendre femme et mère en fin de parcours.

Mais l'approche et les stratégies sont celles d'abord d'une initiative sexuelle, si elles se transforment ensuite en une légitimation de la fonction productive de la terre.

(53) Ricœur (P.), *La métaphore vive*, Seuil, 1975.
(54) Plus que des images, ce sont des scènes de la vie quotidienne des hommes et de la vie des héros des contes.

La petite fille rebelle

Mais dans la métaphore de la petite fille-très jeune fille, qu'on réveille, cœxiste aussi un projet, une théorie de la socialisation de la terre : il s'agit de faire rentrer dans les normes cette petite fille qui se complaît dans un état de séparation, de liberté, de rébellion et d'absence vis-à-vis des règles et conventions sociales de la domination masculine.

"*L'être petite fille ne peut durer, car c'est un état de la marge, de la solitude, de l'errance, de la liberté dans l'espace et le temps appropriés... Un effacement des rôles adultes et du sérieux au profit de la disponibilité et du jeu... C'est l'être du détachement, de la familiarité spontanée avec l'inconnu, qui échappe par l'aventure et l'action autonome aux rôles rigides traditionnellement féminins* (55)."

Il est nécessaire que la terre, comme la petite fille, sorte de cette situation de sauvagerie et rentre dans le temps et l'espace social. La stratégie ici réfère à un rite de passage vers un mode de vie codé-scandé, vers un univers régi par des lois.

La putain

Parfois, la terre nécessite qu'on "l'attraque", c'est-à-dire qu'on l'accoste, comme on accoste une putain. Dans ce cas, la stratégie est brutale. Ni égards, ni préliminaires, ne sont nécessaires à l'approche. La terre-putain est passive et le travailleur agressif. La stratégie est rapide et se joue d'un seul coup. Il n'y a pas de possibilité d'échec, la terre-putain ne peut refuser, elle subit l'acte qui est gagné d'avance.

La compagne-amante

Parfois, il faut savoir "prendre" la terre : selon certaines conditions où l'on se comportera avec respect et compréhension avec elle, où l'on saura lui plaire, la stratégie aboutira à ce lien positif que l'on veut créer, à un lien durable aussi, permettant de l'associer à l'activité quotidienne. Dans ce cas, nous sommes renvoyés à une figure féminine adulte : la stratégie est lente, respectueuse de l'autre. Elle est à la fois sexuelle et sociale : la terre est objet de séduction et future complice-partenaire de l'acte de production ; il faut savoir la gagner et la conserver. Cela renvoie à une théorie du couple associé au même labeur, à l'égalité des échanges entre l'homme et la terre, et à un contrat tenu par l'homme vis-à-vis de la terre.

(55) Péju (P), *La petite fille dans la forêt des contes*, R. Laffont, 1979. Voir aussi Bettelheim (B.), *Psychanalyse des contes de fées*, R. Laffont, 1975 ; Jean (G.), *Pour une pédagogie de l'imaginaire*, Casterman, 1975 ; *Les contes de mort et de vie aux Antilles*, traduits et édités par I. Césaire et J. Laurent, racontent la fuite des nègres marrons dans la forêt pour échapper à la domination des blancs (éd. Nubia, 1976).

Les jardiniers doivent observer, autant que possible, les phases de la lune. Il faut, lorsqu'on veut faire les semences, que la lune ait de huit à dix jours, surtout lorsque ce sont des plantes pour lesquelles on devance l'époque; exemples : la chicorée de février en mars, le chou printanier en septembre, le poireau en octobre, le céleri en décembre, etc, etc. Mais lorsque la véritable époque de la mise en terre des graines est arrivée, on peut les faire à la nouvelle lune, ce qui vaut mieux que d'attendre huit jours.

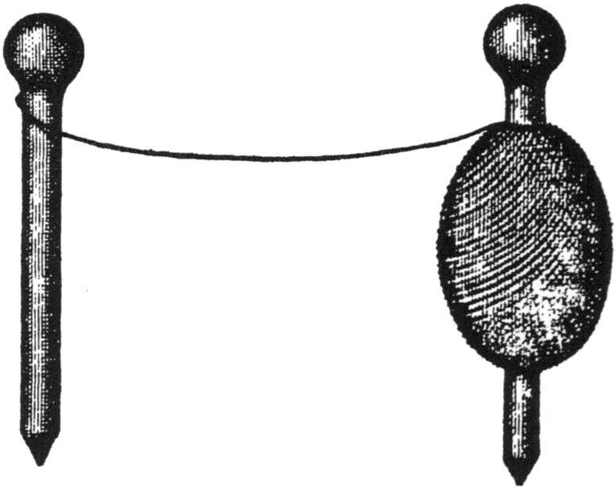

Le Cordeau sert pour dresser les courants d'eau et les raies de toutes formes.

La fabrication d'un jardin selon R. Benjamin

Coupe A.B.

Plan

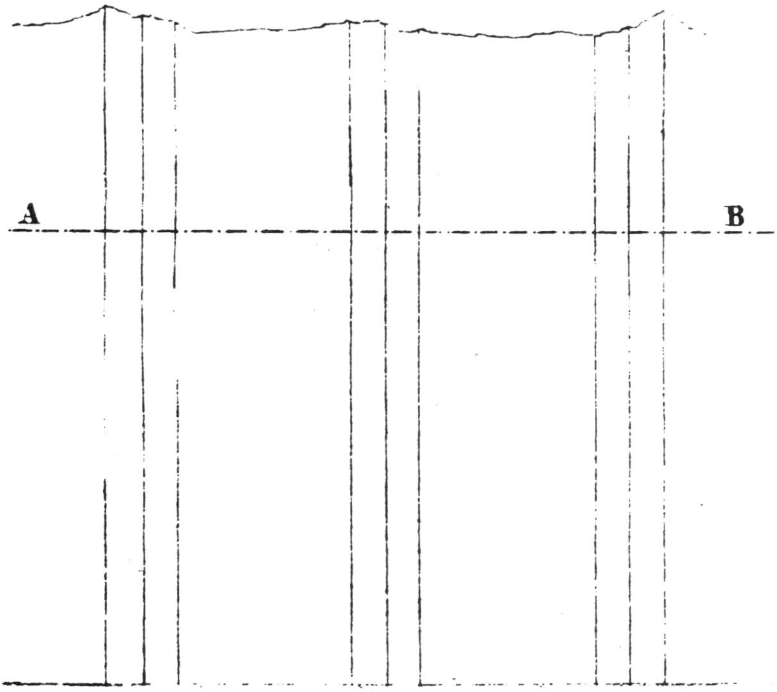

Raies à Vaseaux

On doit se servir de cette raie pendant tout l'été et pour toute espèce de culture. On s'en sert même en hiver lorsqu'on sème des carottes qui sont susceptibles d'être arrosées au printemps.

Coupe AB

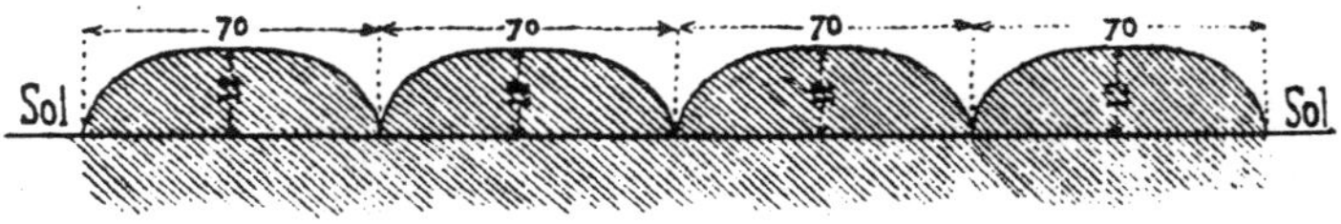

Plan

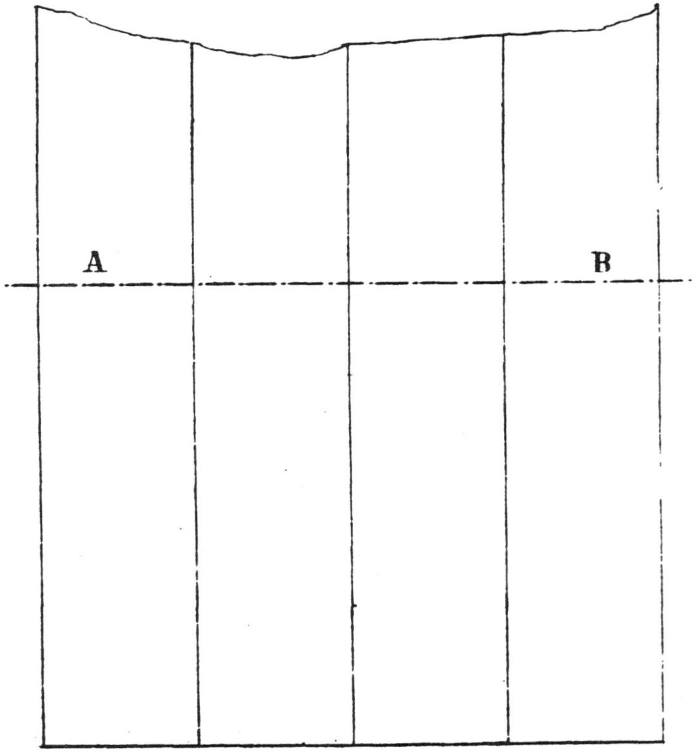

Raies rondes.

Cette raie sert en hiver pour repiquer les petits oignons. surtout dans les terres fortes, parce que les eaux serrent moins la terre dans les jardins abrités. On s'en sert également pour les laitues rondes, que l'on place sur quatre ou cinq rangées.

Coupe A.B.

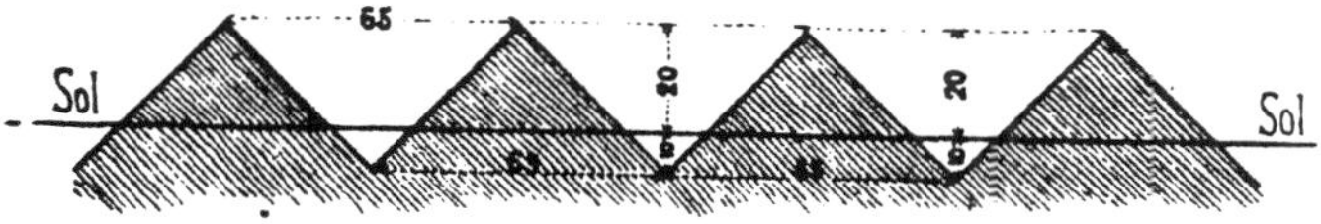

Plan.

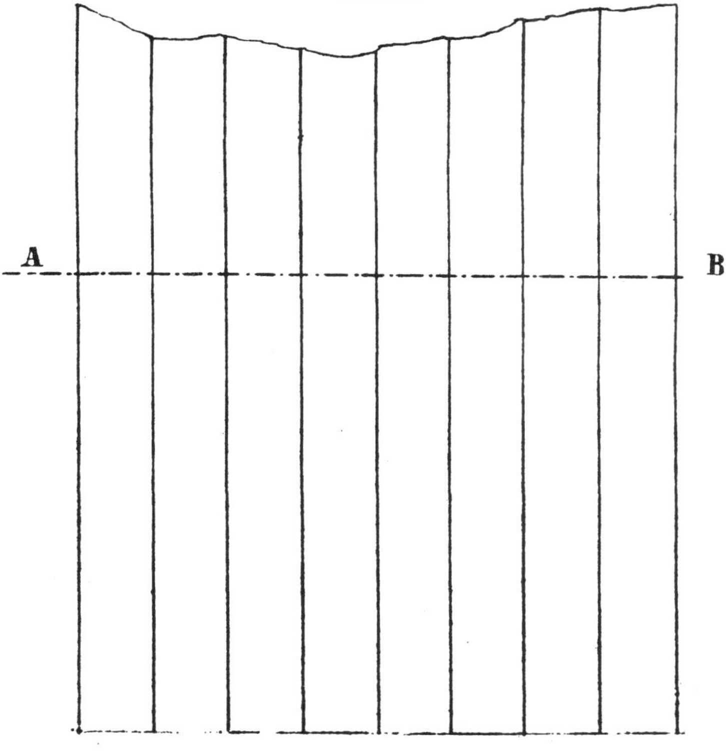

Grandes raies.

Coupe AB.

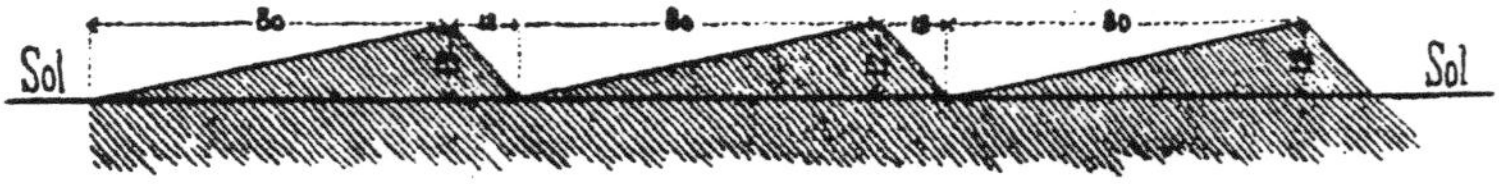

Plan.

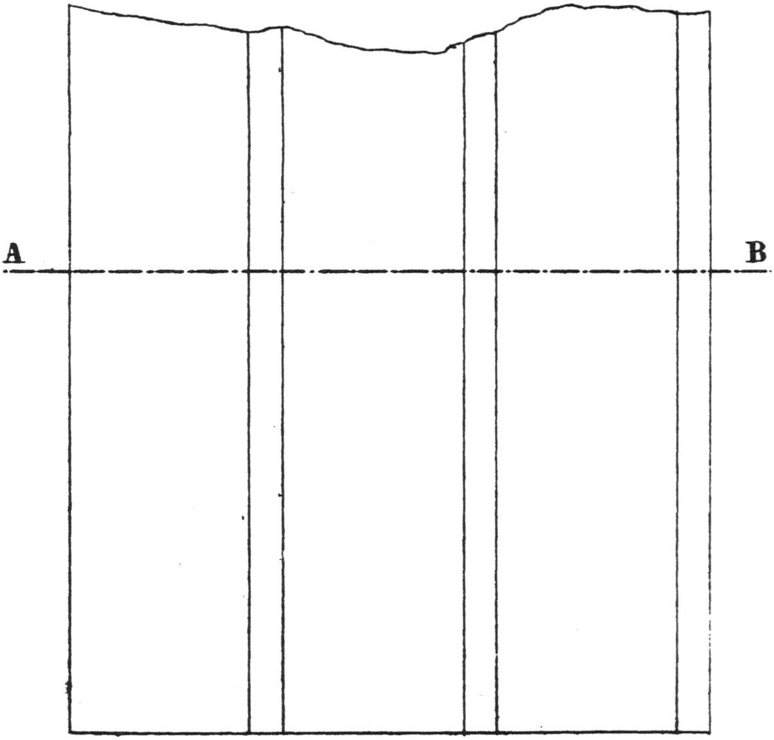

Raies à banchaut

Cette raie sert pendant tout l'hiver pour faire les épinards à plein, les radis et les laitues rondes. Mais au printemps on ne s'en sert plus que pour les plantes dont le pied ne doit pas être inondé par les arrosages, tels que pastèque, melon, concombre et aubergine.

L'animal amadoué ou "saisi"

Parfois, il faut amadouer la terre, comme on domestique un animal rétif. Dans ce cas, la stratégie est lente et fluctuante, progressive, avec des moments de progrès rapide et des hésitations. C'est une stratégie de la ruse (56). La terre-animal rétif n'est pas passive, elle s'agite, peut être dangereuse pour l'acteur. Il est à noter que cette situation de danger pour l'acteur n'existe dans aucune métaphore féminine. Cette stratégie renvoie à une "théorie" de la domestication.

Dans d'autres cas, il faut "saisir" la terre, comme on capture un animal sauvage : cela renvoie à une théorie de la chasse. La stratégie a plusieurs temps ; il y a d'abord une lente préparation (voir *La chasse au lion à l'arc* de Jean Rouch), puis une étape où la rapidité et la précision sont nécessaires. Plus que dans le cas où l'on amadoue, la situation du chasseur est dangereuse. Dans les deux cas, le projet relève aussi de la socialisation de la terre.

Le quai auquel on accoste

Le sens du mot "attraquer" est double. Il signifie accoster une femme ou accoster un quai : parfois la terre est un port, un quai que l'on accoste. La préparation est lente. Mais les dernières étapes de la stratégie sont rapides, précises, comme pour la saisie de l'animal ou l'accostage de la putain. Le coup se joue en tout ou rien, il faut tout recommencer si l'on rate. Dans cette métaphore, nous sommes renvoyés à une théorie de la navigation, à un univers technique-mécanique-pré-industriel-pré-scientifique. Dans cette métaphore, la terre relève d'un univers maritime, la terre est mer, le travailleur conduit un bateau sur la terre. Cette image de la terre-mer et du navire qui la parcourt se retrouve dans les contes occitans.

Il nous apparaît que ce sont surtout dans des figures de très jeunes filles, de fillettes ou de femmes-partenaires et non des mères, que la pensée technique développe ses théories et stratégies de l'action sur la terre. Cependant, lorsque les maraîchers évoquent les multiples galeries souterraines creusées comme un réseau de labyrinthes dans les sous-sol par les "anciens" pour drainer l'eau et les "cavernos" (grottes-rochers) qui les signalent à

(56) Ces stratégies font aussi partie de l'arsenal de l'éleveur, démagogiques-pédagogiques, tels que J.-P.Vernant et M. Detienne les décrivent dans *Les ruses de l'intelligence et la mètis des grecs*, déjà cité. Voir aussi Salmona (M.), "L'intelligence économique : paradoxe et intelligence de la ruse", dans *La formation économique des agriculteurs*, revue *Pour*, n°67, sept. oct.1979, et "Le travailleur et le travail agricole", dans *Présent et futur de la psychologie du travail*, actes du congrès de psychologie du travail en langue française, 13, 14, 15 et 16 fév. 1980, EAP, 1980.

la surface, alors toute une symbolique de la terre-mère et de la pérennité de la société locale apparaît. Dans cette métaphore, naviguer sur la mer, la terre est comparée à la mer et à la côte qui borde la mer. Nous retrouvons cette métaphore de la mer et de la navigation dans la représentation de l'activité de “la belle azote” qui navigue non plus sur la surface de la terre, mais dans ses profondeurs.

Erotique de la terre-mer-femme (57)

Nous retrouvons à travers la métaphore du port, du rivage, les résonances des métaphores érotiques de l'activité sexuelle où la femme est pénétrée dans son golfe et l'homme (57) est un vaisseau.

Mots du travail amoureux et mots du travail agricole

Comme nous l'avons identifié, le travail du jardin suscite des mots et des images de l'action où l'analogie est faite entre travailler sa terre et travailler le corps de la femme, dans le registre sexuel.

Il y a également des analogies entre la technique du travail d'élevage et le travail amoureux : Bruno Besche-Commenge décrit comment les éleveurs du Couserans utilisent des pailles de seigle (58) pour soigner les bêtes qui ont mal à la tête ou le tournis des ovins (les chournes) ; on introduit deux pailles dans le nez jusque sous l'œil, une paille dans chaque trou, cela s'appelle “*lastouer*”. Lastouer, par extension, veut dire pénétrer une femme.

Topographie érotique et travail de la terre

La femme et son sexe dans le vocabulaire érotique sont associés à des lieux de la nature qui ont caractère, à la fois, de lieux creux, humides, frontières et lieux sacrés.

Lieux creux : terriers, grottes, défilés (saltus), espaces vaseux, fontaines, trous dans la terre.

Lieux humides : sources, golfes, cascades, forêts humides.

Lieux frontières : de la surface et du souterrain, du visible et de l'invisible, mais aussi du solide et du liquide : à travers la métaphore des golfes, côtes, ports, fonds, lieux vaseux.

Les métaphores des mouvements de pénétration-effraction du corps et du contact doux de la niche-abri cohabitent dans les épiphanie de la terre.

Lieux sacrés : comme tous les lieux frontières, les lieux limites,

(57) Guiraud (P.), *Dictionnaire érotique*, Payot, 1978.
(58) Besche-Commenge (B.), opus cité, volume 1.

ce sont des lieux sacrés, peuplés de divinité, de pouvoirs particuliers, mystérieux et inquiétants.

b/ Les métaphores animales ou aquatiques de la terre dans ses réactions aux éléments naturels et humains (pluie, vent, gel, fertilisation, labourage...)

Quand la terre est évoquée dans ses réactions aux éléments naturels ou humains, terre profonde ou terre superficielle, les métaphores qu'utilisent les maraîchers relèvent d'un registre particulier, qui est celui se référant à des formes primitives et mobiles du monde animal, dont le contour est délimité par une membrane souple qui se tend, se gonfle, se dégonfle, absorbe et rejette, digère (59) telle l'amibe, la méduse, le poulpe...

Corps membraneux qui se déplacent dans un milieu aquatique, se métamorphosent dans leur forme en fonction des éléments humains ou naturels qui agissent sur eux. Ces métaphores des réactions de la terre animale-aquatique nous renvoient très directement au mythe de la *mètis* (60), l'intelligence de la ruse dans le monde grec.

La terre est rusée, elle s'adapte ou résiste selon les influences extérieures qui pèsent sur elle. Elle a des mouvements et stratégies aléatoires et complexes, elle est parfois insaisissable et surprenante, il faut composer avec elle. Ce registre métaphorique de la terre en réaction aux actions météorologiques et humaines, renvoie à des images protéiformes, souples, archaïques de l'histoire de la vie animale, très différentes des épiphanies de la terre telles que les maraîchers les évoquent dans leur travail quotidien.

Une série d'attributs de la terre se développe donc autour de la notion d'utilisation, d'absorption et de rétention de l'eau, des fumures.

L'éponge de l'eau

Dans ce domaine aussi la notion d'équilibre entre en jeu ; la terre doit absorber, retenir, laisser pénétrer l'eau mais pas trop. Il y a un juste milieu. L'irrigation dévoile des terres où l'eau ne court pas, certaines terres d'autre part gardent trop l'eau.

Terre où l'eau ne court pas

"*Dans cette terre, l'eau ne court pas, il faut une grosse quantité d'eau car elle n'avance pas : pour aller au bout de la raie, il faut*

(59) Soriano (V.), *La terre a ses raisons*, contribution à l'étude pratique des fertilisations, ministère de l'agriculture, CFPPA de Rennes Le Rheu, éd. L'Arbre, juin 1987.
(60) Detienne (M.), Vernant (J.-P.), opus cité.

plusieurs heures, avec une grosse quantité d'eau. Elle s'étale au sous-sol. Là, elle ne pénètre pas. Là, elle n'avance pas. On est obligé d'apporter de grosses quantités d'eau."

Mais les terres que l'on irrigue difficilement sont en même temps celles qui conservent l'humidité quand il pleut.

"C'est le plus argileux et spongieux, d'un côté c'est un inconvénient pour l'irrigation et c'est un avantage pour les saisons de pluie, car l'eau ne reste jamais en surface ; elle s'infiltre, c'est de la terre argileuse, elle a une bonne consistance. Les plantes souffrent pas trop d'humidité."

D'autres terres "gardent" trop l'eau

"Les terres qui "gardent" trop l'eau sont difficiles à travailler. La terre est meilleure au-dessus de la route qu'en bas... Ici elle est une terre blanche. Il y a du schiste, ça fait comme une pellicule qui garde l'eau ; on peut pas faire la patate, pomme de terre, carotte."

L'éponge des fumures

Les terres peu exigeantes sont celles qui sont lavées, ne retiennent rien, sont mauvaises pour la fumure.

"C'est plus difficile de travailler avec les terrains sablonneux, l'hiver ils gardent moins de richesse que l'argile. On est obligé d'en mettre davantage. Il y a certaines terres lavées par les érosions, à la colline ça se voit, la terre est lavée, elle ne "retient" pas, tout ce qu'il y a de bon s'arrête à la rivière."

5. Les systèmes de nomination de la terre et d'action sur la terre.

a)/Critères de classification et de description de la terre

Comme chez les jardiniers andalous, l'observation et la constante expérimentation dans le travail de la terre, associées à une connaissance fine du micromilieu, entraînent une description complexe des terres et non limitative : treize types de critères servent à définir la terre.

1. *Des critères de facilité du travail*
   terre facile à travailler - à point -
   dure, béton, difficile à travailler

2. *Des critères hédonistes et esthétiques*
terre qui donne du plaisir à travailler, terre belle

3. *Des critères liés aux réactions à l'eau*
terre qui garde l'eau, terre molle, salée, terre lourde, molle qui durcit, terre où l'eau ne court pas, terre où l'eau s'infiltre

4. *Des critères liés aux réactions à l'humidité*
terre qui serre, retient l'humidité
terre qui évapore, retient peu l'humidité
terre compacte, terre battante, négadou

5. *Des critères liés aux transformations amenées par le travail*
terre qui se tasse, terre qui durcit

6. *Des critères liés à l'exigence en eau et en engrais*
terre lavée, qui ne retient pas, terre qui retient en hiver, terre qui exige plus ou moins, terre peu exigeante

7. *Des critères liés au lieu*
terre à plaine, terre à pente, terre de fond

8. *Des critères liés à la teneur en cailloux*
gravelle, terre à cailloux
terre fine

9. *Des critères liés à l'histoire de la terre et "sa vie"*
terre neuve, terre épuisée, terre fatiguée, terre usée, terre saturée, terre infestée

10. *Des critères de couleur*
terre blanche
terre rouge

11. *Des critères de consistance*
terre aérée
terre souple
terre fine
terre légère
terre lourde

12. *Des critères de composition*
terre argileuse
terre sableuse
terre à schiste

13. *Des critères généraux, moraux*
bonne terre, méchante terre

Cette liste n'est pas limitative et d'autre part les critères se combinent à l'infini. Enfin, "*l'absence de critères sûrs de classification, loin d'être un signe d'anémie de pensée est la preuve d'un contact plus exact avec la réalité* (61)".

b/ Taxinomie, système de nomination, figures d'interaction et de triades

Dans les systèmes de nomination de la terre, élaborés par les gens du lieu, certaines classes se composent de mots qui ne définissent pas les caractéristiques de la terre comme dans la taxinomie scientifique, par les qualités intrinsèques de la terre, mais par la relation entre deux objets de reconnaissance (la terre en relation à l'eau, à l'engrais, à une culture, l'homme en relation à la terre, l'outil en relation à la terre). La caractérisation repose sur l'impact/effet d'un objet de connaissance sur un autre (terre qui lâche quand on la travaille, qui fond quand il pleut). La caractérisation repose sur l'utilité/utilisation d'un objet de connaissance pour ou par un autre, (terre à gros matériel/terre à travail délicat - petit outillage - terre à à salade/terre à grosse cavalerie - choux, choux-fleurs -, productions peu délicates).

Deux notions sont présentes : la transformation d'un objet en liaison avec l'autre objet, et d'échange/de dépendance réciproque des objets (62).

La terre n'est jamais seule : les mots expriment un lien et du même coup des partenaires et des places dans un jeu, qui se développe dans l'espace et le temps, entre l'homme, l'outil, la terre et les éléments naturels : la terre travaille à deux, nous révèle frère de travail.

La nomination de la terre s'exprime par des "figures d'interaction". Les caractérisations, classifications scientifiques, ne peuvent donner cette dimension-précision à la fois interactionnelle, histori-

(61) Bolens (L.), *Agronomes andalous du Moyen Age*, déjà cité.
(62) Bachelard (G.), *La terre et les rêveries de la volonté*, déjà cité.

cisée et spécialisée. Les nominations scientifiques définissent le travail et en même temps le déconnectent de son dialogue à l'homme et à la nature et l'isolent. Dans le cas des systèmes de nominations scientifiques de la terre, l'homme est exclu de ce corps à corps quotidien avec la terre qui lui permet d'en appréhender les qualités, les manques et les potentialités. Dans le cas du système de nomination endogène, le corps du travailleur, son approche proprioceptive, sa fatigue, sont ressentis et l'utilisation des outils pour travailler la terre, la transformer et l'ameubler, est intégrée dans les systèmes de nomination. Ces dimensions corporelles du travailleur liées à l'utilisation de l'outil font partie intégrante de la connaissance de la terre, de son traitement et de sa transformation. Le travailleur, ses outils, sa peine, s'inscrivent dans la construction de la classification endogène. A travers le contact de la terre par les pieds, la pression des mains sur les outils, le corps dans son entier s'inscrit dans la classification endogène. La classification scientifique est une classification déterritorialisée, le travailleur et l'histoire de son territoire, la transformation de son territoire en sont absents.

C'est peut-être la raison pour laquelle les nominations scientifiques sont si peu utilisées, car elles n'intègrent pas le corps et l'expérience des travailleurs dans leurs types de classification, cette histoire avec la terre, leur corps à corps avec cette terre n'y est pas présent. Penser, classer le territoire, c'est agir le territoire : les classifications endogènes sont constituées d'une triade homme-outil-terre.

L'ouvrage de Renée Kayser dévoile toutes les nuances de cette relation intime du jardinier avec sa terre, les moments de colère, d'impatience, de tendresse, d'attention, d'observation vigilante et de plaisir de l'œil, de la main et du corps tout entier. Ce constat concernant la non-utilisation des termes scientifiques est également valable dans d'autres secteurs de l'agriculture comme le décrit Véronique Soriano dans son travail sur la fertilisation (63). Le système de nomination local endogène est un système très complexe, élaboré au long des temps dans l'action et sur un espace déterminé. Il constitue un aspect très important de la culture du groupe, de la pensée sociale du groupe concernant le travail de la terre.

(63) Soriano (V.), *La terre a ses raisons*, déjà cité. Et *Gestion de la fertilisation, raisonnement du plan de fumure et du choix de l'approvisionnement*, par le centre de formation professionnelle de Rennes Le Rheu, avec la collaboration du service développement de la Confédération française de la coopération agricole, outil pédagogique. Et Kayser (R.), *Un jardin dans les bras*, Edisud, 1981.

c/ Acquisition de mots et "naturalisation"

Chez les petits maraîchers du Var, le système de nomination scientifique n'est pas "naturalisé" (64), pas opératoire. Il est à noter que, si l'on connaît les systèmes scientifiques chez les maraîchers du Var côtier, en partie, et on l'évoque parfois, il n'est pas directement lié aux actes techniques et on ne sait pas l'utiliser pour l'action. On nomme, mais on ne sait pas pour cela réfléchir et agir avec ces termes, sur la terre, et travailler la terre avec leur aide. Le système scientifique de nomination reste un système non opératoire, "non naturalisé", pour l'instant : il reste extérieur à l'action et à la pensée de l'action. Il est, selon Serge Moscovici, dans la phase d'objectivation de la construction de la représentation scientifique. On utilise un terme, mais il ne sert pas encore dans l'action, il n'est pas devenu une catégorie de langage, de l'entendement et du décodage des situations. Il n'est pas passé à la phase de naturalisation.

Même si des perspectives de formation scientifique-technique à la pédologie s'ouvrent pour les petits paysans, comme pour les salariés agricoles, il apparaît réaliste de faire rapidement des études de sociolinguistique pour mieux connaître ces taxinomies locales et pouvoir :

— élaborer des tables de conversion pour les paysans, comme pour les salariés, car le passage massif à l'analyse des terres avec la mise en place de serres prive, comme on l'a vu, le travailleur de ses systèmes de classification locaux et ne le rend pas maître des taxinomies scientifiques liées à l'analyse des terres ; il est privé de tout système de réflexion, le local et le scientifique ;

— inventorier les outils mentaux de classement de l'objet technique et du même coup les connaître, ce qui est important pour la vulgarisation et pour les organisations agricoles qui ne connaissent pas ces outils mentaux que possèdent les paysans et qui sont très sophistiqués, pour décrire le réel local.

Enfin, ces systèmes conceptuels et linguistiques mentaux de classification des terres permettraient d'affiner les classifications scientifiques très générales et d'enrichir ces dernières d'une connaissance microlocale du territoire (65).

(64) Moscovici (S.), *La psychanalyse, son image et son public*, Paris, PUF, 1961.

(65) Ces travaux de socio-linguistique concernant les repérages des classifications locales de la terre ont été réalisés par certains ethnologues dans des sociétés indiennes où le maraîchage est très important, pris en charge par les femmes, et où les espèces végétales cultivées sont également riches. Descola (P.), *La nature domestique*, éd. de la maison des sciences de l'Homme, Paris, 1986.

D — TRAVAIL ET LIENS AVEC LA PLANTE

Dans le travail de la plante, les métaphores et pratiques renvoient à l'univers de l'enfance, à la naissance, puis à des enfants qu'on éduque de main ferme ; et les stratégies sont celles que l'on adopte avec des êtres qui nécessitent protection, prise en compte de la différence et équilibre très complexe à établir et à maintenir.

1. La métaphore et les tactiques de l'enveloppement

Les plantes vivent d'abord dans une "nursery" close (parfois encore dans un *abarbadou*), puis on les replante sous des arceaux, sous plastique. Le discours renvoie aux théories et aux stratégies de l'accouchement sans violence : réduire au maximum l'écart des conditions entre l'avant et l'après-naissance ; pas de brusque changement de température, de lumière, de rythme dans le travail qu'on effectue auprès d'eux. Il faudra "les acclimater" très lentement à ce dur changement de milieu, pourtant lui-même très protégé, et les entourer de soins constants et minutieux, tout en douceur, en lenteur. La séparation doit s'entourer de minimum de variations par rapport au "ventre", qui était l'*abarbadou* (66) ou la nursery, pour les faire démarrer. Nous retrouvons les modèles d'actions et de pensée d'Haudricourt définis à travers l'action directe négative : élever, conduire la plante fragile sans l'exposer au froid, aux vents, aux intempéries, sans trop la toucher ; on l'arrosera régulièrement comme nous l'avons vu précédemment pour qu'elle donne racine.

Tel un nourrisson "tout emmitouflé", la plante cherche l'eau, l'engrais, le soleil. Les racines "sucent" comme un nouveau-né aveugle, qui cherche par d'autres sens que la vue, à satisfaire ses besoins dans l'environnement extérieur. Il faudra en tâtonnant, avec une attention et une plasticité propres aux nourrices qui veillent à la survie des êtres trop dépendants, "tout-petits", trouver un régime de nourriture, d'exposition et de soins qui leur conviennent : ni trop, ni trop peu.

"Trop de soleil ? La plante s'endort, elle s'avachit, elle est amorphe. Pas assez de soleil ? Elle s'endort aussi, ou alors elle "fuse", elle a des "coulures". Elle respire mal ? Elle passit ou croît

(66) Bloc de ciment ou de bois garni de fumier qui chauffe, protège des intempéries et dans lequel les plants font leurs barbes (racines), voir photos d'un *abarbadou* et d'une nursery en cahier central.

de manière désordonnée et non productive. Avec l'eau, avec les engrais, il faut doser les quantités et savoir les mettre à temps. Parfois "affamer", faire souffrir, "sevrer" la plante, est nécessaire pour qu'elle retrouve un développement normal, ou bien la "pousser", car elle est épuisée, à la fin d'une période où elle a beaucoup "donné."

On découvrira les plastiques lentement, progressivement, quand on aura à travailler sous les tunnels, sans la surprendre, la brusquer : la plante a ses habitudes qu'il faut respecter et "*on ne changera pas les côtés d'arrosage*", on en tiendra compte, ainsi que de son rythme de pousse. Ce sont des stratégies de maternage : équilibration subtile des éléments nécessaires à la croissance et à la production de la plante ; douceur, délicatesse, régularité dans les soins, mais aussi réaction rapide aux incidents de parcours et travail de contrôle permanent des facteurs qui favorisent la croissance et le diagnostic des carences.

On garantira la jeune plante des gelées par des arbres, comme l'indique le traité du jardinier provençal (Gueidan). Il ne faut pas qu'elle souffre : "*A Hyères, de même qu'à La Valette, on fait des fraises, sous les arbres, tels que les pruniers, poiriers, pêchers, etc. C'est un très bon procédé parce que souvent les arbres les garantissent des gelées tardives du mois de mars, qui quelquefois gèlent les nouvelle fleurs. Ainsi ceux qui voudront faire la culture des fraises devront planter des arbres fruitiers.*"

On maintiendra la jeune plante dans une température stable : "*Le matin, quand on découvre les pommes d'amour, il faut se rendre compte si les plantes ont souffert du froid pendant la nuit. Si les plantes on été bien fermées et bien empaillassonnées, elles seront mouillées. Ce sera une preuve que la chaleur de la journée se sera maintenue toute la nuit. Si elles sont pas mouillées, ce sera une preuve qu'elles n'ont pas été assez fermées.*"

Lorsque la plante grandit, des stratégies plus autoritaires guideront le maraîcher et l'arboriculteur. Pour "conduire" leurs plantes et arbres, ils utiliseront des techniques draconiennes, tuteurs, fils de fer et de nylon, tailleront, ébourgeonneront, pinceront et donneront des plis, obligeront tiges et branches à s'adapter aux exigences du travailleur et à son système dans le sens où l'entend Schabol (67), c'est-à-dire "*un assemblage de pensées et d'opinions et de raisonnements, depuis lesquels on va et on agit*". C'est d'une théorie d'éducation dont il s'agit. Alors la métaphore nous entraîne à la racine même du besoin de se représenter, du besoin de s'exprimer, du besoin de s'assurer de sa réalité intime (68) par des représentations et des expressions et d'agir sur elle.

2. Les étapes et les fonctions biologiques de la vie d'une plante : théories implicites et pratiques des maraîchers

a/ Les racines, dites barbes

Les maraîchers savent par la pratique que le développement des racines varie et que leur rôle est important dans la vie des plantes.

• Le terrain, les plantes et l'eau jouent sur le développement des racine

"*Elles se développent selon la nature du sol... Elles vont à des profondeurs qu'on n'imagine pas...*"

"*Ça se développe selon les terrains, dans certains il faut passer la sous-soleuse... ça dépend des plantes. Les racines sont plus vigoureuses chez la courgette, les racines vont très vite, en l'espace d'un jour ou deux, elles ont fait une distance... Le melon, on met de la paille dans chaque raie. Si vous enlevez la paille, vous voyez toutes les racines qui sont sur l'eau, comme les bêtes qui vont boire l'eau.*"

A partir de leur pratique, les maraîchers décrivent le comportement des racines des différentes plantes et leur spécificité : "*La racine du haricot a 15 cm... L'artichaut, la racine est profonde, quand on l'arrache, la racine est bien ancrée... Quand c'est la première récolte des haricots, les racines crèvent et sèchent avec la plante.*"

"*La salade, il faut pas trop la biner, la bouger, parce que ça a de petites racines, plus vous les cassez, plus c'est mauvais. Il faut pas aller profond pour ne pas casser les racines.*"

(67) Simoni-Aurambou (M.-R.), *Parlers et jardins de la banlieue de Paris au XVIIIe siècle*, Bibliothèque française et romane, éd. Klincksieck, 1982. "On dit en jardinage, système de Montreuil, il est le plus entendu, le plus industrieux et le plus conséquent qui fut jamais en aucun genre. Il est impossible de connaître le système de Montreuil qu'on ne fréquente les uns et les autres gens du lieu".
(68) Bachelard (G.), opus cité.

• Le comportement des racines est lié aux besoins de la plante

Les plantes "gourmandes" ont de grandes racines.

"Les plantes se développent en profondeur, la courgette, le melon sont gourmands. Le melon, 20 cm de profondeur, 40/50 cm... Le melon on dit qu'il y a autant profond la racine qu'il y a de végétation dessus... Plus l'engrais est loin, plus les plantes courent le chercher... On enfouit l'engrais entre les raies, les racines se développent pour aller chercher l'engrais... L'engrais en profondeur pompe la racine en dessous du niveau où elles ont l'habitude de venir, elles sont plus près de l'humidité, elles sont à l'abri des fluctuations d'humidité, à 20 cm pour l'artichaut."

• Le comportement est aussi lié aux données atmosphériques et pédologiques

"En temps de pluie, elles vont plus profond, en général tout se passe à 30 cm de croûte. Si le sous-sol est trop dur, elles ne se développent pas en longueur mais en largeur. Suivant le sol, on n'arrose pas trop les plantes au pied, pour le développer en largeur."

• Le comportement des racines est lié à l'évolution de la plante

"Elle descend et la plante monte... C'est comme une éponge sèche quand l'eau arrive sur la racine, ça gonfle. Quand ça fait un grand pivot, la plante va s'élargir moins. La racine, dès que la plante produit, elle calme la croissance en racine, elle est en régression. Avant la production elles croissent."

Les racines développent toutes sortes de mouvements de stratégies à l'intérieur de la terre : leurs corps se frayent des chemins complexes et souvent imprévus pour les jardiniers. L'effort qu'elles demandent pour être arrachées, les précautions pour ne pas les détruire en travaillant la plante ont amené cette connaissance de la terre.

"Si la plante est malade, jaune, n'a pas de force, on sait que les racines ne vont pas bien."

Mais aussi, parallèlement à l'expérience, une série d'autres savoirs ou attributs sont associés à la racine, qui sont une théorisation de phénomènes non visibles et sur lesquels on a bâti, élaboré des explications.

• Les fonctions des racines : œsophage et bronches

Les racines et radicelles sont comme des pompes qui aspirent, absorbent et rejettent : *"Racines et radicelles ont des fonctions différentes. Je pense que les radicelles ont des fonctions différentes. Je pense que les radicelles cherchent l'air frais et les racines profondes cherchent l'humidité. C'est la racine qui fait tout, absorbe les oligo-éléments et rejette les déchets... La plante rejette plus par les racines que par les feuilles. Quelquefois, par capillarité, les racines arrivent à pomper, c'est mieux que de mettre directement. Les racines absorbent les aliments avec l'eau et font remonter par la tige dans la plante, la sève brute... C'est la plante qui transforme la sève brute en élaborée.*"

Les racines respirent et on ne doit pas trop les inonder.

"*La racine a besoin d'air : si on a trop d'eau, ça asphyxie : l'eau, l'an dernier, ça a asphyxié.*"

Sous serres, il faut faire très attention à l'arrosage et au binage des racines : "*Elles restent beaucoup en surface dans la serre. Ça pose un problème d'aération du sol, ceux qui font les binages en surface, les motoculteurs, il ne faut rien casser, on a des problèmes de flétrissement. Avec les melons, il y a des problèmes ; quand on étale le melon, si on le met sous plastique et qu'on met les branches très loin et qu'on arrose, l'eau ne va plus aux racines qui sont trop loin.*"

• Faire "barber" : ou le démarrage de la plante

Comme un enfant prématuré, la graine ou la plante est placée dans des grands caissons de ciment ou de bois, remplis de fumier. La plante ou la graine y trouvent chaleur du fumier et nourriture. Elle peut démarrer, c'est-à-dire "barber", donner des racines, elle trouve dans ce milieu que l'on appelle maintenant "nursery", toutes les conditions de chaleur et d'alimentation nécessaires à la croissance des racines et à la fortification de la plante. Après ce passage dans l'*abarbadou*, ou nursery, la plante vigoureuse et enracinée pourra être transplantée dans le jardin. L'*abarbadou* comme une couveuse donne les premières forces à la plante et aux racines. Quand on l'en sort, elle peut affronter les pluies, le vent, et croître en milieu naturel, non protégé.

b/ La fécondation et ses avatars

Jusqu'alors la fécondation, surtout dans le maraîchage de plein champ, ne posait pas de problème. Mais avec l'introduction des serres, et la précocité, de nombreux problèmes se posent et les maraîchers découvrent, par l'échec (69) de certaines cultures sous serre, la complexité de la fécondation et l'obligation d'intervenir pour la provoquer. En effet on connaît mal les phénomènes de fécondation : "*On sait pas comment c'est fécondé : par les*

(69) Voir vidéo sur les courgettes à Ollioules.

mouches... si une fleur est avortée, ça se voit tout de suite. Ça se fait avec les abeilles, je sais pas ce que font les abeilles, ça me dépasse."

• La précocité toujours plus grande des cultures entraîne des problèmes, ainsi que la culture sous serre : "*Il y a des problèmes avec le melon car il vient de plus en plus tôt. Il n'y a pas assez d'abeilles... Si vous avancez d'un mois, les abeilles ne sont pas sorties. Les poivrons sous serre, on n'arrive plus à faire la fécondation : les fleurs y sont mais ne tiennent pas... Dans les serres, c'est renfermé, il n'y a pas d'air : il y a quinze ans ça marchait, maintenant ça marche plus... Maintenant on nous dit d'envoyer de l'air sur la plante.*"

• On découvre à peine le rôle des insectes avec le travail sous serres : "*Avant, les tomates en plein champ, il y avait les insectes. On a appris qu'ils servaient à quelque chose.*"

• La famille et le groupe de pairs transmettent surtout des données sur l'abâtardissement

"*Je ne suis pas renseigné sur la fécondation... C'est mon père... On sait ce qu'on veut garder de variétés de graines, il faut pas qu'aux alentours il y ait un voisin qui garde une variété, ça risque de s'abâtardir ; si un voisin fait des choux de Bruxelles, on ne peut plus grainer des choux-fleurs. Mon père m'a dit de ne pas mettre de concombres à côté des melons, de navets à côté des choux... On peut pas mettre de concombre à côté de la courge.*"

• Les informations des maisons grainières ne sont pas très précises : "*On se fie aux maisons grainières, j'y connais rien, féconder, greffer des plants, on ne sait pas.*"

Un certain nombre de facteurs interviennent sur la fécondation. Ce sont des facteurs plus ou moins spécifiques ou généraux liés à l'état du jardin, au temps et à des pratiques du maraîcher.

• La température, l'ensoleillement, l'aération, la qualité de la terre, l'épuisement de la terre, la végétation

"*La chaleur agit sur la fécondation, l'ensoleillement, l'aération... En serre, si on n'agite pas les bouquets, les fruits ne se font pas. S'il y a une période froide au moment où les bouquet se forment, les fleurs coulent. Sur les melons, il a fait un temps frais, on a eu un quart des autres années... C'est pour les récoltes de prin-*

temps, celles d'hiver elles sont plus habituées. Il y a le terrain qui joue et le vent. Un terrain léger féconde mieux qu'un terrain dur. Sur un terrain léger, la plante travaille plus."

"*Chez moi, les tomates et les piments c'est plus dur à féconder que dans les terres fortes. Quand on plantera, ce sera plus difficile à prendre, mais quand ce sera pris tous les fruits tiennent... Ici, là-bas au fond c'est plus dur à engrainer... Il en a moins ce pauvre terrain, ça fait vingt ans que je fais pareil, ça ne féconde plus... On a des problèmes pour la fécondation des tomates de printemps. Il y a une question d'humidité, d'aération, de température, sous les tunnels, peut-être d'excès de végétation. J'ai fait de la courgette d'automne, il y a un manque d'air en serre, quand la courgette fleurit, la fleur se détache difficilement du fruit, car y n'y a pas de vent, elle pourrit le bout de la courgette.*"

• On réunit les conditions et précautions pour favoriser la fécondation, on ne sait pas très bien comment ça se passe : "*J'ai pris de grandes précautions : aérer, maintenir la température régulière. Comment ça se passe ? J'en sais rien... Je vibre les tomates en passant l'atomiseur. Tant qu'il y a des plastiques, c'est pas fécondé... Les concombres, ça va sans abeilles dans la serre, je ne sais pas si c'est le vent qui les fait vibrer... Je crois que c'est la chaleur... s'il fait pas chaud, on en ramasse pas... Les poivrons, les aubergines, ça tient bien... La courgette, il y a une fleur mâle et femelle. Sous les serres, la giroflée, l'abeille touche la giroflée simple ou double. La double ne fait pas de graine. La double, elle l'apporte du simple, c'est la simple qui fait la graine... C'est les abeilles qui font ou défont une des variétés. Si le temps est froid, ça coule, la fleur ne tient pas. La montée de la sève du premier bouquet n'a pas pu se faire normalement pour travailler. C'est le retour de sève qui fait avorter.*"

• On enlève la première fleur, on met des plants où il y a eu beaucoup de fleurs, on va chercher des bouquets de fleurs : "*L'aubergine, j'ai constaté si on lève pas la première fleur, avec une feuille, si l'aubergine vient, elle est déformée ; alors j'enlève la première fleur... ce qu'une plante a pu donner quinze jours, c'est une candelade : mon père disait* «la candelade est finie... il faut attendre l'autre candelade». *Il faut mettre quelques plantes de courgettes en semis direct, il y a des fleurs femelles avant la fleur mâle, il faut attendre que la fleur mâle arrive, ou aller chercher des bouquets de leurs mâles chez un voisin : attendre que les abeilles fassent le reste, il y a des ovaires qui se développent sans fécondation.*"

• Sous serre, les ruches sont nécessaires : "*Les abeilles sucent le pollen elles font marier ces espèces de choses. Elles font frotter pistil et étamines, ça féconde les fleurs. Il y a le vent, les eaux de pluie emballent du pollen. J'ai eu des résultats fantaisistes pour les melons avec les ruches d'hiver, elles sont en dormance, mais quand elles sont dans les serres, quand il fait chaud, on a des abeilles.*"

• On tente d'intervenir sur la fécondation et on utilise des techniques de fécondation : on tape, on vibre, on met des abeilles : "*On essaie nous-mêmes de faire la fécondation, on a mis une fleur mâle à côté de femelles, on tâtonne, on sait pas où l'on va. Des fois on a une jolie plante, qui ne fait que des feuilles et nous c'est pas les feuilles qu'on veut... On s'occupe depuis cinq ans ou six ans de la fécondation des tomates. Maintenant, on prend un vibreur, on a la soufflerie, ou en tapant sur les fils de fer où sont accrochés les fils. Quand il y a le mistral, le tunnel bouge et les fils aussi. On vibre les melons et les tomates ; ça mélange les pollens...*"

• Mais les traitements tuent les abeilles et quand le soleil manque, les abeilles ne viennent pas : "*Quand on traite, les abeilles crèvent. Si on met pas les abeilles, pas de fruit, si on traite pas, pas de récolte. S'il y a pas de soleil, au moment de la fécondation des melons, les abeilles ne viennent pas.*"

c/ Le dépit amoureux et la paternité spoliée

Jusqu'alors en plein champ, les maraîchers entretenaient une illusion sur la part qu'ils avaient dans la fécondation des plantes. Elle était souvent invisible : vent, froissage des plantes par les animaux, insectes provoquant la déambulation des pollens, et le tour était joué. Dans cette fécondation "miraculeuse" car invisible, les maraîchers, malgré tout, conservaient l'idée qu'ils étaient pour quelque chose dans la réussite de l'opération. Ils ne savaient pas trop comment cela se passait, mais la paternité leur revenait... quelque part. Le passage sous serre plastique, la découverte de la sophistication (Pelt) et de la difficulté de cette fécondation (à travers des échecs cuisants) nécessitant la mise de ruches dans les serres, le vibrage des plants, etc. provoquent chez eux un discours du désenchantement, du dépit amoureux, du tiers exclu. La fécondation se produit dans des conditions si complexes que ça les "dépasse", ça pose trop de questions, c'est trop compliqué pour leur mentalité de "mâles aux besoins simples", tout cela n'est plus de leur époque ! Les fleurs sont trop sophistiquées pour eux "et leur font un enfant dans le dos". Toutes les autres fonctions comme la nutrition, l'ensoleillement, la respiration, la transpiration, l'absorption d'eau, qui caractérisent la vie de la plante et auxquelles le maraîcher participe activement, sont abordées parfois avec inquiétude, mais toujours avec intérêt et argumentées de manière très complexe, savante et opératoire : seule la fécondation suscite cette passion, ce discours du dépit et du "*Je ne veux pas le voir, le savoir ! Je ne veux pas comprendre ! Je suis relégué au rang de témoin-machine-accessoire de la fécondation.*"

Dans cette complication des mécanismes naturels découverte par les maraîchers, les abeilles ne font qu'ajouter au désordre, si par ailleurs elles jouent un rôle nécessaire : "*Quelquefois les abeilles et les papillons c'est mauvais... Une abeille vient butiner une fleur de melon et une fleur de courge, ça mélange tout... La pollinisation par l'intermédiaire des abeilles, j'en vois sur les melons, les fleurs de haricot, un peu partout elles arrivent à dégénérer... si une abeille va d'un melon à une lavande, je ne sais pas si ça fait grand chose !*"

L'homme ajoute, comme l'abeille, au désordre. La fécondation est ressentie comme un effet de l'artificialisation des techniques et comme inquiétante, car complexe, mais aussi "contre-nature" : "*Si vous n'avez pas de vent, vous risquez d'avoir des tomates pas fécondées... elles sont petites. Il y a problème d'aération de vent. Nous faisons des tomates sous tunnel dès qu'il y a quelques fleurs, il faut absolument ouvrir pour que le courant d'air les bouge. Dès que l'homme met la main quelque part, c'est une catastrophe, autrefois tout se faisait de soir. Le vent emballe le pollen, la pluie, quelqu'un qui passe et secoue une branche, la bête faisant un écart ; quand on labourait avec les chevaux, ça fécondait.*"

Alors qu'ils se pensaient les géniteurs des plantes dans un tête-à-tête avec la terre, ils sont exclus de la fécondation et l'agacement vis-à-vis des abeilles marque leur dépit lié à cette exclusion.

d/ La respiration

Pour les maraîchers, c'est par les feuilles, la tige, les racines, le fruit que les plantes respirent : "*Les feuilles servent à respirer la plante : par la tige aussi, ça respire. Quand on met trop d'eau, la racine s'asphyxie. Si on laisse le haricot à l'intérieur de la lessiveuse, il devient très chaud, c'est incroyable de voir la condensation. Après ça fait des moisissures. Même le fruit respire...*"

La plante respire la nuit surtout : "*Elles respirent la nuit davantage que le jour... Enfin est-ce peut-être parce que nous on ne les voit pas la nuit, c'est toujours le matin qu'on s'aperçoit qu'il y a quelque chose de changé... L'évolution, on a l'impression qu'elle se fait la nuit... Elle se fait grâce à la nutrition et la respiration. Le soir, la plante est passie, flétrie, le matin avec la fraîcheur de la nuit elle a "pris", elle a respiré, elle a absorbé. Une plante est faite comme nous, elle respire le jour et la nuit.*"

Certains phénomènes, calqués sur le corps humain, caractérisent la vie nocturne de la plante : humidité, montée de sève, liées à la respiration, rejet du gaz carbonique : "*Il y a une certaine humidité qui se produit, il y a une montée de sève qui sort la nuit, cette humidité raffermit les plantes. La nuit, elle rejette le gaz carbonique... La plante c'est exactement comme nous et la terre, la même chose... C'est humain, on a tous un système de respiration, il faut se débrouiller pour qu'il marche au maximum.*"

La respiration se détecte à certains signes par la transpiration, la condensation, l'odeur : "*On s'en aperçoit quand on met le chauffage, au gaz carbonique qu'elle prennent et rejettent... les plus gourmandes de gaz carbonique qui aiment le gaz carbonique... il faut donner de l'aération aux plantes. L'hiver on ferme les serres le soir : le matin, on ouvre et on est frappé de l'odeur de renfermé, c'est une chaleur moite, humide. Cette transpiration est liée à la respiration...*"

La feuille produit le sucre par la respiration : "*Le fruit n'aura pas de sucre si on lui enlève les feuilles. Le feuillage c'est comme le poumon et le cœur. C'est par la feuille que se fait le sucre, il y a un échange gazeux et ça respire. Par la feuille, elle capte, si vous fermez une serre, tout est asphyxié. J'ai appris... il faut que la feuille soit impeccable pour respirer, propre : elle prend tout par la feuille, l'oxygène, tout ça.*"

Si la plante respire mal, une série de phénomènes se manifeste : les bouquets coulent, la plante s'asphyxie : "*Si on laisse les serres fermées, les bouquets risquent de "couler" avec un coup de chaleur... Plus on laisse de l'air, plus on voit la plante absorber de l'oxygène. La plante s'asphyxie au niveau des racines plus que des feuilles... L'excès d'humidité ne peut pas se rattraper.*"

La respiration est gênée par un certain nombre de phénomènes : le mauvais temps la gêne, la chaleur également, les écarts de température, l'humidité insuffisante, l'air pollué, la poussière : "*S'il fait mauvais temps, elle est gênée la plante... Quand il y a la rosée, elle respire bien. S'il fait vent, soleil, elle est gênée. On s'aperçoit dans la journée, que la vie de la sève ne doit pas circuler parce que les feuilles sont flétries. Quand il fait frais, les fleurs sont fraîches, la température joue... Il ne faut pas d'écarts : les grosses chaleurs, les gros froids, ça arrête la respiration. Il faut de l'humidité : un sol bien aménagé, une plante protégée, abritée. Si l'air est pollué dans la serre, c'est la feuille qui s'abîme.*"

Mais certains produits empêchent la respiration également, obstruant les pores de la plante : "*Autrefois, pour tuer les limaces, on n'avait pas ces produits granulés. Les anciens utilisaient de la chaux, ils répandaient la chaux sur les plantes, c'était très mauvais, la chaux se collait sur la plante et bouchait les pores. Les pores, on voit rien se passer, il faudrait prendre une loupe. Il faut éviter de mettre des produits comme ça, ils bouchent.*"

On peut accélérer la respiration. La plante respire quand on "bine", quand on nettoie le sol et la plante : "*Ce qui est important, c'est la racine, il faut beaucoup faire de binage... C'est meilleur un binage que l'arrosage... Il vaut mieux arroser une fois, faire un binage, la chaleur pénètre plus, elle respire mieux... Il faut que le sol soit propre et aéré... C'est la nuit qu'elle respire. Elle fait tout la nuit, elle absorbe l'humidité qui lui permet de se laver. En la traitant on la lave aussi : c'est comme si nous avions une pellicule de poussière, d'huile dessus, on a une peau qui ne respire plus, si on enduit le corps de gras il ne respire plus. En fin d'été, après une pluie, la vigne est plus verte après une pluie, les feuilles lavées c'est mieux. Elle respire par les feuilles, quand la plante est propre de poussière : quand on arrose avec les rampes, on arrive à faire les plantes plus jolies, plus vertes que dans le temps. Elles respirent.*"

Il faut aérer la plante pour éviter le gel, les brûlures et accélérer la fructification : "*Si on aère pas assez, on brûle... Si on aère trop, on bloque la végétation, qui coule... Les tomates ont besoin d'air, sinon elles sont petites. Je vais avoir des problèmes avec les tomates, on m'a expliqué tout ça en gros :* "Faites très attention, ne les privez pas d'air, sinon vous aurez des tomates toutes petites".

Comme pour les autres fonctions, on compare la plante à l'homme, et les mauvaises conditions de respiration à la claustration : "*Quand elle respire pas, c'est comme si on vous enfermait dans une maison, si on vous sort au bout de quinze jours, vous vous sentirez mieux dehors que dedans, une plante c'est pareil...*"

e/ Nourrir la plante

Les manières de nourrir

Une bonne nutrition, c'est un équilibre complexe qui est lié à de multiples facteurs.

"*Il faut une bonne préparation du terrain, bonne fumure de fond, un plant sain, jeune : avec de l'eau, ça doit pousser... Les plantes il faut qu'elles n'aient pas souffert, un plant de choux au départ, il a des insectes qui piquent les pieds, le cœur. S'il est bien traité et a été dans un terrain pour avoir de bonnes racines et tout... ça va.*"

La plante est comme un corps : elle se nourrit comme lui et le maraîcher devine ce dont elle a besoin : "*Il y a un système comme le corps de l'homme, la sève comme le sang, elle monte, elle redescend par là, elle se nourrit de la terre, elle avale le gaz carbonique et rejette l'oxygène. Ce que prend la plante, par la feuille, c'est le gaz carbonique, par les racines l'azote, les matières organiques, le fumier. Si elle est bien nourrie, on le voit à la plante, je vis avec la plante, une mère vit avec son enfant, elle voit si votre terre est bien équilibrée, s'il y a pas de maladie. C'est par les racines, c'est comme le corps de l'homme, chaque partie doit servir à quelque chose*".

C'est par les racines que la nutrition se fait : "*C'est par la racine qu'on met de l'engrais quand la plante souffre. C'est le système radiculaire qui commande le tout. Il est plus ou moins développé selon les conditions du sol et de l'alimentation, la fumure et l'arrosage vient faire le reste... les radicelles prennent l'air frais, le transportent dans les tiges, les feuilles*".

Les conditions d'une bonne nutrition

Pour que la plante soit bien nourrie, il faut que tout un système de phénomènes, un équilibre, soit respecté, comme nous l'avons vu précédemment, sans excès, ni carences.

• Le terrain doit être sain et n'avoir pas de carence : il doit être "propre", bien fumé, et il ne faut pas trop de feuilles : "*Si le terrain est sain de bestioles, la plante travaille normalement, s'il y a toutes sortes de bestioles, plus rien ne pousse. Le terrain s'il manque de calcaire, il faut en mettre avec les engrais. Je fais une bonne fumure un trait arrosé, ça tient propre le terrain. Pour la nutrition, il faut que les plantes prennent la chlorophylle, que les feuilles soient assez importantes pour ça. Mais il ne faut pas trop d'excès de feuillage ou un feuillage déficient, il faut une plante sans excès. Un excès de végétation c'est au détriment de la production, trop de feuilles, c'est un excès de fumure, d'arrosage.*"

• Comme avec l'homme, il faut parfois "priver la plante", "la faire souffrir". S'il faut donner à la plante des conditions de vie optimales et de nutrition, il ne faut pas trop la nourrir : "*Rien donner à manger à la plantation c'est mieux. La plante plus on lui donne à manger, plus elle est gaillarde. Si on lui donne trop à manger, les fleurs tombent. Si elle est pas trop gaillarde, pas trop nourrie, ça va mieux. J'ai fait souffrir mes poivrons d'eau, le fleurs étaient flétries, les poivrons étaient retenus, les fleurs sont restées, il y a eu la novaison.*"

• La plante se nourrit par l'air et le sol, et le soleil, les microbes : "*Les plantes mangent l'humus, c'est un plat consistant. L'engrais complet donne une fortification. C'est comme une personne, c'est l'eau, le soleil, la terre. Elle se nourrit par l'eau, les engrais, les microbes. Ce qui fortifie la plante, c'est l'air qui circule.*"

Un discours éthique (de contrat à respecter) baigne les principes de nutrition. La plante et la terre doivent être nourries régulièrement à doses pas trop fortes, ni d'un seul coup. On doit rendre à la terre ce qu'on lui prend et ne pas lésiner sur l'engrais et ne pas abuser de la terre.

"*Il ne faut pas économiser l'engrais, si on met cinq ou six cultures dessus, c'est comme si on mangeait cinq ou six fois.*"

Les maraîchers sont des agriculteurs pour lesquels, comme dans l'agriculture nabathéenne (70), l'utilisation des engrais et leur préparation sont très importantes, et les préoccupent en permanence. La tradition arabo-andalouse (71) de préparation des engrais, dont l'agriculture de la côte méditerranéenne française a hérité, développe avec une précision méticuleuse, les combinaisons de matière animale et végétale et les opportunités, de l'utilisation de ces dernières pour chaque plante, pour chaque période du calendrier et pour tous les types de terre (72).

Les maraîchers arabo-andalous ont élaboré une série de règles d'utilisation des engrais : "*Les engrais grossiers doivent être enterrés généralement plus bas que les autres. Par exemple, le chiffon doit être enterré bas. On doit l'employer pour des cultures susceptibles de rester longtemps sur le terrain. L'engrais humain doit être mis sur la superficie de la terre après avoir bêché. On peut mettre le tourteau en bêchant le terrain, mais il est préférable de l'employer après que cette opération a été faite, en donnant un binage comme si on enterrait le blé. A l'entrée de l'hiver, les engrais doivent être mis moins profondément, parce que les racines de la plante cherchent la chaleur du soleil. Au contraire, en été, on doit les placer plus bas, parce que les plantes cherchent la fraîcheur du terrain. Dans les jardins arrosables, on peut employer tous les engrais indistinctement* (71)."

f/ Théories implicites et stratégies des maraîchers sur les engrais et les fumures

Autrefois, les maraîchers fumaient leur jardin avec de l'engrais de cochon. Certains maraîchers possèdent encore debout, dans leur jardin, les cochonneries abandonnées qui servent de resserres. Ils utilisaient les gadoues : elles sont maintenant pleines de déchets non dégradables.

D'autre part, des troupeaux de moutons, récemment encore, faisaient partie du paysage de cette région méditerranéenne dont l'arrière-pays est une région de tradition moutonnière : le fumier de mouton est actuellement transporté dans des sacs de plastique par

(70) Ibn Al Awan, mort en 1145, *Le livre de l'agriculture*", traduit de l'arabe par J.-J. Clément-Mullet, 2e edition, éd. Bouslama, Tunis, 1977.
(71) Bolens (L.), opus cité.
(72) Combiner : multiplier les actes techniques susceptibles de favoriser le bon fonctionnement de la plante. Le maraîcher a conscience des liens qui existent dans l'intervention de toute une série de facteurs et de pratiques permettant de réaliser un objectif précis dans le travail.

certaines femmes d'éleveurs herbaciers, pour être revendu dans la région de Nîmes, aux maraîchers, et les moutonniers du Haut-Var troquent le fumier, denrée précieuse et rare. Pour les jardiniers andalous, le fumier de porc est le moins prisé parmi les fumiers. Dans le Var, il était utilisé de manière courante.

Les cochonneries ont disparu, les troupeaux aussi. L'introduction des engrais a considérablement compliqué et rendu dépendants matériellement et intellectuellement les maraîchers de ceinture verte de la région.

La fonction de la fumure, c'est de redonner vie, d'empêcher de mourir, c'est un élément nécessaire à la terre et à sa vie, comme au goût de vivre de la plante.

"L'idéal c'est la fumure, ça apporte aucun élément nocif. On met certains engrais chimiques qui sont des "nourritures de base" avant de semer car, sinon ça brûle la graine. Il y a les engrais de fond qu'on met quand on plante, et des engrais comme l'amnitrate... Vous vous en rendez compte après... Il faut faire attention que ça touche pas les plantes, on passe une lame pour le mélanger à la terre et on envoie l'eau, pour les engrais qu'on met aux petits pois, ils étaient jaunes, ils sont redevenus tout verts : ils redonnaient un goût à la vie, ils enlevaient l'envie de mourir."

Des différences interindividuelles concernant la fumure et des attitudes de surnutrition de la terre se manifestent. On a tendance à trop fumer la terre, chez certains maraîchers, comme on nourrit trop parfois les bêtes chez les éleveurs.

"Le fumier vient des Alpes : il coûte très cher, j'ai tendance à trop fumer ; faut pas surfumer les artichauts, c'est un poste important."

Le comportement de nutrition de la terre rejoint le comportement de nutrition des animaux et des enfants : certains maraîchers surnourrissent la terre.

Le fumier a une action complexe sur la terre. Il transforme le corps de la terre, comme on transforme et travaille une pâte. Il fait respirer la terre, il lubrifie, allège les sols, constitue l'humus, complète, équilibre ses composants nécessaires à la plante.

"Le fumier ça allège la terre, la terre respire beaucoup mieux, la plante trouve à manger tout ce qu'elle veut. On avait un mulet et une dizaine de truies autrefois, on faisait 300 m^3 *de fumier. Ces excréments mélangés avec la paille ça faisait un humus. Il y avait jamais de pucerons. On allège les sols avec le fumier, ça les lubrifie."*

Il agit à la fois sur la terre, comme support de l'activité maraîchère/humaine, comme réceptacle de l'activité atmosphérique (pluie, soleil, froid) et comme lieu de nutrition de la plante (il complète, équilibre les composants de la terre nécessaires à sa fonction de nutrition).

Le fumier a des inconvénients par rapport aux normes techniques et économiques dominantes : son action sur la plante n'est pas rapide. Il est comme les médicaments homéopathiques, un produit dont l'action est lente et à long terme.

"*Ça pénètre pas le fumier, comme l'engrais chimique.*"

L'odeur négativement perçue par les citadins, oblige les maraîchers qui sont enclavés dans les quartiers d'HLM et de villas, à restreindre son usage.

g/ Une éthique du travail de la terre

Les maraîchers regrettent la disparition des animaux producteurs de fumier, qui nourrissent la terre correctement.

"*Les cochons tenaient compagnie... et puis c'était le temps où l'on traitait la terre correctement. Ça gueulait partout, ça vivait avec nous. Il fallait se lever la nuit quand la truies mettait bas. J'avais une douzaine de truies qui me laissaient tous les ans 300 m*^{3} *de fumier : 150 porcelets.*"

Une éthique des rapports de travail à la terre se perd. L'engrais venu des animaux était aussi un gage d'équité et de respect envers la terre. On redonnait à la terre ce qu'elle avait perdu de vivant, sous forme de matière vivante : le fumier. Il y avait non-discontinuité, équivalence, filiation entre ce qui avait été pris à la terre et et qu'on lui restituait. L'univers de la chimie est un univers "en rupture" avec la nature.

La pratique des engrais chimiques apparaît comme peu satisfaisante, car sans possibilité de faire des choix concertés, et inquiétante : on utilise les engrais sans bien connaître les besoins de la terre et des plantes, ni le contenu et les effets des produits. Les critères d'utilisation sont subjectifs, psychologiques, culturels, comme les critères de choix des produits. On agit selon les pressions relationnelles, les modes, l'imitation, sous le poids de l'inquiétude et on perd sur tous les plans : économiques, techniques et éthiques dans la relation à la terre.

"*On est mal informé et on le regrette, alors on met des engrais qui ne servent à rien de précis, on s'en sert à contretemps, on dépense de l'argent pour rien, on prend des risques pour la plante. Si on faisait des analyses du sol, on serait gagnant. On met des engrais qui ne conviennent pas. On met des engrais qui servent à tout à la fois, on sait pas ce qu'il y a dedans, on se fie au gars... on les répartit mal. On s'est aperçu que toutes les plantes viennent chercher l'engrais, on les met trop près, pour les salades pareil... On emploie des engrais à base de laine, c'est valable... Le fumier est trop long à étendre, on l'utilise pas... Les dosages c'est au pif et à la mode... C'est comme les gens qui choisissent une marque de petits pois plutôt qu'une autre... Même les dosages, ils vous disent : 6, 8, 10. Si je fais un dosage avec une parcelle, et un dosage avec une autre, j'ai pas vu la différence."*

L'action des engrais dépend de multiples facteurs. C'est un problème complexe et seule une combinaison subtile de facteurs les rend efficaces : le moment, la profondeur où on les met, le type de racine, la température, l'eau, la qualité de la terre, l'année, la présence de l'humus, la rapidité d'assimilation des engrais, le cycle végétatif, etc.

1. Le moment : "*Si vous mettez un engrais quand les haricots commencent à pointer, ils risquent de brûler... Pour les haricots, je mets deux mois à l'avance et quand le haricot a sorti deux feuilles, je refais un appoint. Je chausse et j'arrose, ça c'est la fumure de fond qui est différente de la fumure du dessus : tous les six mois, ou tous les ans, il y a un rapport de fumier ou d'humus de labour profond...*"

2. La profondeur : "*Il ne faut pas aller trop profond pour les haricots. Ils ont des radicelles de 20 cm. Ça tombe pas au fond de la raie, ça tombe entre deux eaux, en passant au rotovator ça fait une partie meuble de 20 cm., c'est dans cette partie-là que tout se passe.*"

3. L'humus : "*Je favorise l'absorption de l'engrais. L'engrais, la plante le prend s'il est assimilable, s'il n'y a pas de blocage dû à un excès de matière...*"

4. La pluie : "*Quand il pleut trop, l'excès est lessivé. Quand il fait trop froid, la nitrification ne se fait pas, les conditions atmosphériques jouent.*"

5. La chaleur : "*Il faut de la chaleur pour que la plante absorbe. S'il n'y a pas de chaleur, il n'y a pas de travail ni de consommation d'engrais... L'engrais, il vient du moment où il se lessive.*"

6. L'année : "*Selon les années, le même engrais ne va pas réagir pareil à cause du temps, de la pluie, de la bonne ou mauvaise année.*"

7. La qualité de la terre : "*La terre argileuse demande plus d'engrais. Au bas du jardin, elle est plus grasse, ici elle est sablonneuse. Ça pénètre plus vite. Ici ce sont des terres qui ne gardent pas les engrais, plus on les lave, moins elles gardent.*"

8. La longueur des racines : "*Dans les vignes, il faut mettre l'engrais assez bas; parce que les racines sont profondes. Il descend lentement, une fois qu'on a fraisé, ça fait quatre doigts, si on met profond, ça va pas pour les pommes de terres ou les haricots.*"

9. Les types d'engrais : "*Les engrais solubles vont plus profond, mieux assimilés par la terre, récupérés par les racines : la potasse met du temps pour descendre, le superphosphate il bouge pas où on le met, l'azote en rien de temps, ça descend. L'azote va très vite à la racine, la potasse et le phosphate prennent plus de temps pour aller à la racine.*"

10. Le tassement du sol : "*Si on met l'engrais sur un sol tassé par la pluie les racines ne peuvent pas se développer pour venir le prendre.*"

11. L'état de croissance de la plante : "*Si une plante n'est pas en végétation, même si on lui apporte des engrais, elle assimile pas.*"

h/ L'univers intellectuel et affectif des engrais chimiques

Les engrais chimiques font partie d'un univers nouveau, abstrait, mal connu, craint, inquiétant, auquel on est obligé de se soumettre, sous la pression de l'intensification et de l'accélération de la rotation des cultures. Mais on s'en méfie et on introduit un discours éthique pour parler des effets des engrais chimiques. On ne connaît pas bien les propriétés des engrais chimiques et leurs composants : "*On ne connaît pas suffisamment, on hésite... on manque de conseils dans ce domaine... Il y en a qui brûlent, il y en a qui descendent plus vite que d'autres. On est mal informés. On va chez le bonhomme... le représentant passe pour les engrais, il recommande certains engrais : on peut leur faire confiance. Il y a à faire l'utilisation d'engrais en fonction des caractéristiques du sol.*"

L'engrais est un produit dangereux comme les médicaments, il risque de tuer la terre, de brûler la plante.

On craint l'épuisement de la terre "poussée" par les engrais, comme on craint de "pousser les bêtes" avec les nouvelles techniques de reproduction du mouton, et de les épuiser.

"*Les engrais minéraux, ça épuise les plantes, ça pousse la plante et il y a un arrêt. Les engrais organiques, ça a de meilleurs prolongements. On prend des engrais chimiques pour que ça aille plus vite.*"

L'engrais ne nourrit pas vraiment la plante et la terre. Il donne un mouvement, mais la vraie nourriture de la terre et de la plante est régulière, permanente, avec le fumier.

"*On donne un coup de fouet en donnant de l'ammoniaque, de l'azote, ça donne de la force et ça végète la tomate (73).*"

i/ Autonomie et liberté de la terre : la terre risque de se révolter ou de mourir si on la maltraite

Chez les maraîchers, on craint les surprises de la terre maltraitée par les engrais chimiques : on trahit ses devoirs envers la terre, on risque des vengeances de sa part.

"*Il y a de nouveaux problèmes soulevés par les engrais. La terre est tellement vivante qu'elle réserve des surprises. Avec ces engrais, la terre devient "mauvaise" ; avec les engrais chimiques, elle est plus sèche... Quand on fait de la laitue avec le chimique, on a l'impression de taper sur du bois... C'est une bêtise le chimique.*"

• L'engrais chimique agresse la terre et tout ce qui est vie en elle.

"*J'en emploie pas tellement, car on détruit une bonne partie des bêtes qui font vivre le sol, avec les engrais chimiques ; ils stérilisent le sol... L'organique, c'est important à long terme et le fumier... Le fumier chimique, c'est une piqûre de remontant, c'est tout. Il faut un bon beefsteack.*"

• L'engrais fait partie d'un univers savant, rapporté, étranger, artificiel et nocif-agressif. Pour l'utiliser, il faudrait avoir fait des études. Il faudrait travailler dans des conditions ressemblant celles à des expériences de laboratoire où tous les facteurs sont maîtrisés et maîtrisables mais les maraîchers ne travaillent pas dans des conditions de laboratoire.

(73) *Végéter* signifie pousser, croître, en langage maraîcher.

"J'ai pas fait d'études je prends des engrais complets. On n'est pas informés pour les dosages... Par moments il y a déséquilibre : la potasse... Pour nous c'est difficile, il manque un chose, une autre, eux ils font ça en spécialistes... C'est tellement complexe tout ça."

• La terre comme mer : "la belle Azote" et ses voyages marins et sous-marins (74)

L'azote sollicite la rêverie des maraîchers. Il a un statut particulier dans l'imaginaire et la pratique des maraîchers, il se comporte de manière fantasque, désinvolte, circule, exige des conditions particulières, il navigue.

"L'acide phosphorique et la potasse ne naviguent pas dans le sol. Il y a que l'azote qui va où l'eau va. L'azote remonte. Quand la terre est trop sèche, l'azote remonte et le plant ne prend pas. Avec le sarclage, l'azote reste à la frontière des racines et elle reprend. Il faut des conditions de chaleur : l'azote n'est pas aussi assimilable en hiver... La super potasse ça reste au niveau où on la met. On met x kilos d'engrais et quand on sait combien la plante en absorbe, on est découragé."

• Le maraîcher et la traversée de la surface

Les engrais voyagent à l'intérieur de la terre, surface à travers laquelle les engrais mais aussi les hommes se déplacent et peuvent pénétrer ; "*le jardin est comme la surface de la mer, il cache de merveilleux poissons que sont les tubercules* (75)" comme le souligne Daniel de Coppet chez les peuples mélanésiens. La surface de la mer et celle du jardin sont similaires et le jardin est une scène dont le jardinier franchit la surface :

"*La surface de la mer et celle du jardin sont deux espaces semblables où l'homme travaille à capturer des prises tirées des profondeurs : il s'active à ramener à la surface du sol et de la mer où il vit, les éléments essentiels de sa subsistance, de ses fêtes, ses destructions. Le jardin est un théâtre où l'homme parvient à franchir à son profit la ligne horizontale. L'océan est l'autre jardin pour de semblables exploits.*" (76)

Au sujet de cette connaissance de l'importance des éléments vivants de la terre, Lucie Bolens a montré comment, bien avant la découverte scientifique de ces éléments vivants et dès le Moyen

(74) Pour certains maraîchers, *l'azote*, mot allogène du vocabulaire de la physique et de la chimie, est un mot féminin.
(75) Coppet (Daniel de), "Jardins contre nature, jardins de vie / jardins de mort en Mélanésie", revue *Traverses*, n° 5/6, 1983.
(76) Bolens (L.), opus cité.

Age, les sociétés maraîchères de la Méditerranée avaient une connaissance préscientifique de ces derniers et en valorisaient l'importance par le bon état de la terre et de la plante.

j/ La plante et son autonomie

L'absorption et l'assimilation des engrais par la terre et les plantes restent des opérations non visibles, qui intriguent les maraîchers. Ce phénomène a son mystère, il a lieu dans la terre, c'est elle qui choisit les engrais. "*Il y a certaines choses qui se passent dans la terre et c'est là que la plante le sort. L'engrais qui convient à la plante, il s'agit de le trouver. Je vois aussi s'il manque de l'azote, j'attache pas d'importance à la technique pour mettre l'engrais.*"

• La médiation de la vie animale dans l'assimilation des engrais

C'est par la vie des microbes que la plante choisit et assimile les engrais. "*Il faut savoir le moment... La plante prend pas tout de suite. Dans un sol dépourvu de microbes, il ne se passe rien. Les engrais avec l'eau, ça descend dedans, c'est les microbes qui transforment tout ça...*"

• La revanche de la plante, de la terre, de la nature

Ainsi, les plantes malgré le poids de la chimie gardent comme la terre leur opacité et leur capacité d'assimilation, de nutrition et le choix des engrais. Les éléments vivants de la terre conservent malgré tout un rôle déterminant de médiation par rapport à la nutrition de la terre. C'est la nature qui prend sa revanche contre les excès de la culture et la domination culturelle.

• L'information sur les engrais

Différentes sources d'informations cohabitent et se contredisent : les groupements de vulgarisation, les coopératives d'approvisionnement, les marchands de graines, de plantes, le GDA... "*C'est le marchand d'engrais, de plantes qui donne conseil. Avec le GDA on a des fiches à tenir, des trucs à suivre. Humus au départ, un petit engrais potassé ou azoté suivant ce qu'on préconise. Je regarde les livres, c'est un problème de végétation.*"

3. Ethique et technique (77)

Nous avons longuement insisté en 1978 sur l'importance, chez les maraîchers en particulier, d'un discours éthique concernant l'activité technique menée par eux. Les maraîchers réfèrent constamment aux incidences négatives des nouvelles technologies, en particulier celles des engrais chimiques et de leurs effets de stérilisation de la terre et craignent le péril pour les consommateurs de produits maraîchers.

Leur regard sur les obligations actuelles de réaliser une activité technique dangereuse à la fois pour la terre et pour les hommes, les a menés à des anticipations inquiètes sur le devenir de la terre, de la nourriture et des équilibres fondamentaux de la nature.

Nous ne sommes pas d'accord avec l'analyse de Cornélius Castoriadis (78) qui souligne les transformations des mentalités paysannes qui, autrefois, prenaient en charge les devenirs de la nature et se posaient sans arrêt la question de l'incidence de leurs actes sur le devenir des groupes sociaux et du sol. La réflexion des sociétés paysannes était toujours, selon lui, prospective et porteuse de préoccupations éthiques. Castoriadis regrette l'évolution de la pensée paysanne vers une activité technique dépourvue de cette recherche de sens dans les actes techniques et le questionnement sur leur utilité sociale et sur le devenir de la nature... Il constate un rétrécissement du discours et de la pensée du paysan sur l'immédiat, la rentabilité et la productivité, et une amputation de l'histoire passée et les incidences futures de leurs actes techniques.

Une pensée critique enclavée

Depuis trente ans, nos propres travaux, en particulier auprès de maraîchers de la région toulonnaise (comme auprès des éleveurs et des arboriculteurs) montrent que ce regard prospectif sur l'activité technique et ses incidences malheureuses ou heureuses concernant les équilibres biologiques et les groupes sociaux, n'a pas quitté la pensée et le discours des paysans des petites exploitations familiales.

La gestion de la nature dans la perspective de la léguer en bon état aux générations futures n'a pas cessé de ponctuer leur discours malgré les contraintes imposées par l'économie de marché et les organisations, enfin par le pilonnage idéologique de l'appareil d'encadrement agricole.

(77) Salmona (M.), *Questions sur la qualification dans l'agriculture*, déjà cité.
(78) Castoriadis (C.), *Les carrefours du labyrinthe*, Seuil, 1978.

Le refoulé du discours éthique et métaphysique

Ce discours était refoulé lors des contacts avec les représentants de l'Etat, des organisations professionnelles et les spécialistes dont dépendent les agriculteurs. Il a été particulièrement important durant toute cette période de refoulement (1950-1980) dans l'agriculture de montagne, de plateaux et pastorale (mouton). Il a été représenté par des personnages peu connus de l'appareil syndical agricole, mais qui ont fortement marqué la réflexion sur ces questions éthiques dans leurs région et hors de la région, je pense en particulier à Jean Pitrau et à l'association des agriculteurs de montagne, l'ASAM, qui dès les années 60 développaient toute une problématique sur l'aménagement de l'espace, l'amendement des sols, la protection des forêts, la meilleure connaissance des terres collectives de la montagne et des hommes et des cultures techniques qu'ils pratiquent. Les travaux de Jacques Rémy (79) sur l'agriculture biologique montrent que, sous l'apparente soumission, en particulier des maraîchers, à un discours technocratique, couvaient des insatisfactions profondes dans les rapports à la nature et à la terre qui débouchaient sur le mouvement de l'agriculture biologique et sa légitimation récente. Il est à souligner que les travaux de Rémy mettent en évidence que la décision de choisir ou de se reconvertir à l'agriculture biologique, est associée de manière très fréquente dans cette population d'agriculteurs à des événements graves concernant le corps de ces derniers ou de leur famille (maladies lourdes ou mort). Ce lien entre une reconsidération des rapports à la terre et à la nature et la décision de changer les cultures nous renvoie à une conception contractuelle des relations à la terre et à des préoccupations éthiques dans cette relation.

E — L'EAU ET LES SOLIDARITÉS DE L'EAU

Les maraîchers sont un groupe d'hommes pour qui l'eau a autant d'importance que la terre ; leur inventivité est très importante concernant tout ce qui touche cet outil de travail et ils ne cessent d'aménager leur "propriété" en ce qui concerne l'eau. La culture des jardins est une culture de l'eau, et de la mesure du temps.

(79) Rémy (J.), Barres (D.), Bonny (S.) et Le Pape (Y.), *Une éthique de la pratique agricole - agriculture biologique du Nord de la Drôme*, éd. Economie et Sociologie rurale - Grenoble - Grignon - Paris, 1985.

1. Les systèmes hydrauliques du bassin de la Reppe et du bassin du Gapeau

De nombreuses propriétés ont d'anciens puits dont certains ont encore le système de norias apparentes, comme en Afrique du Nord (80) et en Espagne (81), à Elche et Cartagène.

Les maraîchers évoquent les galeries souterraines (82) qui drainent les eaux vers des puits et dont ils ne se souviennent plus de l'origine, mais constatent la présence quand ils creusent le sol. Il ont une représentation du sous-sol très précise ; ils ont eux-mêmes creusé des puits, entendu parler des galeries qui existent sous leur sol et des difficultés que la découverte de l'eau puis la construction du puits ont posées à leurs parents et ancêtres. Les quanats (83), ces galeries qui drainent l'eau, sont une technique très ancienne, venue de l'Asie mineure, qui s'est répandue sur la Méditerranée aride (84).

Les maraîchers continuent à faire des forages et à utiliser de manière très empirique des sourciers, anciens retraités, parents, amis, qui, au pendule ou à la baguette, indiquent les lieux à forer.
Certains maraîchers évoquent les *puzaraques*, puits que l'on creusait pour trouver l'eau.

Comme nous l'avons vu, le système hydraulique est très complexe à Ollioules comme à Hyères : il y a l'eau des rivières, réparties, il y a à Hyères les *réals*, canaux dont l'eau sert aussi aux maraîchers ; il y a un barrage sur le Gapeau, barrage mobile qui s'élève ou s'abaisse, freinant, selon la hauteur de la nappe phréatique, le débit du cours d'eau, pour réapprovisionner la nappe en été. Il y a plusieurs puits sur chaque exploitation, anciens et récents. Enfin, il y a les bassins pour stocker l'eau de la ville. Mais

(80) Bouderbala (N.), Chiche (J.), Herzenni (A.), Pascon (P.), *La question hydraulique - petite et moyenne hydraulique au Maroc*, Institut d'agronomie de Rabat "Hassan II", département sciences humaines, 1984.
(81) Herin (R.), *Les huertas de Murcie, les hommes, la terre et l'eau dans l'Espagne aride*, Edisud / Mondes méditerranéens, 1980. Chapitre "Le labyrinthe de l'eau".
(82) Il existe ce même type de réseau de galeries dans le Haut-Comtat. Grosso (R.) et Pernat (M.), "Un exemple de galeries drainantes, les cavernos du Haut Comtat", dans la revue *Le monde alpin et rhodanien*, n°3/4, 1976. *Caverno* : tumulus contenant une grotte donnant accès aux quanats.
(83) On trouve également dans la région de Marseille ces galeries. Goblot (H.), *Les quanats, une technique d'acquisition de l'eau*, Mouton éditeur, 1979. Quanats : réseaux de galeries horizontales souterraines caractéristiques des systèmes hydrauliques des zones désertifiées venues d'Asie mineure.
(84) Voir photos sur les systèmes et techniques hydrauliques en cahier central.

le territoire d'Ollioules est particulièrement sophistiqué et mystérieux en ce qui concerne le réseau hydraulique. En effet, il est traversé par la Reppe qui débouche d'une longue gorge et est constituée de sources multiples (85) chaudes et froides, qui donnent à la rivière une température douce favorisant la végétation. Les sources ont une importance dans la pensée collective, car elles ont permis le développement d'une production précoce dans la vallée de la Reppe, la températures de l'eau étant particulièrement appropriée aux températures du sol. D'autre part, on prête une origine volcanique à la source d'eaux chaudes alimentant la Reppe.

Certains maraîchers ont fait des barrages sur des ruisseaux et des retenues miniature d'eau et des systèmes d'irrigation très sophistiqués.

"*J'ai fait un barrage sur le ruisseau. Il y a un drain qui s'est mis à donner toute l'année. Le ruisseau reçoit les eaux de pluie du quartier et a une source.*"

D'autres maraîchers construisent des bassins de stockage d'eau, ce qui leur permet d'utiliser le tarif de nuit de l'électricité pour pomper et leur fait faire des économies. D'autre part, le bassin permet de réchauffer l'eau.

Certains maraîchers utilisent les réseaux d'épandage ; il est nécessaire dans ce cas de ne pas utiliser cette eau pour arroser les légumes consommés crus, car elle est polluée, mais utile pour les autres légumes.

2 - L'organisation et les pratiques sociales (86) autour de l'eau

A Ollioules, comme à Hyères, les syndicats d'arrosants fonctionnent et régissent la répartition de l'eau de la rivière (87). Certains maraîchers se souviennent de l'époque (ou on leur en a simplement parlé) où le garde passait avec une trompette pour donner le tour d'eau et soulever les martelières qui ferment les rigoles.

(85) *Terre déchirée*, déjà cité.
(86) Asarachas (Spyros), "Culture et irrigation en Grèce pendant la domination ottomane", colloque sur "Les eaux internes", Instituto internazionale di storia economica "Francesco Datini", Prato, 15 avril 1983. Dans les communautés paysannes, le contrôle des eaux est assuré par le pouvoir communal. Ce contrôle consiste à superviser le partage équitable des eaux, le creusement et le curage des fosses étant affaire individuelle. A Athènes et en Eubée, la personne qui avait en charge le contrôle des eaux s'appelait potomarchos, c'est-à-dire seigneur du fleuve.
(87) Voir les statuts du Syndicat des arrosants ouest varois, en pages 295 à 310.

Toute une sociabilité s'est développée autour des syndicats d'arrosants.

D'autre part, quand un voisin vous volait de l'eau, il était coutume, pour lui montrer que l'on s'en était rendu compte, et que l'on était pas dupe, de jeter sa martelière dans son bassin en signe de protestation.

Les collectivités et solidarités de l'eau

Comme dans les huertas de Murcie, l'existence à Hyères et à Ollioules de systèmes d'irrigation collectifs organisés en syndicats d'arrosants "*a forgé des solidarités, des collectivités vécues au niveau du bancal (88), de la parcelle, puisque l'existence de chacun dépend du débit et de la bonne distribution de l'eau ; le réseau d'irrigation dont ils sont tributaires, les rend à leur* corps défendant, *solidaires* (89)".

Les syndicats d'arrosants sont des écoles de la mesure de la mathématique et de l'aménagement de l'égalité dans la répartition des biens. C'est une école de la réflexion et de l'action communautaire : réflexions et actions à la fois techniques, économiques, juridiques et d'administration des biens rares. La collectivité améliore en permanence les systèmes techniques, économiques, juridiques et d'administration des biens rares. Simultanément, elle améliore les systèmes techniques et leur gestion : c'est une école de la créativité technique et sociale. Avec le branchement sur le canal de Provence, ce lieu d'éducation non formelle et de solidarité a disparu. Un certain nombre de maraîchers s'inquiètent de la dégradation des canaux du syndicat. En effet, depuis le branchement sur le canal de Provence, ils sont presque totalement dépendants de ce système hydraulique et craignent l'éventualité d'une catastrophe (tremblement de terre, rupture de barrage, mouvement de terrain) endommageant le canal et les privant totalement d'alternative pour irriguer leur terre. Le syndicat des arrosants et son système technique, s'ils étaient entretenus, pourraient remplir ce rôle.

Cependant, par exemple dans certaines oasis du Sud tunisien, "*l'eau est l'amie du puissant* (90)" comme elle l'a été dans certaines sociétés orientales anciennes où les seigneurs locaux se servaient de

(88) Parcelle plantée.
(89) Herin (R.), *Les huertas de Murcie*, déjà cité.
(90) Bédouche (G.), *L'eau, l'amie des puissants : une communauté oasienne du Sud tunisien*, éd. des Archives contemporaines, Paris, 1987.

la construction des barrages et de la retenue de l'eau sur les fleuves pour faire payer et faire travailler les populations dépendantes de cette eau.

3. Les traditions de solidarité de l'eau (91)

L'apprentissage de la réflexion collective, de l'action et la conscience communautaire

La répartition égalitaire de biens rares, en particulier de l'eau, dans les microsociétés méditerranéennes où l'on irriguait (bassins de fleuves espagnols, français, italiens, etc.) et des vallées marocaines, est une école de la démocratie.

Le partage égalitaire de l'eau est l'occasion d'une réflexion, pensée communautaire-invention collective de juridictions, de systèmes extrêmement complexes tant du point de vue technique que du point de vue de l'organisation sociale du lâcher de l'eau et des moyens d'égalisation des parts, par la mesure du temps, du volume d'eau et de la distance parcourue par les canaux, induisant une évaporation diminuant le volume. Comme le souligne Jean-Pierre Cuvillier (91) pour la Catalogne, ce fut à partir de l'eau que l'idée de liberté a pris les formes les plus variées.

A Murcie, *Le livre des eaux*, élaboré au début du XVe siècle, sert au contrôle du temps d'utilisation de l'eau dans la huerta : c'est un véritable code rural pour la répartition de l'eau (92).

"*La distribution de l'eau, surtout dans les pratiques de mesure, est tout à fait semblable à celle qui est utilisée en Islam. La proportionnalité est la base des systèmes de distribution d'eau* (92)."

Comme le souligne également Chacón Jimenez : "*Le sentiment de groupe et de collectivité se développe autour de l'eau, dans la proportionnalité et régularité du tour d'eau. Il s'exprime dans les nécessaires organisations de base des "*acequias*" (canaux) dans l'administration de l'eau. Naturellement, les niveaux de solidarité ont toujours la marque de la hiérarchie sociale de l'époque. Cependant, les conflits qui manifestent clairement l'importance transcendantale que l'eau a dans la vie quotidienne, reflètent une justice surgie des propres membres du collectif d'arrosants, institutionnalisée dans certains cas, tribunal des eaux à Valence,*

(91) Cuvillier (J.-P.), *L'irrigation dans la catalogne médiévale et moderne*, colloque "Les eaux internes", Instituto internazionale di storia economica "Francesco Datini", Prato, 15 avril 1983.

(92) Chacón Jimenez (F.), "L'eau comme élément de relation sociale dans les communautés rurales de la Méditerranée occidentale aux XVe et XVIe siècles : quelques exemples du royaume de Murcie", colloque "Les eaux internes", Instituto internazionale di storia economica "Francesco Datini", Prato, 15-20 avril 1983.

dans d'autres pas, conseil d' "hommes bons" de Murcie, mais tous ont le sentiment d'égalité et l' "acatemiento immediato" *est par dessus quelque autre considération. Ainsi, l'eau apparaît comme un élément de base dans l'articulation de toute une série de facettes qui reflètent intérêts et solidarités minuscules qui donnent à l'eau une grande importance, avec d'autres éléments, pour analyser et comprendre les relations sociales et les communautés rurales de la Méditerranée occidentale* (93)."

Comme le soulignent les analystes des systèmes d'irrigation à Murcie (94) ou au Maroc (95), la mesure du temps du lâcher de l'eau pour chaque irriguant est primordiale. *"Le problème de la répartition des eaux exige une précision météorologique"*. Au milieu de l'immensité inculte appréhendée de façon très lâche (en heures de marche, en heures courtes ou longues, en unités de pâturage pour un millier de brebis), l'espace hydraulique est un espace de la mesure : mesure du temps par l'horloge à cloche municipale ou par des procédés plus anciens, sabliers, psychés, mesures de surface par les arpenteurs en unités, d'autant plus précises que la dotation est abondante (96).

Pascon (97) souligne au sujet de la petite hydraulique actuelle au Maroc dont les systèmes de distribution sont particulièrement sophistiqués, combien les exigences de l'irrigation sont difficiles à concilier :

— éviter le gaspillage,
— assurer une bonne alimentation des plantes cultivées,
— permettre à tous les irriguants surtout d'avoir des chances égales de disposer de l'eau.

(93) Chacón Jimenez (F.), opus cité.

(94) Lemeunier (G. et M.-T.), "Pouvoir hydraulique et conjoncture économique, la question des eaux inférieures dans l'Espagne aride (1500-1900)", colloque "Les eaux internes", Instituto Internationale di storia economica "Francesco Datini", Prato, 15-20 avril 1983 .

(95) Bouderbala (N.), Chiche (J.), Herzemi (A.), Pascon (P.), *La question hydraulique, petite et moyenne hydraulique au Maroc*, opus cité.

(96) Lemeunier (G. et M.-T.), déjà cité. Il est à noter qu'à Murcie, la privatisation des droits d'usage de l'eau et de l'administration des regadios ne correspond en aucune manière à l'avènement d'une "démocratie hydraulique". A Segura, les droits hydrauliques sont détachés de la terre. Cependant, en raison des conditions d'exploitation de l'eau, l'exercice des droits hydrauliques ne peut s'affranchir des contraintes collectives : quand disparaît la gestion communale, s'imposent les organismes communautaires. D'autre part, selon Chacón Jimenez (déjà cité), il semble que les femmes se voient favorisées pour la possession de l'eau par rapport aux hommes qui possèdent la terre entre 1529 et 1555.

(97) Bouderbala (N.), Chiche (J.), Herzemi (A.), Pascon (P.), opus cité.

"L'irrigation intensifie la domestication des plantes. Mais la physiologie des plantes et les incidences du climat ne sont pas parfaitement cernées, même intuitivement par la pratique des paysans. L'eau doit être mobilisée à partir d'un point vers des surfaces étendues, son débit varie donc de l'amont vers l'aval du périmètre en plus de ses variations au cours du temps. De plus, il ne peut y avoir une détermination de principe en fonction de normes du nombre de parcelles et d'usagers à desservir selon les disponibilités. Pour être efficace, l'irrigation doit répondre à trois exigences : éviter le gaspillage de l'eau, assurer une bonne alimentation des plantes cultivées et permettre à toutes les parcelles ou au moins à tous les irriguants d'avoir des chances égales de disposer de l'eau.

"Selon la contrainte qui domine l'irrigation à partir d'un point d'eau, le système adopté privilégie l'une ou l'autre de ces exigences. Ceci se fait soit du fait du type de réglementation du droit de jouissance de l'eau, soit par le biais du mode de sa distribution (98)."

Comme les sociétés marocaines décrites par Pascon, le syndicat d'arrosants d'Ollioules a été une école du partage égalitaire des biens rares essentiels à la survie du groupe.

Rotation des responsabilités et garantie du partage égalitaire : les dispensateurs de l'eau

L'organisme qui contrôle la livraison de l'eau et ses compétences : "*C'est dans la quasi-totalité des douars que chaque agriculteur a besoin de contrôler les conditions dans lesquelles lui arrive l'eau d'irrigation. Parallèlement se fait le contrôle de la conduite de l'eau de chacun par le reste des usagers ; il vise à empêcher les abus qui peuvent prendre diverses formes, prolongement du tour, modifications du débit, détournements du cours de la sâgia* (98)."

4. Les théories implicites et pratiques sur l'eau chez les maraîchers du littoral méditerranéen

Eau et terre sont inséparables. L'eau ne doit pas être saumâtre et doit avoir une température qui ne soit pas trop éloignée de celle de la terre.

(98) Bouderbala (N.), Chiche (J.), Herzemi (A.), Pascon (P.), opus cité.

• L'irrigation est considérée comme un régulateur de la température du sol. L'action de l'eau est régulatrice de la température du sol, elle va réchauffer ou refroidir le sol, selon la saison et permettre de donner à la plante un milieu favorable.

• L'irrigation est un complément de la fumure. Comme les Andalous, les maraîchers ont une pleine conscience de la combinaison intime de l'action de l'eau et de la fumure pour créer un sol favorable, perméable et aéré, un sol ni trop sec, ni trop humide.

• L'irrigation pour les semis et les plantations est aussi importante qu'à la récolte des fruits. Dans les traités de jardiniers provençaux, comme dans la pratique des maraîchers, l'importance de l'irrigation chaque fois qu'on repique les plantes est soulignée. Plus la plante est fragile dans le cycle biologique, plus l'eau est nécessaire.

Nous retrouvons chez les maraîchers les mêmes théories sur l'eau que chez les Andalous du Moyen Age.

L'eau prend une importance particulière à certains moments du cycle des cultures

Les semis et l'eau

La préparation des semis a motivé une réflexion et des pratiques particulières concernant l'utilisation de l'eau.

"*Il faut dès le mois de novembre ou décembre faire une couche de fumier de litière d'au moins 20 centimètres, la recouvrir de 15 centimètres de terreau, semer la graine dessus, la couvrir de 3 centimètres de terreau et bien aplanir avec la trinque.*

"*Pour reconnaître si le terreau est dans de bonnes conditions on en prend une poignée que l'on serre dans la main : en la pressant, la motte doit se trouver formée. Lorsque les jeunes plants commencent à avoir quatre feuilles, et qu'ils sont bons à repiquer, pendant quatre ou cinq jours de suite il faut leur donner de l'eau afin de leur faire pousser des racines nouvelles. A cette époque, il faudrait préparer une bâche avec des vases de trois pouces, et mettre une plante dans chaque* (99)."

(99) Benjamin (R.), *Le maraîcher du littoral méditerranéen*, déjà cité.

La cueillette et l'eau

Toute plante sur laquelle on cueille le fruit sans l'arracher, demande beaucoup d'eau lorsqu'elle produit. L'eau s'inscrit dans un tout complexe et doit être donnée en juste quantité et au bon moment.

L'irrigation exige une série de connaissances de l'action des pluies, de l'évaporation, de la qualité des sols.

"*Lorsque le printemps est sec et que dans le mois de mai les jardiniers sont obligés d'arroser les plantes des pays chauds, on doit avoir soin de ne pas trop inonder. Lorsque l'on n'a pas manqué d'eau en été et que les plantes d'hiver sont avancées convenablement, il est bon que les pluies de saint Michel trouvent le jardin un peu sec, surtout dans les terrains exposés à son excès d'humidité pendant l'hiver* (100)."

L'irrigation exige aussi une reconnaissance du cycle biologique, du cycle de croissance et de fructification de l'espèce cultivée.

"*Cette fraise nouvelle a besoin d'être arrosée assez souvent en été, afin de lui faire faire beaucoup de roulants. Lorsqu'elle a bien tapissé le sol, on la laisse un peu souffrir.*"

Ainsi, la manipulation du dosage de l'arrosage provoque des effets sur l'évolution de la plante. Aussi, on tient compte des réactions de la terre pour régler l'arrosage, selon que c'est une terre "béton", une terre forte, une terre qui serre : "*Ça a répondu de la même manière qu'à La Seyne : si on le laisse sécher, c'est du béton*".

"*Ici c'est une terre forte, mais mouillée, la carotte la transperce bien, elle vient longue et lisse avec de belles couleurs.*"

"*Ici c'est une terre qui serre assez, ça retient l'humidité. Cette terre, il y a pas mieux, l'hiver il n'y a pas trop d'humidité un jour après la pluie. Certains mettent des algues, des aiguilles de pin pour maintenir l'humidité.*"

L'arrosage est une pratique vitale pour le maraîcher et qui pose des problèmes complexes.

La terre, l'humidité et l'eau sont des éléments dont les réactions sont parfois difficilement appréhendables : "*Si on arrose après un binage, ça descend plus loin, si vous arrosez dans une terre de serre quand on n'a pas biné ça descend pas. Il faut arroser le matin de bonne heure. La chaleur et le soleil font fermenter la*

(100) Benjamin (R.), opus cité.

terre. Si la terre est chaude, l'eau se chauffe et ça cuit les racines. Il faut observer les conditions. Il y a des années où on arrose plus les anémones. Pour activer, il faudrait mettre l'eau dans de grands bassins. L'eau de puits est froide. Aux récoltes de melon, on a des problèmes. Les sols sont à 20° et l'eau à 6°. Il y a des terrains propices qui retiennent l'eau, d'autres pas. Il n'y a pas d'humidité... Ici un arrosage tient une semaine. Certains terrains tiennent l'humidité, d'autres non."

Les facteurs qui interviennent dans l'arrosage sont de deux sortes : des facteurs connus et permanents et des facteurs accidentels, plus ou moins connus.

• Les facteurs permanents et connus :

— les caractères du terrain : terrain qui retient l'eau, terrain qui a du soutien (humus), terrain où la nappe d'eau est proche ;

— le type de plante : certaines plantes ont plus besoin d'eau que d'autres, craignent l'eau sur la feuille ou la racine ;

— le système technique, serre de plastique, de verre, plein champ, tunnel, etc ;

— la température de l'eau, la température saisonnière,

— la période du cycle végétatif de la plante ;

• Les facteurs accidentels ou mal connus :

— la température du moment qui peut entraîner avec la chaleur les fermentations de la terre et la cuisson des racines, le vent, l'ensoleillement ;

— le travail exécuté antérieurement sur la terre, binage, labourage, ("*L'arrosage... j'ai vu mon père faire. Il faut jouer avec le temps et la plante... Aujourd'hui je plante les salades. Quand les racines sortiront de la motte et qu'elles vont prendre la fraîcheur dans la terre, la salade descendra déjà, en attendant c'est moi qu'il faut que je la descende*") ;

— des facteurs liés à la personnalité du jardinier interviennent également, certains arrosant plus que d'autres.

Les habitudes d'arrosage selon les plantes

On arrose à certaines périodes, selon les besoins de la plante, selon son état de grossissement, par exemple on arrose après la cueillette, pour les tomates, régulièrement pour les poivrons, selon le stade de grossissement pour les melons.

D'autre part, selon les légumes, on utilise différentes techniques et des quantités d'eau variables.

"Sous les tomates, au pied, j'arrose tous les deux jours, chaque fois qu'on a récolté on envoie l'eau... Le poivron, ça fait la tâche, il faut un arrosage régulier. Je plante la tomate sur le côté de la raie, je lui tire la terre, parce que si l'eau touche la tige elle attrape le botritis. Les melons on les chausse dès qu'il commencent à être gros."

Les habitudes d'arrosage

Les modes d'arrosage — aspersion, raie, etc. — et la manière d'arroser — loin, près, au pied, etc. — varient d'une plante à l'autre. Certaines plantes s'arrosent au courant, d'autres par aspersion, certaines plantes vont chercher l'eau avec leurs racines, loin, d'autres près.

"La courge ne doit pas être arrosée en pluie. Les tomates on les arrose à l'eau courante. Les melons prennent l'eau loin avec leurs racines..."

Le code d'arrosage est très précis et s'apprend pour la plante par transmission et par expérience. C'est avec le temps que l'on acquiert l'expérience, la connaissance.

"J'ai voulu faire à ma tête et j'ai eu tort. On remarque les choses avec les années... Le melon, on l'arrose sans cesse, ça s'arrose à la raie... La courgette il faut beaucoup d'eau."

Après l'arrosage, le maraîcher examine les résultats de ce travail. Les résultats de l'arrosage sur la plante se voient tout de suite disent certains maraîchers et ce contrôle des résultats est facile.

"Quand on rate un arrosage, ça se voit de suite... Les racines d'en bas soutiennent celles d'en haut".

Tous n'ont pas cette certitude, mais d'autres effets sont moins visibles et ont une grande importance, par exemple la pénétration par l'eau du terrain.

"Savoir si la terre a été bien pénétrée, il y a accoutumance au terrain. C'est le pif, puisqu'on ne peut mesurer si la plante a assez bu... Il y a des techniques nouvelles pour l'arrosage... Je ne marque pas. Je me rappelle que les haricots il faut les arroser de belle manière."

L'arrosage produit parfois une croûte qu'il faut casser et il faut suivre la terre. Il faut maintenir en terre fraîche et ne pas arroser, mais décroûter pour que certaines plantes poussent.

"Il y a une qualité du fond du sol... Selon la terre que vous avez, si vous arrosez il se forme une croûte. Il faut décroûter, passer un petit rouleau avec des pointes. Mon beau-père disait : les haricots, il faut pas les arroser. Si on les fait au sec, un quart d'heure à l'extérieur, l'humidité de la terre est évaporée, il faut planter tout de suite..."

L'arrosage influence le système de pousse et de la maturation du fruit.

"Si vous n'arrosez pas assez vous retardez votre plantation. Si vous arrosez une plante normalement elle fleurira à 5 cm. Si vous l'arrosez plus elle fleurira à 1 m., il faut savoir arroser et voir l'eau qu'il faut mettre sur le terrain... Il faut suivre la plante."

"Dès que les boutons et les fleurs sont formés, il faut arroser plus que d'habitude pour que le fruit se forme. Après chaque cueillette, j'arrose ça fait mûrir. Tomates et melons mûrissent plus vite avec du soleil, que si je dis : il leur manque un peu d'eau."

Quelques effets de l'arrosage sur la plante

L'arrosage débarrasse des parasites et accélère la respiration. Les modes d'arrosage ont une influence sur les fumures et leur utilisation par la terre et la plante.

"Si vous arrosez souvent, il vous faut plus d'engrais parce que vous l'éliminez."

L'arrosage est une pratique qui crée des habitudes chez les plantes.

"En arrosant les tomates par aspersion, quand on leur donne l'habitude très jeunes ça va et elles n'aiment plus qu'on les change de côté."

L'arrosage produit une empreinte de l'homme sur la plante.

Les techniques d'arrosage

On arrose à la raie, au goutte-à-goutte, par aspersion. Chaque technique a ses avantages :

— le goutte-à-goutte évite les excès et les manques.

"On arrose à la raie, à la rampe... Dans le goutte-à-goutte il y a un dosage. Il pénètre en profondeur. Le goutte-à-goutte il n'y a jamais d'excès d'eau et la terre est aérée. Au courant, la terre n'est pas aérée."

— l'arrosage à la rampe évite la pousse de l'herbe, l'aspersion fait gagner du temps.

"L'arrosage à la rampe... l'herbe pousse moins qu'au courant. On gagne 8 heures par jour avec l'arrosage par aspersion, on arrose au courant le haricot. Quand on arrose à la raie, au courant, en ouvrant et fermant les raies avec une trinque, l'eau suit les raies et butte sur les petites barrières de terre, qui permettent le passage de l'eau ou l'arrêtent. C'est un travail masculin ; pieds nus ou bottés, le maraîcher fait courir l'eau dans les raies, surveille l'eau, ouvre et ferme... c'est un travail central dans les apprentissages de l'enfance."

Enfin certains maraîchers ont déjà les installations du canal de Provence (101), en expérimentation. Chez certains maraîchers, on voit cohabiter les trois systèmes : la raie, l'aspersion, le goutte-à-goutte.

Les caractéristiques du travail d'arrosage

L'arrosage est une pratique très valorisée, qui demande surtout pour l'arrosage au courant la maîtrise d'un système. On le confie rarement aux ouvriers. Chaque "*vaso*", bande de terre dessinée par le maraîcher, nécessite un arrosage très soigné, mais la technique du *vaso* disparaît... et l'esthétique liée à cette "mise au carreau" de la surface du jardin également.

C'est un travail répétitif et en même temps délicat.

"Il faut faire des arrosages très réguliers, très souvent sous serre. Si on n'arrose pas, on a des fruits qui deviennent très vite rouges et petits. On réussit à avoir des fruits importants, réguliers, on le voit, on le sent, à la couleur du feuillage qui change."

Il demande attention et suivi par rapport au cycle végétatif. C'est un travail de responsable. Pourtant il demeure une pratique où la marge d'inconnu reste importante et où les maraîchers ressentent une certaine imperfection, le sentiment d'incertitude.

Pour savoir arroser, il faut bien connaître le terrain et les plantes, c'est l'expérience qui peut entraîner l'apprentissage.

"C'est un vaste problème, arroser trop ou pas assez c'est pas bon, ça se mesure par expérience."

Mais l'aide de ceux qui savent arroser permet d'accéder à ce travail délicat, qui met en relation de multiples phénomènes.

(101) Jean (M.), "Le canal de Provence : une recherche permanente des meilleures conditions de gestion de l'eau", dans *L'eau et les hommes en Méditerranée*, éd. du CNRS, 1987.

Pour savoir quand il faut arroser, il n'y pas de règle véritablement. L'arrosage a des liens avec une démarche clinique. On regarde le terrain : on a un certain nombre de règles pour chaque plante, en fonction du temps et du terrain, mais cela ne suffit pas. On regarde la plante.

Pour sentir quand la plante a besoin d'eau, c'est comme la mère qui voit ce dont l'enfant a besoin.

"*La plante manifeste ses besoins ; elle vous le dit la plante : il faut voir les plantes, le matin elles vous parlent !*"

La relation à la plante est un dialogue avec un être vivant, qui s'exprime.

"*On voit quand elle souffre, elle passit (102), elle est triste. La plante vous demande ce qu'elle veut, c'est vrai, vous voyez les plantes qui ont besoin d'être arrosées ou celle qui est malade... parce que la nuit elle est reposée... dans la journée aussi on s'en rend compte.*"

La généralisation de l'arrosage à la rampe a transformé les conduites mentales d'appréhension de l'espace du jardin chez les maraîchers.

Quand on arrose avec des rampes, par aspersion, les rampes délimitent des surfaces de terrain, couvrent à la fois tout le terrain ou une partie, et quadrillent le jardin. N'est pas confiée à tout le monde la mise en place des rampes : les ouvriers agricoles et les femmes s'en occupent rarement. Les rampes aident à structurer l'espace du jardin "dans la tête" et facilite l'élaboration de la rotation des cultures.

L'achat des rampes constitue un investissement et une transformation importante des pratiques d'arrosage mais aussi de perception du jardin, dont la surface devient "marquée" par le système des rampes, qui donne des repères fixes, alors que la rotation des cultures, qui a des rythmes différents, des surfaces et des tailles multiples qui changent de place selon les saisons ou les cultures, ne permet pas ces repères fixes (103).

Pendant que l'aspersion s'opère, on peut faire un autre travail, c'est un gain de temps.

Quand on arrose au goutte-à-goutte, des systèmes de gaines passent sous la terre et diffusent l'eau selon les quantités que l'on peut régler, l'eau n'est plus visible, comme avec la technique de la raie.

(102) Passir : être languissant, expression que l'on utilise aussi pour les femmes.
(103) Darré (J.-P.), Rigal (M.) et Salmona (M.) "La culture des légumes et la façon d'en parler", déjà cité.

5. L'eau et la culture du jardin

L'eau est au centre des préoccupations et des pratiques des maraîchers ainsi que l'observation et le contrôle de l'humidité de la terre et de la température de l'eau. Pour eux, l'humidité se manifeste selon différentes modalités : il y a humidité naturelle dans la terre qu'il faut utiliser au maximum en travaillant la terre, en la binant ; dans le cas où c'est une "terre fraîche", cette humidité permet la germination des plantes, sans arroser. Il y a aussi une humidité artificielle, celle qu'on provoque par l'arrosage. D'autre part, la terre a elle-même "une qualité de fond" qui favorise ou défavorise le maintien de cette humidité nécessaire à la germination.

Plaisirs et préoccupations dans la question de l'eau

L'eau doit remplir certaines conditions pour permettre à la plante de pousser ; elle ne doit pas avoir de grands écarts de température avec la terre. Aussi cherche-t-on à réduire les écarts pour favoriser la pousse des plantes. Un objectif central de l'arrosage est d'économiser l'eau et de la répartir également, ainsi que de la répandre à la même température que la terre.

Malgré la connaissance approfondie des sols et des plantes, culture partagée et transmise depuis des siècles, l'arrosage reste une activité qui pose question aux maraîchers.

1. Les quantités d'eau sont difficiles à définir, elles dépendent de la plante, du sol, du moment du cycle végétatif, de la saison.

"*On ne sait pas si la plante en veut plus ou moins, quand on s'aperçoit qu'il en faut plus, c'est trop tard, on fait au pifomètre. Certaines plantes méritent plus d'eau que d'autres.*"

2. Les besoins de la plante en eau sont difficiles à définir. Les maraîchers sont partagés sur les difficultés ou la facilité de détecter les besoins de la plante en eau. Une grande partie d'entre eux reconnaît qu'ils travaillent à l'habitude et "au pif".

3. Les moments également sont difficiles à choisir. On ne sait pas quand arroser, mais on a des points de référence et des traditions.

"*Je ne sais jamais quand il faut arroser ou pas... Je voudrais avoir un thermomètre pour dire à partir de quel degré d'hygrométrie on arrose ou pas. Ça n'existe pas. L'excès d'eau c'est le pire. Je prends une pioche pour voir.*"

"Mon point de référence c'est que si la terre est assez friable pour travailler, il faut arroser. Peut-être que le besoin d'arroser se fait sentir plus tôt, moi j'en sais rien."

"Il y a des choses qu'on arrose par tradition, une fois par semaine. Les haricots en production on les arrose toutes les 48 heures. J'ai une terre argilocalcaire qui "tient" les arrosages."

4. Les réactions de la terre à l'eau et à l'humidité. La maîtrise de l'arrosage passe par celle des caractéristiques de la terre : il y a des terres qui "serrent" et retiennent l'humidité, d'autres qui deviennent du béton si on les laisse sécher ; d'autres sont "mouillées" et sont bien transpercées par les plantes quand elles sortent.

"J'arrose à la hollandaise avec de petits cailloux, ça s'infiltre doucement dans les raies... c'est un art."

Il y a connivence entre l'artiste, la terre et la plante.

Les maraîchers estiment que l'arrosage s'il est bien fait dépend d'eux, de leur savoir-faire, de leur initiative et de leur capacité de "sentir" les besoins de la terre et de la plante, "*passer la motobineuse et aérer la terre c'est moi qui le décide.*"

Pour les maraîchers, arroser c'est donner la vie. C'est comme le travail d'éleveur, "*c'est comme le berger qui fait paître le troupeau, c'est donner une partie de la vie.*"

Enfin, arroser est une passion, un acte chargé d'affectivité, de plaisir et de hasard.

Les femmes, le droit d'arroser et les droits de l'eau

Nous avons vu que, sur la côte varoise, les femmes n'arrosent pas ou peu, c'est une affaire d'hommes. Pourtant ce travail est facile à réaliser pour les femmes. Des interdits d'ordre symbolique bloquent l'accession des femmes à ces rôles techniques.

Dans les sociétés de l'Espagne des *huertas*, à certaines périodes, les femmes possédaient et apportaient en mariage des droits d'eau (104) et étaient favorisées par la possession de ces droits par rapport aux hommes qui apportaient les terres. Possession de l'eau et de la terre n'étaient pas liées. En effet, le droit de l'eau pouvait ne pas être attaché à la propriété de la terre et rester propriété individuelle, ou

(104) Chacón Jimenez, déjà cité et Evras Roel (A.),"L'irrigation en Espagne et l'action de l'Etat à la fin de l'ancien régime", même colloque.

bien attaché à la propriété de la terre et rester propriété individuelle, ou bien attaché à la propriété de la terre, ou propriété collective.

"*Du point de vue du droit de propriété, la distinction fondamentale se produit entre l'eau unie et l'eau séparée. Dans le premier cas, l'usufruit des eaux est collectif et réglementé par la communauté ou l'Etat et c'est la condition pour que puissent exister des* rigados *(système de canaux d'irrigation) importants (Valence, Rigera, Vega de Grenade). Dans le second cas, l'eau ou bien une partie de celle-ci, comme à Alicante ou Grenade, est un bien particulier qui n'a aucun rapport avec la propriété ou le labourage des terres et qui peut être destiné à la vente ou à des tiers* (105)."

F — L'IDENTITÉ MICROSOCIALE DU SOUS-SOL : FONDATION ET MORT DU GROUPE

Bien que la région d'Ollioules (et d'Hyères) soit dévastée par l'autoroute qui mord les plus belles terres, amendées et creusées de puits et de galeries depuis des siècles, ce n'est pas sur le sol (ce que je croyais au départ) que se joue la vie ou la mort du groupe, l'identité microsociale du groupe et la mémoire.

La mobilisation du syndicat agricole ouest-varois et du GDA sur les questions du sol

Pourtant c'est autour du sol, de la défense du sol contre la construction de l'autoroute d'abord, à travers les écologistes, puis la défense par les paysans du SALOV des terres agricoles contre l'urbanisation que se sont mobilisés les Ollioulais et les hommes des communes du bassin d'Ollioules. C'est autour de la transformation du paysage (urbanisation et construction de l'autoroute) que j'ai moi-même construit l'outil d'exploration de l'identité groupale des deux communautés de l'Est et l'Ouest varois et de leurs différences de réactions à ces bouleversements structurels.

(105), Chacón Jimenez (F.), et Evras Roel (A.), opus cité.

Les blessures du terroir

En effet, c'est à partir du sol et de ses blessures qu'ils parlaient de l'avenir de leur communauté, de la représentation de leur travail, du passé et du futur.

Accoucher d'une contre-pensée dans la plaisanterie

Ils utilisaient dans ce discours du sol les tactiques de l'inversion (106), le discours du monde à l'envers, de la plaisanterie, dernier recours, comme chez les éleveurs du Pays basque pour s'insurger contre les bouleversements qui menacent le groupe et pour faire dérailler les classes du discours dominant.

Ils utilisaient l'humour comme discours de sortie, de bousculade, de dérapage par rapport au discours sérieux et rationnel, et par rapport à l'ordre classificatoire de l'administration.

"*Le jeu de mot est un procédé constant dans la production métaphysique : l'élément comique peut aisément se manifester comme expression de la dialectique de la pensée, s'amusant avec les significations et jouant avec leur multiplicité* (107)."

Une pensée de lutte

Les maraîchers d'Ollioules, pour échapper à l'ordre classificatoire technocratique, imaginent leurs jardins sur les terrasses des HLM de luxe, de l'urbanisation touristique qui borde la mer puisque les touristes accaparent leurs terrains. La plaisanterie et le monde à l'envers, l'inversion, cassent l'ordre rationnel et construisent une contre-rationalité.

Si "*la société avec son principe de coupure, sa mise en ordre des choses, risque de stériliser l'intelligence créatrice, elle dénie à cette intelligence le droit de recourir à la conscience imageante*" (108) ; les maraîchers contournent ces coupures par l'inversion, ils produisent ainsi par ces courts-circuits de la pensée "une logique de l'invention", de la contestation de la survie, une pensée de lutte collective et d'effervescence sociale.

Le sous-sol ignoré et la disparition du groupe

Les maraîchers supportent très mal que l'administration ne prenne pas en compte dans les procédures d'expropriation et de rémunération, cet énorme travail des générations à aménager le sous-sol qui, pour les maraîchers, est un des éléments de leur univers le

(106) Salmona (M.), "Langages et coûts du changement social : mondes à l'envers, mondes à l'endroit", revue *Education permanente*, n°21, nov.-déc. 1973.
(107) Bastide (R.), *Le rire et les court circuits de la pensée, hommage à C. Lévi-Strauss*, tome 2, Echange et communication, Mouton, Paris-La Haye, 1970.
(108) Duvignaud (J.), introduction à *La mémoire collective* de M. Halbwachs, PUF, 1968.

plus valorisé car il témoigne de l'histoire du groupe. On ne reconnaît pas dans l'indemnisation, donc par l'argent, ce qui fait la valeur du terroir et du groupe ; le travail du sous-sol.

"Nous avons durant des générations fait des puits, trouvé de l'eau pour arroser le jardin, creusé des galeries... C'est un bon métier que nous avons avec du terrain, du soleil et de l'eau et du savoir-faire... Ca ne fait rien qu'ils esquintent les propriétés et qu'ils rendent les gens malheureux avec l'autoroute... Si on détruit tout cela, c'est que ça ne vaut rien... et pourtant c'est ça qui fait notre richesse."

"Les anciens ont fait des galeries sous terre pour l'eau à 80 m de l'endroit où on a trouvé de l'eau... Nous avons trois puits reliés entre eux par des galeries... Les années de grosse sécheresse, on creuse, on fait des cavernes pour avoir le plus d'eau possible. En 1953, en pleine sécheresse, on recreusait les puits. Ce sont des galeries de 2,50 m de haut et de 1 m de large qui collectent l'eau. C'est la famille qui creusait le puits. Maintenant on en creuse plus, personne ne cherche de l'eau. Qu'est-ce que vous voulez qu'on en fasse ?"

La multiplication des moyens d'alimentation en eau, au long des années, sur une propriété, et son perfectionnement afin d'éviter de manquer d'eau, a fini par constituer un système très complexe, toujours remis en question pour trouver des solutions plus sûres ou moins chères, à chaque génération.

"J'ai fait huit ou neuf forages ici. J'ai une canalisation pour arroser les serres de ce forage. Du puits, je peux arroser. Il a fallu de longues années pour arriver à cette organisation. J'ai l'eau de la ville et des puits."

Le sous-sol et la fondation du groupe (109)

C'est du fond de cette terre, creusée de puits, de canaux, de galeries et rivières souterraines, que le groupe a trouvé naissance, ses origines : ce sous-sol producteur d'eau vive est difficile à pénétrer, mais il est producteur de la vie des hommes et des plantes, féconde le terroir, et est garant de son devenir, comme le souligne Paul Sébillot : "*le souvenir et le nom des races persécutées se rattachent à quelques cavernes.*"

Galeries souterraines, quanats : fondation et mort du groupe

Les maraîchers d'Ollioules, bien que ce soit au sujet du sol que se développaient leurs propos sur leur survie et sur leurs luttes en

(109) "Le récit des origines", rencontres de Carcassonne 2, 3 et 4 déc 1988, organisées par le Groupe audois de recherche et d'animation ethnographique, le Centre d'anthropologie des sociétés rurales, CNRS, Ecole des hautes études en sciences sociales, Hésiode Institut de recherche et de rencontres méditerranéennes (ethnologie, art, littérature) et le Groupement ethnologie languedocienne, ethnologie catalane (Mission du patrimoine ethnologique, ministère de la Culture).

tant que groupe social, vivaient la mort de leur groupe dans l'occultation par l'administration de son origine, sa niche nourricière, dans les profondeurs de ce labyrinthe que constitue le sous-sol et ses galeries souterraines (les quanats), gages du travail incessant des ancêtres, de leur volonté de vivre. Que la technostructure "ignore" ces œuvres souterraines du groupe, c'était signe de la perte de la fondation, de l'identité et de la fonction sociale de ces hommes et de leur origine, jardiniers depuis des siècles. C'est un arrêt de mort dans l'imaginaire collectif de la survie du groupe : caverno et puzaraque qui donnaient accès à l'intimité tellurique des hommes et de leur œuvre collective bâtie de génération en génération, perdaient sens après avoir été les lieux privilégiés de leur origine symbolique, leur matrice, leur source de vie et de survie.

Elles étaient cependant invisibles, souterraines, mais essentielles pour l'imaginaire du groupe et pour la vie des jardins. La négation du système hydraulique souterrain par l'administration est la négation de cette convivialité, toujours recommencée, autour de l'eau et du sous-sol, de ces "solidarités minuscules".

"Si nous habitons un éclair,
il est le creux de l'éternel"
René Char

G — LES RAPPORTS AU MONDE DES HOMMES DES JARDINS

Nous avons montré dans l'analyse du travail des jardiniers combien le travail nécessite de qualités/qualifications intellectuelles permanentes et de rapidité dans le rythme du travail : jeu d'échecs sans fin, le jardin développe chez les jardiniers une mentalité collective d'agitation intellectuelle et de désir de poser et résoudre les problèmes. *"Ils ont une idée par minute, ils sont épuisants"*, disent les intervenants extérieurs, experts, sociologues. Mais le jardinier est un homme qui expérimente dans son travail quotidien d'autres registres de la pensée et de l'action.

Ils ont une philosophie de la vie quotidienne liée aux "empreintes" de leur travail : ils valorisent l'éphémère et la fragilité-mobilité du monde et du vivant.

Le jardinier est un homme qui artificialise la nature, en l'abritant des intempéries, chauffant les serres, drainant les eaux, développant ds cultures sans terres (110) (111) (112).

Il a des satisfactions esthétiques importantes à contempler la rigueur de son jardin et sa beauté (111).

Dans le texte du manuel du maraîcher, l'auteur, maraîcher lui-même, exhorte les parents à solliciter très jeunes les enfants au goût de la culture en leur faisant planter des fleurs et aménager des bosquets pour les oiseaux : mobiles esthétiques et de familiarisation et protection des animaux.

"*Aussi serait-il prudent aux villageois de ne rien négliger pour développer chez leurs enfants le goût de la culture maraîchère ou jardinière. Une fleur plantée autour de l'habitation, fut-elle des plus modestes, une pensée, un œillet, un pentstemon, un chèvrefeuille, une clématite, une rose, donnent un air de fête à la cabane paternelle et, si comprenant le rôle utile des oiseaux en agriculture, le père de famille empêche ses enfants de gâter les nids et les encourage au contraire à planter près de la maison un petit bosquet qui servira de refuge aux oiseaux insectivores et leur permettra d'y faire leurs nids, il aura embelli sa demeure et protégé ses cultures accueillant les chantres du bois qui les tiennent propres de tous les insectes dévorants* (113)."

Le jardinier manipule en permanence des classes et des mots. C'est un homme de combinaison de mots, c'est un planteur de mots.

"*L'art des jardins est nominaliste et son rapport premier avec la nature, sa première prise de possession, le premier acte de l'initiation passe invariablement par le vocabulaire. Le jardinier ne plante pas d'abord des graines, des formes espérées, des couleurs probables, des harmonies possibles ; il plante des noms. Le reste va peu ou prou lui échapper puisqu'il ne pourra au mieux que protéger, favoriser, accélérer, et que le travail effectif se fera hors de sa présence et de son efficience, naturellement : mais le nom lui restera, lui appartiendra. Un jardin c'est d'abord un massif de vocabulaire,*

(110) Brun (R.), Codron (J.-M.), Frissant (N.), Marie (D.), Jeannequin (B.) et Remy (J.), *Les jardiniers du hors sol*, INRA/ministère de l'Agriculture, Aleynia, Montpellier, Paris, août 1986.
(111) Bruneton-Governatori (A.), Lévy-Luxereau (A.), Piet (C.), "Les jardins potagers pyrénéens, lieux de rencontre des savoirs naturalistes et de l'identité culturelle", association "Vivre en montagne", Conseil du patrimoine ethnologique, nov. 1982.
(112) Colloque "Jardins de la Méditerranée", Circa, Villeneuve-lez-Avignon, 9, 10, 11 et 12 juillet 1980.
(113) Benjamin (R.), *Le manuel du maraîcher du littoral de la Méditérranée*", déjà cité.

une interpénétration de vocables d'autant plus étincelants qu'ils appartiennent à des zones de connaissance très diverses : météorologie, architecture, botanique, zoologie, technologie, géologie, chimie et qu'ils signifient des actions aussi multiple qu'impérieuses : binage, sarclage, buttage, paillage, terreautage, arrosage, plantation, plombage, éclaircissage, repiquage, bouturage (ordinaire, à talon, à crossette), stratification, marcottage (simple, en butte), drageonnage, éclatage, recépage, greffage (par approche, en fente simple, par rameaux détachés, en fente double, en couronne, à l'anglaise, en écusson), rabattage, palissage des greffons, tuteurage, drainage, fumage, défoncement, labourage, amendage, traçage, etc. Cette ivresse nominale, ce vertige a probablement pour fonction de culturaliser ce qui pourrait s'apparenter à la simplicité des tâches dites naturelles (114)".

Le jardinier joue avec la logique et les classes qu'il instaure sont ouvertes, en fonction des variations du terrain, des cultures, du travail, etc. C'est un système de classification dynamique créatif.

"*Mais on manquerait la réalité, objective du jardinage et subjective du jardinier, si l'on s'en tenait à cette approximation excitante. Ce qui marque la mythologie sauvage, c'est que les mythes s'y servent des phénomènes naturels pour expliquer une réalité qui est d'ordre logique. Le jardinage, au contraire, ne cherche jamais à unifier, à surmonter les contradictions. S'il obéit à une logique, c'est à celle du dosage, de la continuité, de l'équilibre, jamais de l'unité, ni de la contradiction. Elle se limite entre les plantes entre elles, entre les plantes et la nature du sol, entre les plantes et le climat, entre les plantes et la saison : précocité, durée* (114)."

Aussi, bien que nous ayons repris à notre compte, en 1970, la notion de "bricolage", propre à Claude Lévi-Strauss (115), pour caractériser les activités agricoles, le travail du maraîcher nous amène à penser, vingt ans après, que le jardinier est avant tout un organisateur, un combineur de facteurs, un homme de la logique et de la mathématique (116).

(114) Lepape (P.), "Les jardins contre nature, la pensée de plates bandes", revue *Traverses*, n°5/6, 1983.
(115) Salmona (M.), thèse de 3e cycle déjà citée. La thèse de Lévi-Strauss comparant l'activité avec la nature à une activité de bricolage a été pourtant reprise au colloque de l'UNESCO sur la formation et l'enseignement en milieu agricole, par P. Mignart (Commission I, bulletin DGER, sept. 85).
(116) Les recherches des anthropologues sur l'activité intellectuelle des tisserandes indiennes (Mme Chamoux), comme nos travaux sur le maraîchage et l'élevage moutonnier montrent que ces activités techniques développent des capacités logiques et mathématiques.

Au-delà des formes particulières dans la vision du monde, des valeurs et des apprentissages propres à ces sociétés maraîchères, un certain nombre d'autres traits structurent leur rapport au monde. Si la conception du temps est marquée par l'éphémère et la fragilité du monde, celle de l'espace est marquée par une non-partition entre l'aérien et le souterrain. Comme le soulignent Salah Stétié et les discours des maraîchers sur "la belle azote", ils se vivent comme des êtres partageant un regard et une conception chamanistiques du monde où l'on peut se déplacer par la pensée dans l'air et dans les profondeurs de la terre, à son gré (117).

Le jardinier assume à la fois la précarité du temps et du monde et l'obstination à remettre de l'ordre dans les débordements fertiles ou menaçants de la Nature. Il a les pouvoirs de construire des petits territoires à l'abri des menaces du monde où il peut méditer.

Aussi cette conception du monde et des rapports à la Nature nous paraissent mériter l'élaboration d'une typologie de la métaphysique des maraîchers.

Le passeur — le lieur (118)

Il travaille sur le terrain et le souterrain, il lie le monde visible et invisible.

Traverser le seuil de la terre, la surface : le jardiner franchit sans cesse par la pensée et par ses travaux les limites du monde aérien et souterrain. Il pense et agit ces voyages à l'intérieur de la terre : labour, mais aussi drainage, construction de puits et de galeries souterraines. Son labeur de passeur l'oblige inlassablement à faire franchir à l'eau, aux engrais, aux plantes, les frontières du terrain et du souterrain.

Le jardinier organisateur du monde, organisateur d'un ordre dans le désordre

Il doit vivre l'instant et transgresser la durée par l'établissement d'un ordre et d'une durée, dans le désordre et l'instant.

"*Apparition précisément d'un jardinier. Sous la montée désordonnée des astres, le jardin est d'abord un ici, un maintenant, où l'homme de la durée et de la confusion se plaît à l'aménagement de l'une et de l'autre, contredisant ainsi, avec application, par l'invention de figures qui le dépassent, l'ordinaire des jours* (118)."

Le jardinier accepte de jouer avec l'éphémère et de remettre sans cesse en question l'ordre qu'il a élaboré pour une durée limitée.

(117) Eliade (M.), *Le chamanisme et les techniques archaïques de l'extase, définition de l'initiation*, Bibliothèque scientifique, Payot, Paris, 1951.

(118) Stétié (S.), *Firdaws : essai sur les jardins et contre-jardins de l'Islam*, éd. Le Calligraphe, 1984.

Le jardinier assume la fragilité de l'homme, de son travail et de sa vie

"*C'est peut-être que tout jardin est essentiellement éphémère, qu'il porte en lui le reflet de la non-permanence de l'homme, de sa capacité de détérioration et de dégradation irrémédiables, que, lors même que l'homme aspire à une continuité dans la possession de lui-même et des choses, à une perdurabilité de son être dans la durée inaltérée, à une sorte de divinité non infléchie au cours déprimé et déprimant des jours en leur fuite annihilante, le jardin, qui est l'état d'excellence de l'homme dans son rapport doublement cosmique avec lui-même et avec le monde, le jardin dit, dans le langage de la joie et du plaisir devenu le discours du mensonge et de la dérision, tout l'instable en nous et tout le hasardeux, l'à peine suspendu de notre destin* (118)."

Il sait que son travail incessant l'amène à construire en permanence des ordres qui seront immédiatement remis en question par le type de travail et les caprices de la Nature.

Le jardin réduit la menace du cosmos

"*Médiateur entre l'homme et le cosmos, entre une forme de sagesse proprement humaine et une forme de folie proprement cosmique* (119)."

Il familiarise l'homme avec le désordre, lui enseigne une distance par rapport à la nature, à la société, à la vie et à leurs excès.

"*Aussi bien, troisième caractéristique, l'on peut dire que le jardin, centrant l'univers, en désarme d'une certaine façon l'obscure menace et, du coup, lui attribue une rationalité, c'est-à-dire en termes d'espace, une géométrie. Le jardin, en qui la nature s'organise, devenant le prototype de l'univers, univers et jardin seront conçus selon une image aussi rassurante que simple : ils seront l'un et l'autre, terre apprivoisée et cosmographie inapprivoisable.*" (119)

Le jardinier homme de l'intime et de la méditation

Le jardin est un lieu secret, hors du regard, lieu d'initié, abrité de murs où l'on peut penser, se retirer en soi.

"*Franchissons le seuil du jardin... Dans le cas d'espèce, le mot seuil n'est pas une image, mais la réalité même car, pour pénétrer dans ce jardin clos généralement de hauts murs, il y a une porte, souvent basse et sans génie. Le propre du jardin est de ne rien tendre de son art à l'extérieur,* de tout garder de son luxe (au sens étymologique du terme qui est lumière), pour lui-même, *pour le regard intérieur. Les hauts murs, pierre, brique ou torchis, seront le plus souvent mal bâtis, bien peu faits pour séduire le non-initié. Le propos*

(119) Stétié (S.), opus cité.

manifeste de cette hostilité est de décourager l'indiscrétion sous toutes ses formes (119)."

Cette démarche de méditation est souvent solitaire, mais ces temps hors du monde n'excluent pas une sociabilité dense et quotidienne dans les rencontres au marché, à la coopérative et dans tous les lieux sociaux liés au travail.

Le jardinier est le constructeur de "petits paradis"

La construction du jardin est la construction d'un ordre de la nature et d'un micro-cosmos, dont on élabore les contours de "petit paradis".

"*Pour créer un jardin, il faut avant toute chose, se rendre bien compte de l'eau que l'on a à dépenser dans 24 heures. Il faut porter le canal en maçonnerie, si c'est utile, à la partie la plus élevée du terrain que l'on veut convertir en jardin. Les planches qu'on forme doivent avoir de 80 à 100 m de superficie, c'est à dire 20 m de long sur 5 m de large. Si le jardin contenait deux hectares, il conviendrait de donner ces dimensions aux planches. Il faut former ces dernières autant que possible nord et sud, en ayant soin de créer des brise-vents en cyprès ou en roseaux de Provence. Il faut de même créer de petits brise-vents en thuyas, le long des petits sentiers qui servent à l'exploitation de la propriété, et réserver des planches longeant les brise-vents de l'est à l'ouest, que nos jardiniers appellent ribades, ce sont ces parties qui rendent le plus grand service pour les primeurs. L'exploitation d'un jardin a lieu ordinairement au mois de juillet ou au mois de février* (120)."

Ce microcosme est instable, fragile et ne laisse pas le temps de "souffler". Comme la vie, le jardin est une recherche permanente d'équilibres instables, toujours menacés, toujours recherchés : le jardin est une école de la vie.

Le texte de Pierre Lepape caractérise la relation du jardinier avec les plantes dans les mêmes termes que dans le modèle d'Haudricourt qui définit la relation à la plante comme une relation directe négative où l'on protège sans toucher.

"*Les jardins peuvent être luxuriants, ils ne sont jamais luxurieux. Ce qui règne, même au printemps, ce n'est jamais le paroxysme, l'excitation, l'orgasme, l'agression. C'est une jouissance qui dure parce qu'elle est mélangée, faite pour l'essentiel d'attente plus que de satisfaction. C'est une sexualité des préliminaires dont l'excitation est surtout spéculative. Elle est*

(120) Benjamin (R.), opus cité.

faite de connaissances, de travaux d'approche, d'une série de petits actes innocents. Manières de conter fleurette. Les outils eux-mêmes participent à une mécanique de l'effleurement, du flirt, de protection bonasse : il s'agit d'aider, de protéger, *d'éliminer les éléments, végétaux ou animaux, qui pourraient gêner la croissance ou la mettre en danger, nourrir sa faim, apaiser sa soif, l'ouvrir sans effraction. On dirait que la répétition du cycle végétal exclut tout idée d'extase amoureuse, comme elle exclut toute pensée de mort. Ce qui laisse la place libre à la volupté et à la sensualité qui sont les gourmandises chastes du corps* (121)."

Le modèle d'Haudricourt est un modèle fondateur d'une analyse psychologique et technologique du travail agricole.

H — DES FIGURES DE L'INTELLIGENCE DE L'ACTION

Nous avons constaté combien le travail de maraîcher sollicitait dès l'enfance une activité incessante de combinaison de facteurs, pour maîtriser la rotation du jardin ou la gestion du troupeau. Ces figures de travail intellectuel renvoient à la théorie opératoire de l'intelligence de Piaget.

1. La *mètis* : l'intelligence courbe ou du détour de la ruse ou l'art de travailler avec les bêtes

L'intelligence rusée est-elle propre au travail avec les bêtes ? Le discours et la pratique des éleveurs français et africains renvoient à une toute autre figure que la combinatoire de Piaget, autre forme d'intelligence de l'action. Une intelligence qui est nécessaire lorsque on est obligé, pour réussir une action précise avec l'animal ou le troupeau tout entier, de ne pas la réaliser de manière frontale, visible, décodable, par l'animal. Si l'on agissait ainsi, il risquerait d'avoir des réactions de refus, de menaces, d'agressivité. Aussi emploie-t-on couramment des détours, des subterfuges pour obtenir le résultat de l'action prévu par l'éleveur. Ces subterfuges sont-ils aussi employés dans l'action avec les plantes ?

(121) Lepape (P.), opus cité.

2.Simulacres, simulations, dissimulations, leurres, ruses, charmes

Les simulacres : adoption, recueil du sperme

Nous avons vu que lors de pratiques d'adoption d'un agneau nouveau-né par une mère qui a perdu son agneau, on revêt l'agneau que l'on veut faire adopter de la peau du nouveau-né mort pour qu'elle confonde l'odeur de cet agneau avec le sien et l'adopte.

Lorsque l'on veut recueillir le sperme d'un taureau de race pour inséminer les vaches, sur un mannequin de l'animal recouvert d'une peau de vache, le taureau va monter la vache et sous le mannequin un travailleur va recueillir le sperme. Ce qui est intéressant dans ce dernier cas c'est que, bien que par l'insémination artificielle on tente de normaliser et de tayloriser le travail de reproduction des bêtes, en amont de cette taylorisation, la tâche liée à l'expression du désir du taureau ne peut qu'être réalisée dans des conditions très artisanales et de simulacre.

Une fois encore, la taylorisation du travail animalier butte sur l'autonomie du désir de l'animal.

Simulation-dissimulation : détourner l'attention

Lorsque les vaches se rangent dans la salle de traite, l'éleveuse distribue automatiquement une ration de nourriture aux bêtes ainsi détournées dans leur attention par l'activité de nutrition et, “occupées”, elles ne feront pas de gestes désordonnés ou menaçants pendant qu'on fixera la machine à traire sur leurs mamelles.

Le leurre

Dans la course de taureau, le leurre est l'art de connaître le taureau, de mesurer ses réactions, et de finir par le fatiguer et l'approcher pour le tuer sans risquer la mort.

Très fréquemment dans le travail avec les animaux, l'éleveur utilise des gestes de leurre, des sous-leurres qui aident l'éleveur à tester les conduites des bêtes, repérer leurs différences et ainsi pouvoir mieux les approcher et leur donner des habitudes collectives mais également liées au “caractère” individuel de la bête.

Tous ces stratagèmes sont nécessaires pour réussir l'action, ou développer la connaissance du troupeau. Cette intelligence de la ruse n'est pas substituable dans ces tâches à une forme de pensée et d'action directe (frontale), sans détour. La tromperie, le piège, sont les conditions de la réussite de la tâche.

Nous retrouvons dans le travail d'élevage des enfants, de soin des malades et des vieillards, les mêmes pratiques de simulation-dissimulation-leurre pour pouvoir faire manger l'enfant, ou détourner son attention sur un geste, un son, une histoire, une grimace, une chanson (et il avalera sa cuillère de blédine).

Ces situations qui imposent au travailleur les figures de l'intelligence de la ruse et sa réalisation, sont des situations qu'il estime ne pas pouvoir traiter autrement lorsqu'il n'y a pas (ou plus) d'autre alternative.

Ces stratégies, tactiques ne semblent pas être utiles et utilisées dans le travail avec les végétaux.

L'intelligence rusée n'est ni une pensée ni une conduite de tâtonnement. Les figures sont structurées, multiples et adaptées à des situations précises.

Ce qui interroge, c'est que cette intelligence rusée, mise en évidence par Vernant et Detienne, si importante dans l'action technique avec le vivant animal ou humain, n'a pas entraîné l'intérêt des cognitivistes ni des technologues, alors qu'elle est omniprésente dans le travail avec le vivant. Elle a par contre intéressé les spécialistes de l'action politique et de la décision (Lucien Sfez, Georges Balandier). Comme le dit très justement Jean Duvignaud (122), les jeux de la ruse, de la triche, de la simulation-dissimulation traversent nos pratiques quotidiennes, techniques et sociales, et sont des figures de la pensée et des procédures opératoires. Il serait intéressant d'en faire un inventaire.

Cependant, quand un berger monte ses bêtes du Var vers les pâturages des Alpes, il dit pour parler du bon ou du mauvais usage qu'il fait des pâturages d'été avec le troupeau : "*le biais*". *Lou biai*, comme on dit en provençal, renvoie à la *mètis*, à l'intelligence courbe. Le travail avec les végétaux exige parfois aussi ce type de démarche de voie, de moyen.

(122) Duvignaud (J.), "La ruse, c'est bien plus que la ruse...", dans *La ruse, cause commune*, 10/18, Union générale d'éditions, 1977.

PROJET

D'ASSOCIATION SYNDICALE

Préliminaire. — Le canal de la source de Labus, la rivière de la Reppe depuis le point où elle reçoit ce canal jusqu'au barrage du Gour de la Cachoffle, ses dérivations, ses bras de décharge et les fossés d'assainissement, ouverts dans un intérêt général qui dépendent de cette rivière, sont soumis aux dispositions réglementaires suivantes :

TITRE Ier

Du syndicat, de sa composition, de ses attributions.

Article premier

Le curage à vieux fonds et vieux bords, le faucardement et, s'il y a lieu, les élargissements ou rectifications partielles des cours d'eau et fossés ci-dessus désignés, seront exécutés par les propriétaires intéressés, réunis en association syndicale, sous le contrôle et la surveillance de leurs syndics.

Art. 2

L'association est administrée par un Syndicat composé de douze membres dont un quart pris parmi les propriétaires ou locataires d'usines et trois quarts pris parmi les propriétaires ou locataires de jardins arrosables.

Les syndics sont élus au scrutin de liste en assemblée générale.

Nul n'est élu au premier tour de scrutin s'il n'a réuni :

1° La majorité absolue des suffrages exprimés ;

2° Un nombre de suffrages égal au quart des membres de l'association syndicale.

Au deuxième tour de scrutin, la majorité relative suffit.

En cas d'égalité de suffrages, le plus âgé des candidats est élu.

Les propriétaires réunis de chaque quartier présentent à la sanction de l'assemblée générale le ou les syndics (suivant les quartiers) qu'ils ont choisi parmi eux, pour représenter leur quartier respectif.

Les usiniers réunis proposent à la sanction de l'assemblée générale les syndics qui doivent la représenter.

Se trouvent désignés ci-après les quartiers et le nombre de syndics y afférent :

Quartier des Pastours	1
— de la ville et Loutin	1
— entre les hoirs	1
— de Campcébier	1
— des Côtes-du-Plan	1
— du Petit-Plan	2
— du Grand-Plan	2
Usiniers	3

Art. 3

L'assemblée générale se réunit pour les élections des syndics et toutes les fois que son avis sur une délibération du Syndicat sera reconnu utile ou nécessaire.

L'assemblée générale est convoquée par le Directeur.

Elle est convoquée par le plus âgé des syndics en cas d'absence ou d'empêchement du Directeur.

Les lettres de convocations seront portées par le garde canal au domicile des membres habitant la commune d'Ollioules et au domicile des fermiers des membres habitant une autre commune dont l'adresse exacte sera inconnue. Elles seront envoyées par la poste à ceux de ces derniers membres qui donneront leur adresse exacte au secrétaire de l'association.

Le minimum d'intérêt qui donne droit à chaque propriétaire de faire partie de l'assemblée générale est fixé à la plus petite parcelle de terrain arrosable.

Il ne sera attribué qu'une voix à un même propriétaire.

Tous les propriétaires de jardins arrosables, quel que soit la contenance de la partie irriguée, feront partie au même titre de l'assemblée générale ; il en sera de même pour les propriétaires usiniers, quel que soit l'importance de leur usine.

Tout membre de l'association syndicale a le droit de se faire représenter à l'assemblée générale. Celui qui veut user de ce droit, met au bas ou en marge de sa lettre de convocation, la formule « Bon pour pouvoirs » appose sa signature et confie ensuite cette lettre à celui qui le représente. Toute lettre non revêtue de cette mention ne sera pas acceptée.

L'assemblée générale est présidée par le Directeur, ou à défaut, par le plus âgé des syndics.

Les délibérations de l'assemblée générale seront valables lorsque tous les membres de l'association syndicale ayant été convoqués comme il est dit au § 4 ci-dessus, les deux tiers au moins y auront pris part.

Néanmoins, si cette condition n'était pas remplie après une première convocation, l'assemblée ajourne sa réunion et le Directeur fait immédiatement une nouvelle convocation ; à la seconde réunion, l'assemblée délibère valablement quel que soit le nombre des membres présents.

Les décisions de l'assemblée générale ne seront valables que si elles ont été acceptées par les trois quarts des membres présents ou représentés.

Les délibérations seront inscrites sur le même registre et dans la même forme que les délibérations du syndicat. Elles seront signées par le Directeur et les syndics présents.

ART. 4

Les syndics réunis élisent leur directeur.

Leurs fonctions durent trois ans. Cependant, à la fin des première et deuxième années on renouvellera le tiers des syndics faisant partie du syndicat primitif. Ce renouvellement se fera par voie de tirage au sort.

Les syndics sortants peuvent être renommés.

Ils doivent appartenir, en tous cas, à la même catégorie d'intéressés que les syndics à qui ils succèdent.

ART. 5

Les fonctions de syndic sont gratuites.

ART. 6

Tout membre qui, sans motifs légitimes, aura manqué à trois réunions consécutives, sera déclaré démissionnaire par le syndicat. Il en sera de même pour tout membre qui aura cessé de satisfaire aux conditions d'aptitude qu'il remplissait lors de sa nomination. Dans le cas où l'un des syndics serait démissionnaire ou viendrait à décéder, il serait immédiatement pourvu à son remplacement dans les formes indiquées au § 3 de l'article 4 du présent règlement.

Les fonctions du syndic ainsi nommé ne durent que le temps pendant lequel le membre remplacé serait resté en fonction.

ART. 7

Le Directeur est chargé de la surveillance générale des intérêts de la communauté. Après autorisation du syndicat, il représente l'association en justice tant en défendant qu'en demandant. En cas d'empêchement, le Directeur est remplacé par le plus âgé des membres du syndicat.

Le syndicat élit un secrétaire parmi ses membres. Toutefois, mais à titre exceptionnel, il pourra en choisir un en dehors des membres du syndicat. Dans ce dernier cas, le secrétaire nommé n'a pas voix délibérative. Le secrétaire est en même temps archiviste ; à ce titre et sous sa responsabilité personnelle, il est chargé de la conservation des des plans, registres et autres papiers relatifs à l'administration des travaux.

ART. 8

Le syndicat fixe le lieu de ses réunions.

Il est convoqué et présidé par le Directeur.

Il se réuuit toutes les fois que les besoins du service l'exigent et une fois au moins tous les deux mois.

Les réunions extraordinaires ont lieu, soit en vertu de l'initiative du Directeur, soit sur la demande de deux syndics.

ART. 9

Les délibérations sont prises à la majorité des membres présents. En cas de partage, la voix du Président est prépondérante.

Les délibérations seront valables lorsque tous les membres ayant été convoqués par lettre à domicile les deux tiers au moins y auront pris part. Néanmoins lorsqu'après deux convocations faites à huit jours d'intervalle et dûment constatées sur le registre des délibérations, les syndics ne sont pas réunis en nombre suffisant, la délibération prise après la troisième convocation est valable quel que soit le nombre des membres présents.

Les délibérations sont inscrites par ordre de dates sur un registre coté et paraphé par le Directeur. Elles sont signées par tous les membres présents à la séance ou mention sera faite des motifs qui les auront empêchés de signer.

Tous les intéressés ont droit de prendre communication, sans déplacement du registre des délibérations.

ART. 10

Le syndicat a les pouvoirs les plus étendus d'administration ;

Il rédige les projets, les discute et fixe le mode à suivre pour l'exécution des travaux.

Il poursuit, s'il y a lieu, l'expropriation des terrains nécessaires pour l'exécution des projets d'amélioration.

Il surveille l'exécution des travaux.

Il dresse le tableau de la répartition des dépenses entre les divers intéressés comme il est établi à l'article 29, titre 4 du présent règlement.

Il prépare les budgets annuels.

Il délibère sur les emprunts qui peuvent être nécessaires à l'association, sauf approbation de l'assemblée générale.

Ces emprunts sont contractés par le Directeur, au nom de l'association.

Il contrôle et vérifie les comptes administratifs du Directeur ainsi que les comptes du Receveur.

Il veille à ce que les conditions imposées à tous les établissements de barrage ou de prise d'eau soient strictement observées.

Il provoque au besoin la répression des infractions aux lois et règlements qui régissent le cours d'eau en général et au présent règlement en particulier.

Il veille à ce que les règlements d'arrosage existants soient exécutés.

TITRE II

Curages ordinaires et extraordinaires et faucardements ; exécution et paiement des travaux

ART. 11

Il sera fait tous les ans, dans le courant du mois d'avril, un curage à vieux fonds et vieux bords des cours d'eau et fossés désignés en tête du présent règlement.

Indépendamment de ces curages périodiques, le syndicat pourra, sur l'avis des ingénieurs, en ordonner d'extraordinaires sur les portions des cours d'eau soumis au présent règlement, qui seront jugés en avoir besoin.

ART. 12

Le curage comprendra les travaux nécessaires pour ramener les cours d'eau et fossés à leur largeur naturelle, ainsi que les dimensions des digues, partout où il sera nécessaire d'en établir.

ART. 13

Outre les opérations de curage, un faucardement général sera fait une fois tous les ans, et plus souvent, si cela est reconnu nécessaire.

ART. 14

Les travaux seront faits, soit par les intéressés, soit à l'entreprise.

ART. 15

Quand les travaux de curage et de faucardement seront faits à l'entreprise, le projet des travaux à exécuter sera rédigé par les agents que désignera le syndicat.

Les riverains qui préféreraient exécuter eux-mêmes les travaux prescrits au droit de leur propriété, devront en faire la demande au Directeur du syndicat, avant le mois de février, en prenant l'engagement d'exécuter les travaux dans les délais et conformément aux dispositions qui seraient imposées à l'entrepreneur; faute par eux de s'être conformés à ce délai ou à ces dispositions, les travaux seront faits ou achevés d'office, comme il est dit à *l'art. 19.*

ART. 16

Les vases, déblais, les matières quelconques provenant du curage opéré dans la moitié de la largeur du lit, seront jetés sur la rive du même côté, à un mètre au moins de distance des bords, de manière qu'ils ne puissent pas retomber dans le cours d'eau, tout en causant le moins de préjudice possible aux propriétés riveraines.

Ces vases et ces déblais seront employés à recharger les berges partout où cela sera reconnu nécessaire, pour donner les dimensions fixées, comme il est dit à *l'art. 12*.

Les riverains ne pourront disposer pour d'autres usages que de la quantité surabondante, et ils seront tenus d'opérer l'enlèvement des vases dès qu'elles auront acquis une consistance suffisante.

Toute personne qui rejettera ou fera rejeter dans le cours d'eau, les terres et les immondices qui en auront été retirées, sera poursuivie par les voies de droit ; un nouveau curage pourra même être ordonné aux frais du contrevenant.

Art. 17

Les riverains seront tenus d'enlever et de récéper tous les arbres, buissons, branches et souches qui forment saillie sur la ligne des berges et tous ceux qui, en baignant dans les eaux, nuiraient à leur écoulement.

Art. 18

Les travaux seront surveillés par les membres du syndicat, l'agent chargé de l'exécution des projets et les garde-rivières.

Ils seront reçus par deux membres désignés par le syndicat, accompagné de l'agent dont il vient d'être parlé.

Art. 19

Aux époques fixées pour l'achèvement des curages et des faucardements, il serait fait une vérification de ces travaux, et il sera dressé des procès-verbaux contre les retardataires. Ces procès-verbaux comprendront l'indication des travaux non exécutés ou mal faits et l'évaluation des travaux restant à faire.

Copie des procès-verbaux sera laissée au Maire, pour être notifiée, soit individuellement, soit collectivement et par voie de publication, aux intéressés, à qui il sera adressé pour adresser au maire leurs moyens de défense, un délai de trois jours, à partir de la notification. A l'expiration de ce délai, ces procès-verbaux avec les moyens de défense présentés et l'avis du Directeur du syndicat, seront transmis au préfet (articles 15, 16, 18, 19 et 26 de la loi du 21 juin 1865) qui ordonnera, s'il y a lieu, l'exécution d'office, à la diligence et sous la surveillance des agents du syndicat, des travaux à faire au compte des retardataires, et ce, sans préjudice de l'amende qui pourra être prononcée aux termes du n° 15 de *l'art. 471* du Code Pénal, et des indemnités que les tiers pourraient avoir à réclamer.

ART. 20

Les travaux d'urgence pourront être exécutés immédiatement et d'office par ordre du Directeur et sur l'avis du syndicat et des ingénieurs.

ART. 21

Les paiements d'à-compte pour les travaux exécutés, seront effectués en vertu de mandats du Directeur, d'après les états de situation dressés par les gens de l'art, chargés de l'exécution des travaux et visés par le syndic chargé de la surveillance des travaux.

Pour les paiements définitifs, il sera produit en outre un procès-verbal de réception, dressé conformément aux dispositions de *l'art. 18.*

TITRE III

Police des cours d'eau ; gardes-rivières ; prescriptions diverses

ART. 22

Aucune construction nouvelle ni reconstruction ne pourra être faite au-dessus des cours d'eau ou les joignant, qu'en vertu d'une autorisation donnée par le Préfet, sur l'avis du syndicat.

Cette autorisation sera également nécessaire pour planter des pieux, établir des bâtardeaux ou barrages provisoires, poser des chaînes ou faire toute autre entreprise sur les cours d'eau ou les joignant.

Art. 23

Aucun moulin ou barrage, aucune usine ne pourront être établis, aucune réparation aux vannes de décharges, et autres ouvrages régulateurs des usines ou des établissements portant barrage, ne pourront avoir lieu sans une autorisation donnée par le Préfet, toujours sur l'avis du syndicat.

Art. 24

Les déversoirs et les vannes de décharge seront toujours entretenus libres, et il est expressément défendu d'y placer aucune hausse. A défaut de titre réglementaire qui fixe la hauteur égale de la retenue, les eaux ne pourront pas dépasser le dessus du déversoir ou de la vanne de décharge la moins élevée.

Les usiniers seront responsables de la surélévation des eaux, tant que les vannes de décharges ne seront pas levées à toute hauteur.

Art. 25

Il est fait défense expresse aux propriétaires riverains de pratiquer dans les berges des coupures ou autres moyens de dérivations ou prises d'eau quelconques.

Les prises d'eau actuelles qui ne seraient pas réglementaires et dont la conservation serait nuisible devront être fermés de manière à intercepter toute filtration

Art. 26

Défense est faite de faire écouler dans le lit des cours d'eau des eaux infectes ou des matières nuisibles.

ART. 27

Il pourra être nommé un ou plusieurs gardes-rivières spécialement chargés de veiller à l'exécution du présent règlement et sous les ordres du syndicat.

Les gardes-rivières prêteront serment devant le tribunal de leur arrondissement.

Ils constateront, par procès-verbaux, les délits et contraventions aux lois et règlements sur la police des cours d'eau.

Ils visiteront fréquemment la partie des cours d'eau commise à leur garde.

Ils tiendront un registre coté et paraphé par le Directeur du Syndicat, et ils y inscriront les rapports de tous les faits reconnus dans leurs tournées et, particulièrement, les délits et contraventions qu'ils auront constatés.

Ce registre devra être représenté à toute réquisition des membres du Syndicat ou des Ingénieurs et sera visé au moins une fois chaque mois par le Directeur du Syndicat.

Ils se rendront aux réunions périodiques du Syndicat et à toutes celles où ils seraient appelés pour rendre compte de leur service et recevoir les instructions nécessaires. Ils feront d'ailleurs connaître au Directeur toutes les entreprises qui seraient faites sur les cours d'eau confiés à leur surveillance, ainsi que les changements qui auront été effectués aux usines et à leurs ouvrages extérieurs.

ART. 28

Les propriétaires riverains seront tenus de livrer passage sur leurs terrains, depuis le lever jusqu'au coucher du soleil, aux membres du Syndicat, aux fonctionnaires et agents dans l'exercice de leurs fonctions, ainsi qu'aux entrepreneurs et ouvriers chargés du curage.

Ces mêmes personnes ne pourront toutefois user du droit de passage sur les terrains clos qu'après en avoir préalablement prévenu le propriétaire.

En cas de refus, elles requerront l'assistance de qui de droit. Elles seront d'ailleurs responsables de tous les dommages et délits commis par elles ou par les ouvriers.

TITRE IV

Répartition des dépenses

ART. 29

Les dépenses de curage et de faucardement, sauf les droits de servitudes contraires, seront supportés par les propriétaires intéressés, chacun en proportion des avantages qu'il en retirera.

ART. 30

La portion de la dépense afférente aux propriétaires de terrains arrosables est et demeure fixée aux trois quarts des dépenses ordinaires ou extraordinaires et à un quart aux usiniers.

La portion des arrosants est réglée d'après la répartition des eaux par heures ou fraction d'heure, laquelle répartition date du 10 juillet 1808.

La portion des usiniers sera réglée d'après la plus-value de leurs usines.

Les rôles des taxes de curage seront dressés, rendus exécutoires, recouvrés, inscrits et jugés comme en matières de contributions directes. Il en sera de même pour traitements d'agents, honoraires, frais de voyage et frais généraux.

ART. 31

Ne seront pas compris dans la masse des dépenses à la charge de la communauté, les frais de curage des fossés, canaux et bassins qui auront été ou seront ouverts par des motifs d'agrément ou d'intérêt privé. Ce curage sera fait par les soins et aux frais ~~des propriétaires de ces~~ fossés, canaux ou ~~bassins~~, sous la direction du Syndicat.

TITRE V

Travaux d'amélioration

ART. 32

Lorsqu'il y a lieu d'entreprendre des travaux destinés à améliorer le régime du cours d'eau, les projets de ces travaux, dressés par les soins du Syndicat et vérifiés par les Ingénieurs, sont ensuite soumis à une enquête de vingt jours dans la commune et pour les intéressés.

Si ces projets ne donnent lieu à une expropriation forcée, ils peuvent être approuvés par le Préfet ; s'ils entraînent des expropriations, le projet est soumis à une commission d'enquête, et sur l'avis des Ingénieurs et les propositions du Préfet, il est statué, s'il y a lieu, conformément à la loi du 3 mai 1841, par un décret qui déclare l'utilité publique de ces travaux. Dans tous les cas, la répartition des dépenses est faite par le Syndicat, sur les bases de l'article 30, sauf appel des intéressés devant le Conseil de Préfecture.

TITRE VI

Comptabilité et recouvrement des taxes

ART. 33

Le recouvrement des taxes est fait par un Receveur spécial nommé par le Syndicat et parmi les syndics, approuvé par le Préfet.

Le Receveur spécial prête le serment voulu par la loi.

A titre exceptionnel, le Percepteur des contributions directes pourra être choisi comme Receveur sans voix délibérative.

ART. 34

Le Receveur ou le Percepteur est tenu de fournir un cautionnement égal aux deux tiers du montant des rôles. Le Receveur spécial n'a droit à aucune remise.

Si le Receveur est le Percepteur, il reçoit une remise dont la quotité proposée par le Syndicat est déterminée par le Ministre des finances.

ART. 35

Le Receveur ou le Percepteur dresse les rôles d'après les documents fournis par le Syndicat. Ces rôles, après avoir été affichés à la Mairie d'Ollioules pendant le délai de huit jours, seront visés par le Directeur et rendus exécutoires par le Préfet qui fixe les époques des paiements à faire par les contribuables.

ART. 36

Le recouvrement desdits rôles est poursuivi dans les mêmes formes et avec les mêmes privilèges que celui des contributions publiques.

ART. 37

Les poursuites nécessaires pour les recouvrements sont faites à la requête du Directeur et à la diligence du Receveur ou du Percepteur, l'état des contraintes signé du Directeur est soumis au visa du Préfet; l'exécution est confiée à des porteurs spéciaux dûment commissionnés, si le recouvrement des taxes à un Receveur ou, dans le cas contraire, aux porteurs de contraintes ordinaires de l'arrondissement.

ART. 38

Le Receveur ou le Percepteur est responsable du défaut de paiement des taxes dans les délais fixés par les rôles, à moins qu'il ne justifie des poursuites faites contre les contribuables en retard.

ART. 39

Le Receveur ou le Percepteur acquitte les mandats délivrés conformément aux dispositions du présent règlement.

Il rend compte annuellement au Syndicat, à la fin du premier trimestre de l'année, des recettes et dépenses qu'il a faites pendant l'année précédente.

Il ne lui est pas tenu compte des paiements irréguliers faits.

ART. 40.

Le Syndicat vérifie, le compte annuel du Receveur ou du Percepteur, l'arrête provisoirement et l'adresse au Préfet, pour être soumis au Conseil de Préfecture qui l'arrête définitivement, s'il y a lieu.

ART. 41

Le Directeur vérifie lorsqu'il en juge convenable, la situation de la caisse du Receveur ou du Percepteur qui est tenu de lui communiquer toutes les pièces de la comptabilité.

TITRE VII

Dispositions générales

ART. 42

Les contraventions au présent règlement seront constatées au moyen de procès-verbaux dressés par les gardes-rivières et par tous autres agents de l'autorité ayant qualité à cet effet.

Ces procès-verbaux, timbrés ou visés pour timbres et enregistrés en débet, seront affirmés dans les vingt-quatre heures, soit devant le Maire de la commune où les contraventions auront eu lieu, soit devant le juge de paix du canton et déférées aux juridictions compétentes.

Copie de chaque procès-verbal sera remise par l'agent qui l'aura dressé, au Directeur, et notifiée par celui-ci au contrevenant, avec sommation, s'il y a lieu, de faire cesser immédiatement le dommage.

Si le contrevenant est membre du Syndicat, il sera, outre les peines encourues par la loi, rayé de la Commission syndicale et ne pourra être renommé qu'après un laps de temps fixé par le Syndicat réuni.

ART. 43

Les réclamations et les contestations relatives au recouvrement des rôles et à la confection des travaux seront portées devant le Conseil de Préfecture, conformément aux dispositions des lois des 28 pluviôse an VIII et 14 floréal an XI, sauf recours au Conseil d'État.

Pour tous les cas non prévus, le présent règlement renvoie aux lois : du 14 floréal an XI, 16 septembre 1807, 21 mai 1836, 10 juin 1854, 21 juin 1865 et décret du 17 novembre 1865 sur la matière.

Vu pour être annexé à notre arrêté de ce jour constituant l'association syndicale autorisée.

DRAGUIGNAN, le 16 juin 1882.

Pour le Préfet en congé :

Le Secrétaire-général délégué,

Signé : FRÉDÉRIC DE SAINT-ALBERT

MON JARD
PRODUCTION DE
MON JARD
LE KILO

Chapitre III

L'ÉDUCATION NON FORMELLE CHEZ LES ENFANTS PAYSANS EN FRANCE

L'éducation non formelle, à l'exception des maisons familiales rurales qui ont perçu son importance, a été depuis les années 50 quasiment ignorée par le système éducatif mis en place par l'Etat pour les enfants paysans et par les ingénieurs des lycées agricoles et ingénieurs agronomes.

De plus, la littérature scientifique française comporte peu de documentation sur les apprentissages des savoirs et des savoir-faire des enfants ruraux. Les travaux de Micheline Thomine-Desmazures posent — plus qu'ils n'y répondent (1) — une série de questions importantes concernant la socialisation des enfants ruraux, l'influence de la cellule familiale dans l'apprentissage du métier et dans la transmission d'un système de valeurs, de modalités d'expressions affectives, corporelles, enfin dans le développement mental des enfants.

Les travaux de Martin de La Soudière sur les enfants de Lozère (2), en particulier ses analyses du développement, de la socialisation des enfants, de leurs pratiques, jeux et occupations donnent un éclairage précis sur cette classe d'âge.

Les travaux de Joëlle (3) et Arlindo Stefani (4) sur la culture en Lozère abordent les rythmes de sommeil et de la nutrition, la santé des adultes et des enfants, ce qui est très rare dans les documents scientifiques sur la vie rurale en France.

Enfin, les admirables travaux du sociolinguiste Brun Besche-Commenge sur le savoir des bergers de Casabède (5) nous informent très précisément sur la culture des éleveurs pyrénéens et sur les apprentissages en particulier.

(1) Thomine-Desmazures (M.), Mikhalevitch (A.), *Enfants et jeunes ruraux*, numéro spécial de la revue *Economie rurale*, 1971.
(2) La Soudière (M. de), "Les pratiques des enfants durant leur temps libre en fonction des types d'environnement et des idéologies", dans *Les villages de Lozère : enfants en jeu*, éd. du CNRS, 1976.
(3) Stefani Perrousseaux (J.), *Les habitudes alimentaires et sanitaires dans une région rurale française*, thèse de 3e cycle, université Paris I, Institut du développement économique et social, 1974.
(4) Stefani (A.), *La culture vivante dans le mont Lozère - approche anthropologique d'une culture orale*, documents INEP, 1972.
(5) Besche-Commenge (B.), *Les savoirs des bergers de Casabède*, déjà cité.

Nous nous réfèrerons aux travaux sur la Voie peule (6) et du Koumen (7) qui décrivent l'initiation et l'apprentissage des bergers peuls. Ce domaine de référence de la culture animalière éclaire des traditions d'apprentissage et de socialisation dans la société pastorale française et précise des éléments fondamentaux de la qualification avec le monde vivant animal.

Nous aborderons trois points concernant la transmission des savoirs, des apprentissages chez les enfants :

— le travail des enfants, ses rôles dans le développement intellectuel et socio-affectif, les risques dans les formes modernes de participation des enfants au travail ;

— les espaces et histoires des apprentissages précoces ; les mécanismes d'identification et l'épopée familiale, leurs incidences sur les conduites des adultes : choix de production, décisions, l'orientation et la transformation du système de production ;

— les mots de la transmission et des qualifications, (*faité, péda, gaubi*, en provençal), et leur éclairage de la qualification. Le mot enfin de *biai* donne les manières de penser et de faire avec la nature dans le travail.

A — LA TRANSMISSION DES SAVOIRS PROFESSIONNELS PAR LA FAMILLE ET LE GROUPE LOCAL

1. Le travail des enfants

Le travail des enfants est encore très important en milieu agricole, malgré la scolarisation loin du village, souvent en internat, des enfants après le cycle primaire. Il était très important chez les enfants terminant le cycle primaire dans les cinq communes de l'Ardèche étudiées en 1969 sur le plateau de Colombier. Il reste important dans l'ensemble des petites exploitations familiales, auprès desquelles j'ai poursuivi ces dix dernières années mes recherches. Nous avons peu d'informations chiffrées sur ce travail et c'est une des priorités des recherches retenues par Norbert Sée, Christian Nicourt et moi-même dans le cadre du programme mobilisateur Emploi-Formation-Travail (8).

(6) Diouldé Laya (M.), *La tradition peule des animaux d'attache*, déjà cité.
(7) Dieterien (G.) et Harpate (A.), *Koumen, texte initiatique des pasteurs peuls*, déjà cité.
(8) Salmona (M.), note pour la réunion "Technologie/emploi/travail" (2 avril 1984), programme mobilisateur, recherche sur l'emploi et l'amélioration des conditions de travail, ministère de l'Agriculture, 1984.

Lieux du travail des enfants

Il reste très important dans des exploitations caractérisées :

— par des productions peu mécanisées, exigeant encore un volume important de travail humain, manuel et intellectuel (surveillance) ;

— par des productions dont il est difficile, sinon impossible à certains moments de l'année de hiérarchiser l'importance des tâches et d'éviter des "coups de bourre" où il faut tout à la fois réaliser des tâches urgentes et délicates et faire face au suivi des tâches habituelles de l'exploitation.

Ces productions concernent les exploitations de polyculture-élevage en général, mais surtout les exploitations de maraîchage et d'élevage. Les enfants participent très tôt au travail dans ce type d'exploitation.

Importance et précision des apprentissages précoces

Les enfants d'arboriculteurs et de maraîchers

L'apprentissage des savoir-faire et savoirs et de la relation "productive" aux animaux, aux plantes, aux arbres, à la matière (terre, eau, fumier) et à la nature, se fait très tôt chez les enfants, les garçons particulièrement, des arboriculteurs et des éleveurs ardéchois. Les garçons du plateau de Colombier, en Ardèche, réalisent, entre dix et quinze ans, l'ensemble ou partie des travaux de l'arboriculture et de l'élevage (vaches, chèvres, brebis) et *argumentent* les raisons liées à ces pratiques.

Ils conduisent le cheval "pour aider le père" au défonçage, ils préparent le sol, mettent le fumier, plantent... ils participent à l'éclaircissage, à la taille, au pinçage des arbres, à la récolte des fruits, à l'emballage et à la mise en marché de ces derniers... Ils traient vaches et chèvres, les nourrissent, les "brossent" et nettoient l'étable, les gardent, les surveillent, les emmènent boire...

La taille est une opération très valorisée et importante, dans leur horizon de savoir. Ils connaissent et savent nommer les différents types de rameaux : le "rameau gourmand" qui ne porte que des yeux à bois, le "rameau mixte" comprenant à la fois des yeux et des boutons, parfois groupés côte à côte, le "rameau chiffon", plus allongé que le mixte et portant des boutons espacés. De même, ils connaissent les modes de pinçage et de taille dans le détail. Ils savent comment tailler chaque type de rameau : *"Le rameau gourmand, on le taille sur deux yeux s'il est bien placé, le rameau mixte on le taille en conservant cinq à six groupes de boutons, le rameau chiffon on le conserve s'il a 5 à 20 cm de haut et si l'arbre est un peu chargé en hiver, sinon on le sectionne au-dessus de l'œil de base... Le bouquet de mai, rameau très court, terminé par un œil entouré de boutons, ne doit pas être taillé... Les cerisiers sont taillés avec une petite scie. Quand on scie une branche on y passe un couteau pour que la plaie soit lisse et l'eau n'y entre pas. Par suite d'une floraison abondante, il arrive qu'il y ait de la surcharge et au début de juillet on éclaircit les fruits."*

La préparation du terrain et la plantation des arbres, la préparation des racines, prennent une grande place :

"Pour faire une plantation de pêchers ou de cerisiers, il faut d'abord préparer son terrain, c'est-à-dire semer des engrais ou enfouir du fumier, ensuite vient le défonçage, opération très coûteuse dans notre région, car souvent il y a beaucoup de pierres ; ensuite vient le nivelage-traçage, faire des trous et planter. Ça demande beaucoup de temps et de précaution, car il faut étaler les racines de petits arbres et les praliner (tremper dans un jus de terreau)."

De même connaissent-ils les techniques de labourage, liées à l'état des racines, même s'ils ne les font pas par eux-mêmes.

"On soigne les arbres avec un grand intérêt, en mettant des scories et du fumier avec un petit labourage, pour que les racines ne soient pas touchées. L'été, on passe l'estripateur pour que l'humidité remonte jusqu'aux racines."

Les facteurs et modalités de production sont argumentés, appréciés et évoqués dans le détail : distance entre les arbres, profondeur de plantation, nombre de pêchers et de cerisiers, âge des arbres, nombre d'hectares, qualité du terrain et pentes, ensoleillement... (de même que les enfants des éleveurs repèrent le nombre de vaches, leurs origines, leur race, le nombre de chèvres et de brebis, leur âge, le temps de traite, le mode de manipulation, de garde...).

Ils réalisent ces travaux soit en revenant de classe, soit avant de partir, soit pendant les vacances, soit pour remplacer les parents quand ils s'absentent ou le dimanche, soit pour soulager les grands-parents, ou encore en temps de "bourre", lors des récoltes en particulier, où l'on embauche de la main-d'œuvre et on a besoin de tous les bras.

Le matériel graphique recueilli auprès de ces cent enfants sur les représentations sociales et pratiques arboricoles et d'élevage, confirme l'importance et la précision des avoirs et savoir-faire des enfants dans les deux productions, animale et fruitière (9).

Les enfants des éleveurs de brebis et de vaches

Les enfants des éleveurs de brebis du Pays basque, du Puy-de-Dôme et du Tarn, interviennent dans des séquences de travail particulièrement délicates, par exemple à l'agnelage, car ils ont des petites mains et ils peuvent aider quand l'agnelage est difficile.

La responsabilisation des adolescents moutonniers de Soule, en Pays basque, est très importante : on leur confie à quinze ans, pendant deux mois dans les pâturages d'été, à la frontière de l'Espagne (La Pierre-Saint-Martin), des troupeaux de 300 à 400 brebis laitières qu'ils surveillent, traient et dont ils transforment le lait en formage. Cette région truffée de gouffres nécessite une vigilance particulière, car les brebis tombent dans les gouffres et les brouillards fréquents ne facilitent pas cette tâche. Les recherches des brebis égarées dans la brume, la traite journalière, dans des conditions très précaires (il n'y avait pas d'abri en 1970 et les brebis se rangeaient d'elles-mêmes pour la traite), enfin la fabrication régulière du fromage, rendent les journées très lourdes en temps de travail et en fatigue nerveuse.

Dans notre recherche sur l'homme et la vache, nous avons montré que, dans les élevages de vaches laitières intensifiés, les parents étant bloqués par un travail très prenant, qui ne leur permet plus d'observer et de diagnostiquer certains signes révélateurs de phénomènes importants, ce sont les enfants qui repèrent (ainsi que les grands-parents, plus disponibles) dans les champs les signes des chaleurs (glaires, vaches que "montent" les autres vaches, énervements, beuglements) et le signalent aux parents.

Les activités de repérage de signes, et de diagnostic des chaleurs, sont capitales pour ne pas "rater" la période où l'on insémine la bête ni perdre un cycle de reproduction.

Situations de travail et apprentissages généraux

A la différence des apprentissages liés aux savoirs exogènes, selon l'expression de Patrick Pharo, ces apprentissages professionnels débordent sur les apprentissages généraux :

(9) Salmona (M.), *L'évaluation de la diffusion des modèles d'exploitation sur les potentialités agricoles du plateau de Colombier en Haute-Ardèche. Analyse de trois cents dessins et rédactions sur les représentations et pratiques de cent jeunes adolescents agriculteurs, concernant la nature, le travail avec les animaux et le verger,* SUAD de Privas, 1969-70.

construction de l'image du corps, développement de la culture des sens.

Les enfants du plateau de Colombier en Ardèche, en s'occupant de bêtes "jouent au docteur et à l'infirmière", et explorent le corps des bêtes, leur anatomie, leur sexe, les trous du corps, et du même coup "apprennent" leur propre corps, leur "enveloppe de peau", à travers l'exploration de l'animal. A travers le double/miroir qu'est l'animal, ils connaissent les mécanismes physiologiques de la reproduction et s'initient à la sexualité infantile.

Les adolescents moutonniers, lors des chutes de brebis dans les excavations des pâturages d'été, apprennent à descendre dans les "gouffres" et développent une habileté dans la fonction d'équilibre, liée à ces exercices fréquents et périlleux dans ces gouffres.

Dans le maraîchage, comme dans l'élevage, le contrôle de très nombreux facteurs et la gestion technique passent par le toucher, l'odorat, l'ouïe. Diagnostiquer le style et la gravité d'une mammite, d'un gonflement de ventre, de l'état de gestation d'une vache, passe par l'appréciation au toucher de la texture de la mamelle, de sa dureté, du volume de l'abdomen et de la forme et densité de ce volume ; la vue est moins primordiale que le tact dans ces appréciations.

De même, dans toutes les interventions de vêlage, d'agnelage difficile, à l'intérieur du corps de la bête, de manipulation des organes de reproduction (trompes, corps jaune) et l'évacuation du placenta, le repérage et l'identification des organes et matières internes passent par le toucher. Certains de ces apprentissages se font très tôt, par exemple pour les enfants de moutonniers (10-12 ans) à qui on confie les agnelages difficiles.

L'ouïe est également très importante pour le repérage et le diagnostic de situations dangereuses ou d'états maladifs des animaux.

L'odorat est très important dans l'élevage. Les excréments, les matières, les liquides liés aux mises bas et maladies, pus, glaires, morceaux de placenta, véhiculent des couleurs, des textures et aussi des odeurs qui sont des indices permettant le diagnostic de la reproduction, ou des maladies et de leur gravité.

L'odorat joue également dans l'appréciation de la maturation de la production maraîchère, ainsi que le toucher (culture du melon en particulier).

Très tôt les enfants sont confrontés à l'approche de ces matières et à leur estimation, qui est liée au travail de soin, de pansage, de médicinage dont nous avons analysé les dimensions en détail ; c'est un apprentissage utile dans le travail domestique également si l'homme veut participer aux travaux de soins des enfants, qui obligent à une familiarisation avec les excréments ; mais il semble que les transferts d'apprentissage concernant ce travail de soin ne se produisent pas vers le travail domestique, chez les hommes.

Toute la peau devient un instrument de détectage de signes dans le travail, la sensibilité de l'ensemble de la peau joue pour juger de l'aération d'une bergerie, d'une serre, de la respiration des plantes et des bêtes à partir de l'appréciation de l'atmosphère (10) : on ouvrira ou on fermera la serre en fonction de ce type de contrôle et de diagnostic.

Dans le maraîchage en particulier, la perception des poids, des volumes est la gratification du travail. En effet, c'est à travers la perception du poids et du volume des tomates, poivrons et aubergines, que les maraîchers portent dans leurs panier à la récolte, qu'ils estiment les résultats de l'effort fourni pendant le cycle de production ; poids et volume sont à travers le corps des indicateurs du travail réalisé et des résultats : *"J'aime pas cueillir les petits pois. J'aime cueillir les tomates et les poivrons, ça fait vite du poids ou du volume, les haricots ça rapporte, mais ça ne fait pas de poids ni de volume. Alors ça paraît long, ça énerve, on n'a pas l'impression d'avoir travaillé."*

Situation de travail et apprentissage de l'abstraction

L'analyse des situations de travail dans le maraîchage et l'élevage montre clairement que nombre d'entre elles nécessitent la maîtrise de la combinatoire ; les résultats aux exercices logiques d'adultes maraîchers et éleveurs peu scolarisés montrent que, malgré leur handicap scolaire, ces adultes ont développé leurs capacités d'abstraction dans l'activité quotidienne de production. Cet apprentissage s'est développé dans l'enfance, dans le cadre de la famille, en liaison avec la participation précoce des enfants au travail des parents. Aussi, lorsque l'on évoque le handicap intellectuel des enfants ruraux et leurs mauvais résultats aux tests (11), assimile-t-on les capacités intellectuelles à l'adaptation au savoir et aux langages de l'abstraction de l'école et à la réussite

(10) Tellenbach (H.), *Goût et atmosphère : psychiatrie ouverte*, PUF, 1983. "Dans presque toute expérience de non-sens se trouve un plus qui reste inexprimé. Ce plus qui dépasse le fait réel, mais que nous sentons en même temps que lui, nous pouvons le nommer atmosphérique."
(11) Thomine-Desmazures (M.) et Mikhalevitch (A.), opus cité.

aux tests d'intelligence, ce qui est très contestable. Nos résultats questionnent également les travaux de J. Bretonnès selon lesquels les enfants ruraux seraient essentiellement sensorimoteurs et appréhenderaient la réalité par intuition (12).

De nombreux travaux sur les activités techniques dans le travail domestique ou salarié et sur l'anthropologie des techniques (13) montrent que certaines activités techniques nécessitent pour être réalisées, l'entraînement à la mathématique et en particulier à la combinatoire (travaux de tissage et broderie). Enfin, des travaux d'anthropologie à des fins pédagogiques montrent que certaines activités sociales, comme l'apprentissage de la généalogie en Afrique, développent le maniement et la maîtrise de l'abstraction chez les enfants.

Ainsi, l'éducation non formelle qui se développe à l'intérieur de la famille élargie et du voisinage dans le partage de l'activité technique des parents et des voisins, dote l'enfant d'outillages mentaux élaborés et diversifiés.

D'autre part, elle dote l'enfant d'une culture des sens et du corps, nécessaire dans le travail agricole et que ni l'école, ni la formation adulte ne dispensent.

Enfin, elle dote l'enfant d'une familiarisation avec les déchets ; cet apprentissage dans le travail domestique se fait sur le tas, chez les femmes, et ne passe pas par les institutions éducatives.

2. Jeux et travail : désir d'apprendre

Comme le souligne Martin de La Soudière, le travail est parfois imposé à l'enfant très tôt, mais il est aussi vécu comme un jeu (14) et un moyen de se valoriser de se singulariser (15). L'enfant qui baigne dans un discours sur les activités techniques et les observe en permanence, porte intérêt à apprendre et à réaliser les tâches délicates et complexes qui sont à la fois son "école" et son "terrain d'aventure" : partir garder les bêtes en montagne est vécu comme un exploit et un privilège (16).

D'autre part, les mécanismes d'identification aux parents, grands-parents et voisins entraînent à réaliser les actes techniques des adultes et à adopter leurs passion ou à les rejeter.

(12) Bretonnès (J.), "Problèmes psychosociologiques de la pédagogie rurale" dans revue *Sociologia ruralis*, n°5, janv. 1965.
(13) Chamoux (M.-N.), "La division des savoir-faire textiles entre Indiens et Métis dans la Sierra de Puebla", actes de la table ronde "Technologie culturelle", Ivry, nov. 1982, dans revue *Technique et culture*, n°2, juil.-déc. 1983.
(14) La Soudière (M. de la), opus cité.
(15) Entretiens d'agronomes, fils de paysans.
(16) Besche-Commenge (B.), opus cité.

Réhabilitation du travail agricole chez les transfuges

"Je trouvais son travail idiot, je sais maintenant que non."
Un certain nombre de fils de paysans (17) agronomes qui ont, adolescents, dévalorisé le travail agricole, plus en liaison avec l'image que leur en renvoyait le système éducatif et les représentations des urbains que par contre-identification au père, retrouvent après une phase de dévalorisation du travail, l'intérêt qu'il avait suscité chez eux quand ils étaient enfants et la fascination qu'il exerçait alors. Il y a une réhabilitation du travail des parents chez ces intellectuels après qu'ils aient accédé à une promotion sociale pour partie d'entre eux.

Le jeu et les espaces de transgression (18)

L'activité intellectuelle se développe dans la participation aux travaux familiaux, mais aussi dans les activités avec les autres enfants ; les territoires des jeunes parents, des copains, des entants de voisins sont utilisés pour jouer, ainsi qu'un espace plus lointain comme le bois appartenant à la famille ou aux copains, des bords de rivière, des anciennes galeries de mines, des carrières, des voies de chemin de fer abandonnées... Ces lieux de jeux avec les jeunes du même âge ont eux-mêmes des limites et des repères précis pour les enfants ; ils sont les lieux hors de l'espace familial où l'on va pêcher, braconner, faire du feu, ramasser du bois, chercher les reliefs escarpés où exercer son goût du risque, sur des gouffres, et montrer son agilité physique : il y a une topologie des espaces investis par les enfants en dehors de l'espace familial. Ce sont souvent des espaces "interdits" par les parents, des espaces où il y a des dangers pour les enfants, qui sont vécus comme des espaces de transgression et d'initiative.

Les espaces masculins

Enfin, il a les espaces "entre hommes" où les enfants partent avec les hommes de la famille, à la chasse et à la pêche en Pays basque et en pays varois, par exemple. Le déplacement des

(17) Entretiens avec des chercheurs en agronomie, des conseillers agricoles et des administratifs.
(18) Paul-Levy (F.), Segaud (M.), *Anthropologie de l'espace*, Centre de création industrielle, Centre G. Pompidou, 1983. Voir chapitre "Les passages et le franchissement des limites".

troupeaux vers les pâturages d'été est un moment entre hommes où le jeu est intimement lié au travail pour les enfants.

Dans ces espaces de transgression et des espaces masculins, les enfants exercent leur intelligence, leur habilité physique, mais réalisent aussi d'autres formes de convivialité, de relations, que dans le cadre étroit de la maison, ainsi que d'autres types de responsabilisation (19). Ils sont dans un groupe élargi où ils apprennent, soit dans le jeu entre enfants du même âge, soit dans le jeu associé au travail, ce qui est le cas dans les pâturages d'été en Pays basque et dans les cayolars, des formes de solidarité qui ne sont pas des solidarités familiales, mais collectives : c'est l'apprentissage de la responsabilisation collective (20) poussée à l'extrême dans la société pastorale pyrénéenne et chez les pasteurs peuls. L'aptitude à vivre ensemble, à ne pas se disputer, à prendre en considération les mouvements et les horaires des autres éleveurs, est très importante dans la Voie peule où l'on initie les pastoureaux au métier d'éleveur.

3. Le travail des enfants comme privilège culturel

Certains agriculteurs, éleveurs ou maraîchers, considèrent que le travail des enfants, leur participation active et responsable — non seulement à l'activité de production, mais aussi à l'information réciproque, à la réflexion sur la marche de l'exploitation, à la gestion technique et économique et aux décisions —, est un privilège culturel pour les enfants d'agriculteurs ; c'est une école de la réflexion technique et économique qui, pour eux, doit être exploitée, car les enfants urbains sont, eux, irresponsables économiquement très longtemps (sauf pour consommer) et n'ont pas cette possibilité de s'inscrire dans une pratique et une réflexion économiques. C'est pour les parents une activité d'éveil très importante et à utiliser absolument.

4. Le travail des enfants et les accidents

Autrefois le travail des enfants était continu et la présence des enfants sur l'exploitation l'était également ; s'ils allaient en classe, ils revenaient sur l'exploitation après le certificat d'études.

Actuellement, le développement de technologies à risques

(19) Besche-Commenge (B.), opus cité.
(20) Diouldé Laya, opus cité.

(machines, installations, équipements sophistiqués) amène l'enfant à donner des coups de main dans un univers technologique dangereux. Il est lui-même fasciné par cet univers qui porte les marques de la modernité. Mais il n'est pas toujours en état, dans la mesure où il est souvent absent de l'exploitation, de mesurer les risques de manipulation de ces équipements et de ces technologies. Aussi les enfants sont-ils exposés à des risques importants dans l'aide qu'ils apportent aux parents quand ils sont présents sur l'exploitation ; aide qui se développe dans un contexte où l'on est débordé et très pris par le travail et où l'ensemble des adultes n'a pas toujours le temps d'expliquer en détail ces risques, ni les détails du fonctionnement de la machine.

Des recherches sur les relations entre "périodes de bourre" dans le calendrier de travail et accidents des enfants, nous donneraient des informations sur la participation réelle des enfants au travail.

B — UNE THÉORIE DU NOURRISSAGE

Reprenant les analyses de Besche-Commenge, les enfants accèdent aux apprentissages de pratiques et de découpages conceptuels à l'intérieur d'une société en évolution en "se nourrissant" de toute ambiance dans laquelle ils baignent dès le plus jeune âge et où les discussions entre adultes jouent un rôle pédagogique aussi important que l'apprentissage technique proprement dit.

Comme le souligne Besche-Commenge, nourrir est un terme des éleveurs : *"nous n'avons pas inventé cette métaphore de la nourriture : le berger de Montaillou l'emploie en 1310 comme, en 1973, celui de Sentenac d'Oust, et il remarquable de constater qu'à la permanence des pratiques et du découpage conceptuel correspond ainsi une permanence des images et du discours (21)."*

En effet, l'enfant est accueilli dans un bain de paroles, dès la naissance, qui vont véhiculer des taxinomies, une manière de définir, à partir de la pratique, le monde des objets techniques, des gestes, postures, des comportements techniques et sociaux, l'espace, le temps. C'est dans cette parole qui ne le quitte pas que l'enfant va construire, catégoriser l'univers technique et social qui l'entoure. Comme le souligne Besche-Commenge, les taxinomies, la langue de métier (22) bien souvent sont pour l'enfant rural

(21) Besche-Commenge (B.), opus cité

(22) "Le sens du lexique ovin de Sentenac d'Oust ne peut être appréhendé qu'en se déplaçant du point de vue de "l'intelligence du milieu", de l'usage que l'on fait de la chose, c'est-à-dire par rapport aux besoins, à la culture, à la vie des éleveurs de Sentenac d'Oust". B. Besche-Commenge, opus cité.

l'outil de construction du monde le plus important. Les apprentissages gestuels du métier sont immergés dans ce bain de langue de métier. L'empreinte de la technique (23) se constitue à la fois par la parole qui entoure l'enfant et par l'incorporation de manières de faire.

Le vocabulaire technique du métier imprègne même le vocabulaire érotique chez les éleveurs de Casabède.

La métaphore alimentaire du nourrissage souligne l'importance de la première enfance, comme temps charnière de l'intériorisation, l'appropriation d'un vocabulaire de mots, de gestes, de postures, d'un outillage physique, mental, et d'une culture précise concernant l'activité technique, en particulier. Certains éleveurs moutonniers ne s'y trompent pas et confient à l'enfant un animal pour qu'il s'en occupe dès l'âge tendre.

L'apprentissage de la relation à la bête se produit pendant la période où l'enfant développe la conscience affective (24) de lui-même. Il apprend dans un mouvement dialectique à ressentir, reconnaître son corps, ses mouvements, sa force, ses plaisirs, ses désirs, ses angoisses, son être, en même temps qu'il développe une reconnaissance affective des mouvements, des plaisirs, des douleurs de la bête.

J'ai travaillé dans les pâturages d'été à La Pierre Saint-Martin avec des éleveurs de quinze ans qui avaient à leur charge, des troupeaux importants (600 bêtes) et la fabrication du fromage.

1. Un processus continu, non un apprentissage initiatique

Ce processus de "nourrissage" de l'enfant n'est pas réglé comme dans l'apprentissage initiatique par des rituels stricts (25), incluant des étapes d'isolement, de souffrance prodiguée par le groupe sur le futur initié, ni par des maîtres connus d'avance. C'est un processus graduel : la seule grande rupture dans l'élevage est l'accès à la garde en montagne qui est un sevrage, un désencordage de la mère et de la maison, un rite de passage. Nous avions repris en 1970, à notre compte, la thèse de Simondon sur le

(23) Perriault (J.), "La machine à vapeur", dans *L'empreinte de la technique*, revue *Culture technique*, Cahier spécial ethnotechnologie, n°2, fév. 81. "Le terme d'empreinte de la technique désigne la façon dont la technique et l'usage d'une technologie façonnent en retour ceux qui les pratiquent."

(24) Alquié (F.), *La conscience affective*, Vrin, 1979. "Il est pourtant une conscience qui semble étrangère à tout concept, à tout langage formulé, paraît aussi incapable de se distinguer de son objet que de se distinguer de soi, c'est la conscience qu'à chaque instant nous prenons de nous-mêmes, se saisissant comme tel, le sujet découvre en lui bien des réalités qui ne peuvent donner lieu à aucune énonciation objective."

(25) Besche-Commenge (B.), opus cité.

savoir initiatique avec les animaux et la matière, vingt ans après nous l'infirmons.

""Nutritus", ce mot indique à la fois, quant aux souvenirs de celui qui l'emploie, les concepts d'alimentation et d'éducation. D'ailleurs ne disait-on pas à Sentenac d'Oust, en parlant des adolescents qui montaient pour la première fois montagner dans les cabanes d'estive : "que" u hén vénguer ena despopà'u - "despopar" qui, au sens propre signifie "enlever un enfant au sein de sa mère", le "sevrer" c'est-à-dire ici, lui donner maintenant une éducation adulte. Et la première saison de montagne était en quelque sorte un rite de passage au monde adulte de la responsabilité (26)."

L'importance accordée à l'enfance et le rôle du discours des anciens dans la genèse de la vocation du berger et dans l'acquisition du savoir nécessaire, apparaissent même dans les textes juridiques.

Nous avons développé dans le chapitre du travail avec l'animal, les conditions d'initiation chez les Peuls, société d'éleveurs.

Nous avons actuellement peu de documentation sur la vie quotidienne des petits enfants, en âge préscolaire en milieu rural. Les travaux de Françoise Loux (27) sur le corps du jeune enfant, relèvent de documents historiques, comme les travaux de Jacques Gélis, M. Laget et M.-F. Morel (28).

Le travail de Joëlle Stefani-Perrousseaux (29) nous donne des informations précises sur les habitudes alimentaires, les activités, les cycles de sommeil des enfants en âge préscolaire, ainsi que des attitudes des parents et grands-parent vis-à-vis du jeune enfant.

Les enfants, bien qu'ils parlent plus ou moins l'occitan, le provençal, le gascon, sont en contact avec ces langues, d'abord dans leurs relations aux grands-parents qui chantent des chansons dans la langue du pays. D'autre part, l'occitan, comme le souligne Patrick Martin (30), reste la langue de l'affectivité et de la culture technique.

Aussi les enfants, quand ils travaillent avec les parents et nomment l'activité technique ou manipulent avec les adultes l'outillage non mécanique, qui reste très important dans certaines

(26) Diouldé Laya, opus cité.

(27) Loux (F.), *Le jeune enfant et son corps dans la médecine traditionnelle - la tradition et le quotidien*, déjà cité.

(28) Gelis (J.), Laget (M.), Morel (M.-F.), *Entrer dans la vie (naissances et enfances dans la France traditionnelle)*, collec. Archives/Julliard, 1978.

(29) Stefani-Perrousseaux (J.), *Les habitudes alimentaires et sanitaires dans une région rurale française*, déjà cité.

(30) Martin (P.), *Etude sociolinguistique de trois cas de diglossie*, mémoire de maîtrise, université Paul Valéry/Montpellier III, 1971.

productions comme le maraîchage en Provence (31), utilisent des termes provençaux. Mais ils baignent également dans les langues locales lorsqu'ils sont interpellés par des termes de tendresse ou de colère par les parents et grands-parents comme le souligne Arlindo Stefani.

"L'occitan couvrait le territoire affectif et discontinu de la ferme, et du village, de la cuisine, des veillées, du commérage, de l'éducation des enfants, des repas, des rencontres parentales, de randonnées de chasse, des foires, des fêtes et des deuils familiaux, des prières et des jurons, des insultes et des flatteries envers les animaux. Il couvre sur le territoire du village, le terrain du jeu de boules (32)."

Enfin, comme le remarque Arlindo Stefani, l'univers des jurons, univers de la colère, de la révolte, de la moquerie est un univers de la langue locale.

C'est un univers qui intéresse beaucoup les enfants : ils font des concours de jurons. Les enfants sont à l'écoute de ce discours obscène : d'une part, ils l'adoptent des parents, mais également ils l'inventent et se le transmettent d'une génération à l'autre. L'univers du juron adulte, c'est aussi l'univers des enfants et les jurons ponctuent les discours des paysans.

"Toutefois, l'occitan couvrait n'importe quel territoire dans les moments de colère : c'était le droit sacré du juron. En effet, c'était l'occitan et non pas le français qui servait de réservoir aux jurons capables de mater toutes sortes de phénomènes débordant l'ordre des choses : les bestiaux rebelles, le gibier, les injustices, l'eau, le froid, la neige, le vent, la chaleur, les enfants, la femme, la famille, les touristes, les autorités, le gouvernement, les autres (32)."

Ainsi, bien que la langue du pays fasse place au français dans les jeunes générations, les enfants, à travers l'univers de la culture technique, des relations affectives et des jurons des adultes (trois univers qui les impliquent fortement), conservent un contact avec la langue du lieu.

L'apprentissage du travail avec le vivant comme jeu

Cette empreinte des savoirs et savoir-faire avec le vivant végétal ou animal, va se former à travers une activité de jeu : l'enfant se familiarise, tout petit, dès qu'il se débrouille tout seul, avec l'intimité des bêtes ou du jardin, de la terre et de l'eau. Par exemple, la rela-

(31) Beltrame (G.), Higelé (P.) et Salmona (M.), *Jardins, maraîchers, maraîchage sur le littoral est et ouest varois*, déjà cité.
(32) Stefani (A.), opus cité.

tion étroite précoce avec les animaux met en place des capacités de dialogue avec la bête : l'éviter, la conduire, l'approcher, reconnaître sa force, son poids, ses volumes... Elle met en place également des capacités de soin de la bête : la nourrir, lui donner à boire, l'abriter. La familiarité avec la bête va développer des capacités de communication et d'action avec elle : l'enfant va être placé dans un système d'interaction d'êtres humains et de bêtes, et apprendre à dialoguer, négocier avec eux et "traiter les bêtes comme des êtres humains".

Puis le jeu va devenir travail, prise en charge, responsabilisation. Par le jeu, il y a déjà apprentissage de la responsabilité qui est une composante importante du travail de pansage, de soin. La pratique des activités de soin et de la responsabilisation commence très tôt et se transforme en activité de travail vers huit-dix ans.

"Tu trouvais des types de quatorze et quinze ans qui étaient aussi responsables que des types de quarante ans. Moi, j'ai un fils, à huit ans il a pris toutes les brebis de Sentenac et il les a amené ici, à Casabède, à huit ans ! Mais il peut y venir, il est capable de... Seulement, il m'a vu faire, je l'y ai fait tester, il est capable de faire quelque chose (33) (34)."

C — TRANSMISSION DE SAVOIRS, APPRENTISSAGES ET IDENTIFICATION — SYSTÈMES COMPLEXES ET SOUPLES DE MODÈLES D'IDENTIFICATION

Contrairement à la situation d'apprentissage initiatique, où l'enfant n'a pas le choix du maître et de l'identification, dans le processus d'apprentissage des enfants ruraux, les modèles d'identification sont multiples (35). S'il y a contre-identification avec le père, c'est avec un grand frère, un voisin, un grand-père ou une grand-mère, un oncle (que l'on aime beaucoup), que l'identification se produira et que les savoirs et savoir-faire se transmettront dans la petite enfance. Lorsque l'on demande à un maraîcher ou un moutonnier "de qui il a pris le goût", qui lui a donné, légué la technique et le désir de faire ce type de production et le travail qui lui est lié, on est renvoyé à un système complexe de modèles possibles et réalisés d'identification qui recouvrent les deux sexes, traversent les générations de la famille, englobant les

(33) Besche-Commenge (B.), opus cité.
(34) Voir pages 328, 330 et 332 les dessins des enfants du plateau de Colombier.
(35) Salmona (M.) et Devries (H.), *Un homme au travail*, déjà cité.

Dessins des enfants du plateau
de Colombier en Ardèche

voisins, comme des individus de familles éloignées chez lesquelles l'enfant a séjourné ou a travaillé.

Les travaux sur les éleveurs du Capcir montrent la même plasticité dans les mécanismes de transmission, qui se font par des apprentissages extra-parentaux, *"en dehors de l'écheveau des relations générées par l'unité domestique (36)."*

1. De l'amour, du désir pour apprendre/reproduire/choisir

C'est par le récit des relations privilégiées de l'enfant au sein du microgroupe local et du groupe familial que l'on peut comprendre pourquoi et comment il a acquis ou refusé des savoirs et savoir-faire, développé ou non des goûts et des projets pour certains types de productions animales ou végétales, construit ses orientations actuelles et ses choix ; c'est l'histoire de ses attachements et de ses rejets qui éclaire l'apprentissage. C'est en effet à travers des rapports privilégiés avec tel ou tel membre de la famille qu'il va désirer assimiler et reproduire, dans un mécanisme d'identification. C'est par lui qu'il va développer en partie son outillage physique, mental.

La culture de l'ouïe, l'odorat, le toucher et la culture du corps, de la relation à l'espace, se développent dans la famille et le microgroupe. Elles seront par la suite déterminantes dans l'activité technique. C'est la personne à qui l'enfant s'identifie qu'il imitera, de manière caricaturale parfois (37).

C'est dans la pensée technique du groupe que l'enfant va puiser les taxinomies indispensables : les systèmes de nomination, de caractérisation de l'objet technique, élaborés, transmis et remaniés par chaque génération et directement liés aux caractéristiques locales, comme on l'a vu pour les mots de la terre, dans le maraîchage de la côte varoise. Ces systèmes de nomination très sophistiqués et opératoires, qui collent à la diversité du territoire local et à sa spécialité, ainsi qu'à la spécificité des productions, du travail et des formes de contrôle de l'action (par le corps) n'ont pas d'équivalent dans les classifications scientifiques : les mots aussi seront mieux assimilés selon la relation que l'on entretient avec celui qui les prononce. L'enfant va également acquérir plus facilement les expressions, les images, les métaphores qui guident l'action technique et le matériel symbolique véhiculé par la personne à qui il s'identifie.

(36) Assier-Andrieu (L.), *Coutumes et rapports sociaux - études anthropologique des communautés paysannes du Capcir*, déjà cité.
(37) Salmona (M.), "Vulgarisation scientifique en agriculture - apprentissages précoces, imaginaire et technique", déjà cité.

Dessins des enfants du plateau
de Colombier en Ardèche

2. Les espaces/temps d'apprentissage

Les apprentissages se font d'autant plus tôt et facilement que des situations affectivement impliquantes se présentent.

Quand le père tombe malade, il faut dans l'instant le remplacer, apprendre à conduire les bêtes, à faire toute la traite avec la mère, à assumer des tâches dangereuses ou difficiles, que l'on réserve à l'adulte. Dans l'angoisse liée à la responsabilisation et à l'urgence de cet apprentissage, l'enfant assume la tâche et la domine rapidement. Il s'en souvient adulte, et évoque la peur, l'importance de l'effort fourni et le poids des responsabilités qu'il devait “porter”.

Les adolescents moutonniers (38) du centre de formation en alternance de Bichteider, en pays de Soule, évoquent les moments et les lieux privilégiés où, tout jeunes, avec le grand-père, l'oncle, le grand cousin, aimés et admirés, ils ont appris dans une ambiance fraternelle, affectueuse, de jeu, à gérer le troupeau, lors de la montée aux pâturages d'été à La Pierre Saint-Martin, et à vivre dans le cayolar (cabane de berger). Dans une relation non autoritaire et en fonction de leur bon vouloir, leur intérêt, leur rythme, leur choix (à la différence des relations familiales où souvent le travail est imposé et “pressé”), ils ont appris à soigner, surveiller, traire les brebis, très vite, hors du lieu clos de la maison et de l'exploitation, loin du regard paternel, de l'obligation de tout accepter.

Enfin, dans certains récits d'apprentissage d'hommes ou de femmes qui ont eu des relations privilégiées avec leur père ou leur grand-père, ou le voisin, le nourrissage technique de l'enfant par le père ou le grand-père a été une niche pour le petit enfant, niche dans laquelle il a structuré sa passion de la culture technique qu'on lui léguait : le discours des apprentissages est un discours d'amour pour le père mais aussi pour l'ensemble des objets, de l'espace, de la scène et de ses accessoires où s'est construite cette passion. Elle n'en finit pas de se dire à travers ce que l'enfant, devenu adulte, réalise “au nom du père”. Son récit d'apprentissage est émerveillement pour le paysage du père dans lequel il a trouvé source d'étonnements, de désirs, de plaisirs intenses, de sécurité profonde dans ce micromonde dont on lui donnait les clefs.

Ces espaces et moments d'apprentissage dans une relation privilégiée, peuvent avoir lieu sur l'exploitation du père ou sur

(38) Salmona (M.), “Autonomie et techniques en agriculture, l'épopée familiale, les modèles d'identification dans la transmission et la création de systèmes techniques autonomes — le ménage ; échange et réciprocité”, actes du colloque “Autonomie sociale aujourd'hui”, CEPS, CREA, Ecole polytechnique de Paris, Saint-Hugues-de-Biviers, nov. 1983.

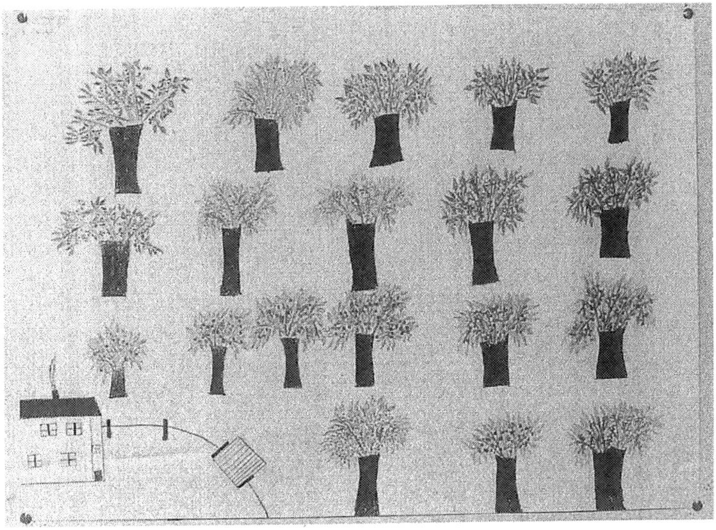

Dessins des enfants du plateau
de Colombier en Ardèche

l'exploitation du grand-père, du voisin. Ils peuvent avoir lieu temporairement, pendant l'absence d'un membre de la famille qui bloquait la communication entre l'enfant et l'adulte (la mère, la grande-mère). Aussi, dans une anamnèse des transmissions de la culture technique, est-il nécessaire d'évoquer les espace parentaux de la famille élargie, du voisinage sur lesquels l'enfant a pu, d'une manière régulière ou occasionnelle, assimiler, se nourrir d'une culture technique qui est devenue plus tard terrain de recherche, d'invention, de plaisirs d'épanouissement.

3. Les fils : l'identification, les contres-identifications et les choix de production

Nous avons développé ailleurs (39) comment ces apprentissages sont marqués par l'intensité et la qualité des relations au père (et à la mère, aux parents, ainsi qu'au voisinage). Les garçons apprendront ou rejetteront avec d'autant plus de facilité certains gestes et certains savoirs concernant telle ou telle production, selon la tonalité de cette relation au père. Adultes, ils l'évoquent surtout dans le cas où ils ont eu de mauvais rapports avec le père.

Ils rejettent, enfants ou adolescents, certaines pratiques et productions pour s'opposer au père et revivent cette contre-identification avec beaucoup d'émotion et de violence quand, adultes, ils analysent leurs choix dans leurs orientations et leurs goûts, les facteurs qui ont déterminé ces goûts et ces choix de production. Il est à noter que les motivations pour le choix d'un animal sont liées souvent, comme nous l'avons vu, au désir de s'émanciper du père ou de la mère, ou de l'autorité auprès de laquelle on vit, et d'acquérir ainsi un bien propre, un espace psychique. Le fondement de cette motivation, de ce "goût" est souvent lié au désir de choisir un autre animal que celui aimé par l'autorité qui, elle, a élevé un autre animal. A travers le choix de l'espèce, on exprime son opposition à l'animal choisi par l'autorité et donc à l'autorité elle-même dont on dépend. Aussi cet apprentissage se développe contre la volonté et le goût de l'autorité à qui on est lié, souvent le père.

"J'ai fait du mouton, car cela ne plaisait pas au père, il n'aimait que la vache, il ne voulait pas, ça été dur."

"Il n'aimait que les chevaux, et moi j'ai fait des céréales, je n'aimais pas ce qu'il faisait, je voulais faire autre chose, pas de l'élevage, quelque chose de différent de lui."

(39) "La filiation : continuité et rupture", Institut de l'enfance et de la famille, séminaire de l'IDEF, Vaucresson, 26, 27 et 28 juin 1985.

Le désir de répondre aux exigences d'un parent et de retrouver le prestige qu'il a lui-même, motivent également l'enfant pour une espèce particulière. Ces jeunes éleveurs choisissent une espèce pour répondre à l'exigence d'un des membres de la famille, imiter un modèle, souvent le modèle du père.

De nombreux éleveurs d'élite insistent sur le rôle joué par un oncle, un grand-père qui était lui-même producteur de bêtes et pour qui ils avaient grand attachement et estime, et qu'ils ont imité, refusant les apprentissages et les animaux du père. Ils ont choisi les animaux des modèles d'identification.

Parfois le fils s'est identifié à la mère, vachère ou moutonnière d'élite, connue dans toute la région et plus prestigieuse que le père, dont les activités "ne rendaient pas". Le fils devient lui-même éleveur d'élite. Ce phénomène est particulièrement visible dans l'élevage où certaines éleveuses ont acquis, à travers leur qualification, une liberté d'action et une réputation qui marquent la mémoire collective. Ce phénomène d'autonomisation des femmes est moins marqué pour les générations des mères et grand-mères dont les hommes adultes parlent dans le maraîchage. Il devait exister, mais il était moins visible que l'autonomie et la qualification des moutonnières qui déambulaient dans l'espace villageois. Parfois, l'identification est assez problématique lorsque c'est la mère qui a été une bonne éleveuse, car elle a modulé la vie familiale selon ses rythmes de vie et son autorité, souvent mal supportée par les hommes et les enfants.

Aussi, le désir de ressembler, en prestige et en capacité, à la mère, entre-t-il en conflit chez l'éleveur avec le désir d'avoir, pour ses propres enfants, une mère plus présente et une femme qui ne soit pas une rivale professionnelle : il choisit de devenir professionnellement comme sa mère, mais en même temps définit à sa femme un rôle qui est celui que sa propre mère n'a pas rempli. Souvent alors, il l'exclut de la production.

Dans les jardins, dès "l'âge où on tripote la terre", l'enfant s'est détourné du père et de sa pratique, pour apprendre d'un voisin à "travailler avec l'eau, le jardin".

"J'aimais l'eau, je faisais des petits puits et traçais des raies, je faisais comme le voisin. Mon père, lui, ne pensait qu'à la vigne, et moi je voulais faire le jardin."

Il a abandonné la vigne et entraîné son frère dans cette conversion par rapport à la culture du père. Une autre jeune maraîcher ne désire qu'abandonner le jardin de son père et reprendre, comme son grand ami d'enfance plus âgé que lui, une exploitation de vigne et de moutons surtout ; le jardin le rend malade, il a un ulcère d'estomac et se dégrade. Ainsi, les choix de production que fait un adulte, le choix d'un animal plutôt que d'un autre, d'une espèce végétale particulière, sont-ils étroitement dépendants dans certaines familles des rejets, des attachements, des identifications et contre-identifications qui se sont développés dans le groupe familial et de voisinage. Les identifications et les contre-identifications vécues dans l'enfance, déterminent elles aussi partiellement une logique de la production de l'adulte, au-delà même des choix de production.

Comme F. Hurstel l'a souligné, les modèles d'identification au milieu ouvrier sont multiples et recouvrent la parentèle et le voisinage. Ce sont les même mécanismes d'identification qui fonctionnent en milieu agricole ; l'enfant a des alternatives de modèles d'identification (40) (41).

4. Les filles *agriculteurs à part entière* et l'identification au père : *la fille qui vous suit partout*

Pour les filles, la contre-identification à la mère se résout par un départ de l'agriculture après une scolarisation longue ; elle refuse les conditions de travail difficiles, les rôles techniques dévolus aux femmes, l'inexistence d'un statut juridique de travailleur, la condition de travailleur "bouche-trou" sans responsabilité réelle.

Parfois la fille s'identifie au père, ou au grand-père et adulte, prend la succession de la culture et de l'exploitation. Le phénomène d'identification est particulièrement clair en ce qui concerne les filles qui deviennent éleveuses ou maraîchères à part entière, et gèrent seules avec une très grande habileté et compétence leur troupeau ou leur "jardin" et ne restent pas confinées dans des rôles techniques féminins conventionnels. Elles sont, dans la plupart des cas, des filles aînées que le père a considérées comme des fils, futurs successeurs, ou des filles uniques, ou des filles pour lesquelles le rapport affectif au père a été particulièrement important. Il leur a légué, en les faisant totalement partager très jeunes ses travaux, la culture technique

(40) Hurstel (F.), "Paternité et déracinement culturel : qu'est-ce qui fonde la paternité ?", *Bulletin de Psychologie*, 1977-78, et "L'identité de père en milieu ouvrier (le cas des ouvriers de Peugeot-Montbéliard)", dans la revue *La pensée*, 1983.
(41) Des cas assez exemplaires se manifestent dans les histoires de vie de la recherche sur les qualifications dans le travail agricole subventionnée par l'APCA, en 1977.

qu'il possédait et fait aimer cette culture avec passion et aspirer à un statut de travailleur à part entière.

"Je voulais en reprenant le jardin avoir une vie à la fois d'homme et de femme, j'aime tout faire dans le jardin : planter, désherber, préparer la terre, parce que le père le faisait. Je vais aussi vite que les ouvriers dans le travail... C'est lui qui m'a appris les dates de plantation, les maladies, la façon de mener chaque culture. Toute petite, il m'expliquait tout cela et me montrait ce qu'il faisait." Ce phénomène est très marqué en ce qui concerne les éleveuses qui "ont fait comme le père", éleveur souvent connu pour ses performances dans la région.

5. Effacement des blessures de l'enfance et retour aux choix de production, de commercialisation et d'orientation du père

Avec le temps et l'atténuation des conflits avec le père, l'indépendance prise par rapport à lui, la distance par rapport à l'enfance, l'intérêt pour certaines productions rejetées alors, revient et l'on se donne vers 40-50 ans "la permission de faire comme le père". Ce phénomène est assez courant dans les histoires de vie économique et technique des agriculteurs adultes ; ils racontent comment, au moment de leur installation, de leur prise de pouvoir dans l'exploitation du père, ils ont tout remis en question, changé les productions, les modes de commercialisation. Cela les a amenés à créer des structures coopératives, prendre des responsabilités dans des organisations économiques ou techniques. Puis, avec le vieillissement, ils retrouvent le goût pour les goûts du père, ils retrouvent les productions du père et ses modes de commercialisation (42). La période de contre-identification les a amené à une créativité sociale et économique.

Ce phénomène apparaît clairement quand on pratique, plutôt que l'entretien non directif ou semi-directif sur le travail, une histoire de vie économique et technique qui entraîne à l'anamnèse des identifications, des conflits de l'enfance et des mécanismes de transmission des techniques, des goûts, des désirs.

(42) Barel (Y.), *L'autonomie sociale aujourd'hui*, déjà cité.

6. Epopée familiale et systèmes techniques : dérapages dans les modèles d'identification et autonomisation des systèmes techniques. Dépendance partielle de la logique techno-économique à la logique de l'épopée familiale

Lorsque l'on analyse, avec les conseillers agricoles et les petits paysans, le système de production mis au point par ces derniers, certains systèmes originaux "effarouchent" les conseillers agricoles, car ils sont éloignés des systèmes de production véhiculés par la technostructure, et des systèmes transmis par la tradition locale ; on peut dire que ces paysans, comme les modèles techniques qu'ils "pensent" et réalisent, sont autonomes au sens où Barel (43) définit l'autonomisation. Ces hommes *"disposent de la capacité de modifier les effets des perturbations ou des injonctions en provenance de leur environnement"*.

La longue durée de l'histoire de famille et de projet parental (44)

Pour comprendre avec plus de précision la genèse de ces systèmes techniques et la mécanique consciente et inconsciente, matérielle et sociale, qui a engendré ces modèles et modulé la transmission des savoir-faire techniques, nous avons vu qu'il est important d'explorer à partir de quelles identifications se sont réalisés les apprentissages précoces de l'adulte. Cette exploration nous éclaire sur les goûts, les choix de productions (animal ou/et végétal), la logique de l'organisation sexuelle du travail dans le collectif du travail-famille. Mais un certain nombre de comportements et de réalisations techniques, économiques et sociaux de la génération dont on étudie l'exploitation, ne prend sens que si l'on réintègre ces conduites dans la logique de longue durée de l'histoire de la famille.

L'analyse des relations au père et à la mère, des attachements privilégiés à l'un ou l'autre, ne suffisent pas pour comprendre l'émergence de ces systèmes techniques autonomes chez les agriculteurs. Il est nécessaire de retrouver les mécanismes microsociaux qui, au cours d'une histoire portant sur trois générations, entraînent certains agriculteurs à créer des systèmes de production autonomes. La genèse de ces réactions est éclairée par ce que je nomme l'épopée familiale, plutôt que l'histoire de la famille (45), car elle s'inscrit dans

(43) Colloque CEPS/CREA/Ecole polytechnique de Paris, 1983, déjà cité.
(44) (45) Gaulejac (V. de), "Le projet parental" et "Du roman familial aux histoires de famille", dans *Que faire des histoires de famille ?*, revue *Le groupe familial*, n°96, juil.-sept. 1982.

les espaces, le bâti, la matière, les bêtes, comme dans l'univers des westerns (46) et le projet parental (47).

L'identification ne peut se faire comme prévu si le père est absent. Parfois un membre du couple, père ou mère, constituant l'équipe de travail, a "manqué", était absent : il était absent physiquement (il est à la guerre) ou il était inquiétant, menaçant. Alors, il y a chez l'enfant un dérapage dans les modèles d'identification, qui induit des originalités dans le processus de transmission des savoirs et savoir-faire techniques, dans la manière d'actualiser les rôles techniques et économiques. Ces phénomènes conjugués entraînent, chez l'adulte, la nécessité, en partie inconsciente, de mettre au point des réalisations techno-économiques liées à la logique de l'épopée familiale (48) et à l'originalité de l'identification et du projet parental porté par cette identification. Pour ces adultes, ne les satisfont ni les solutions locales héritées de la tradition, ni les nouvelles solutions "passe-partout", véhiculées par les conseillers agricoles de l'encadrement et de "la société scientifique".

La compréhension fine et dynamique des systèmes techniques à un moment précis de l'histoire d'une famille de paysans, renvoie à l'analyse des péripéties de l'épopée familiale. Elle nécessite, comme pour la compréhension de l'ensemble des systèmes techniques et des mobiles, des décisions, des goûts, des choix, l'analyse de l'histoire, sur trois générations, du microgroupe-famille, et de ses rapports sociaux à l'environnement local, des projets d'ascension sociale, portés par cette famille vis-à-vis de la société locale.

(46) Dans le western à épisodes *Le Virginien* nous rencontrons des familles et des épopées familiales où sont analysées très finement les conséquences des dérapages d'identification sur les acteurs et réalisations techniques et économiques "étranges". On y évoque en particulier le cas de la mort de la mère et l'identification de la fille au père, la mort du père et l'identification de la petite fille au grand-père. Le rejet par le fils, des modèles techniques d'un père menaçant et l'identification à un copain attaché à d'autres valeurs.
(47) "Le projet parental est à la fois l'expression des désirs conscients et inconscients des géniteurs sur la progéniture, mais également un projet social porteur des aspirations du milieu familial et culturel. Aspirations conditionnées par le contexte social qui favorise ou empêche leur réalisation, la genèse du projet parental se trouve donc dans la généalogie en tant qu'il est l'expression des générations précédentes, du groupe familial dont les parents sont issus", V. de Gaulejac, déjà cité.
(48) Nous appelons "épopée familiale", l'histoire de famille qui raconte "ce qui s'est passé", les origines, les différentes composantes de l'héritage, la trame événementielle qui permet de se rendre compte de la structure socio-mentale familiale. Elles arrangent ce qui s'est passé dans la mesure où ce sont des histoires, c'est-à-dire des choses dont on sait qu'elles ne sont pas exactes, qu'elles sont inventées, que c'est une réalité travestie qui est présentée", V. de Gaulejac, déjà cité.

7. Epopée familiale, projets parentaux - mécanismes d'identification et formation à la technique et à la décision

Un certain nombre de courants de pensée concernant les théories de la décision influencent, même déterminent, les bases théoriques et les pratiques d'une pédagogie de la technique et de l'économie dans les différentes institutions de formation de l'agriculture. Pour améliorer les connaissances, les pratiques et les décisions des agriculteurs concernant l'activité technique, par la formation, un discours sur la rationalité et la liberté des décisions ou/et un autre sur les déterminismes économiques et sociaux cohabitent. Ce qui intrigue dans ces analyses que les experts font des processus de décision, c'est que l'on n'ait pas, d'une part, remis en question en partie linéarité, rationalité et liberté de la décision et que l'on continue, d'autre part, à évacuer deux dimensions qui conditionnent les décisions des agriculteurs : les apprentissages de l'agriculteur, l'histoire des apprentissages du travailleur dans sa famille et son groupe, les identifications qui ont façonné et motivé ses apprentissages, l'épopée familiale et les projets parentaux.

En effet, la logique socio-affective liée à la généalogie enveloppe, imprègne et dépasse la logique d'une génération et la logique techno-économique véhiculée par la techno-structure.

L'inventivité, l'autonomie des hommes, des systèmes techniques, naissent parfois des dérapages dans l'identification des "vides" et des "pleins", dans la généalogie et dans le groupe familial, de l'originalité de certaines histoires de famille et de l'imprévu de certaines identifications.

D — LES MOTS, LES THÉORIES IMPLICITES DE LA TRANSMISSION ET DES QUALIFICATIONS : *FAITÉ, PÉDA, GAUBI, BIAI*

En français, lorsque l'on évoque avec des agriculteurs les qualités, les savoirs et savoir-faire, les mécanismes et canaux qui éclairent l'acquisition de ces qualités par l'éleveur ou le maraîcher, les agriculteurs réfèrent au goût (*"il avait tout petit le goût pour les bêtes"*), au nourrissage culturel (*"son père lui a tout appris"*), lié à la transmission familiale d'une culture technique (*"dans la famille on s'y connaît dans le maraîchage"*), ou bien réfèrent au courage (*"c'est un homme courageux"*). Enfin on parle de la formation instituée (*"il a beaucoup étudié"*), mais valorisent aussi le voyage comme mode d'apprentissage (*"on a beaucoup visité, regardé, comparé"*).

Le "goût" semble renvoyer à de l'inné, quelque prédisposition existant avant de naître.

Le "courage" renvoie à la capacité de travail que l'on peut fournir, à l'acharnement à la tâche et à l'effort permanent de maîtrise de la culture technique, donc à de l'acquis.

La référence au père, au bain culturel, à la famille, envoient à des qualité innées et acquises, celles transmises "biologiquement" et celles liées à la nourriture culturelle qui a baigné l'enfant, dès la naissance, et a fait de la famille un lieu d'éducation et d'apprentissage privilégié.

Pour décrire les mécanismes de la transmission des savoirs et les savoir-faire qui vont constituer les composants de la qualification de l'adulte, les provençaux utilisent quatre termes : le *gaubi*, le *faité*, le *péda* et le *biai* (49). Ces termes sont inégalement utilisés. Le *faité* est surtout utilisé pour parler des qualifications obscures de l'éleveur et du chasseur, le *péda* pour les savoir-faire du maraîcher, le *gaubi* pour les deux types de cultures animalières et des végétaux. Ces trois termes nous apportent un éclairage sur les formes et contenus de la transmission et les conditions de possibilités d'apprentissage. Ils conceptualisent les différentes facettes des mécanismes et des contenus de la transmission et de l'acquisition des savoirs et savoir-faire. Ils dénomment :

— le caractère social, accessible à tous et "automatique", de la transmission et de l'acquisition de certains savoirs et savoir-faire ;

— le caractère obscur, individuel et contingent de la transmission et de l'acquisition de savoirs particulier ;

— la complexité, l'hétérogénéité des qualités qui constituent les qualifications dans le travail avec le vivant, animal et végétal ;

— les facteurs limitants de l'acquisition de certains savoirs après la naissance, liés à des "manques" dans l'affectivité ou le nourrissage culturel de l'enfant ;

— l'importance de l'identification, du désir d'apprendre.

(49) Mistral (F.), *Dictionnaire provençal-français*, déjà cité.

1. Le *faité* : une conception démiurgique, pessimiste, tragique de la qualification et de la transmission.

En effet, le terme souligne les caractères "contingents" de ces phénomènes.

Ce terme réfère aux fées qui étaient autour du berceau, ou qui n'y étaient pas, donc à un don octroyé par des instances mal connues, surnaturelles et capricieuses.

Il induit aussi l'idée que ce don est imprévisible, contingent et qu'il tombe sur le nouveau-né sans que l'on sache ni pourquoi ni comment. Il fonctionne en "tout ou rien".

Ce destin, *fatum*, qui vous tombe dessus, "sort que l'on vous jette", renvoie également à une conception tragique/ pessimiste de la qualification, donnée que l'on ne pourra acquérir, rattraper si elle est absente au départ de la vie, si elle ne vous est pas octroyée. Ni l'héritage culturel, ni l'apprentissage obstiné ne changeront la situation de l'enfant, ne le feront accéder à cet état de "grâce" qui lui est donné d'un "ailleurs". On ne peut le provoquer.

Enfin, cet enfant qui a été charmé, qui a reçu le don, peut donner, charmer à son tour. Comme dirait Didier Anzieu (50), il a reçu, on lui a donné, il peut alors à son tour exercer ce don ; on est très près des théories de l'attachement. Seuls ces enfants qui ont eu ce don sont en situation à leur tour de charmer, d'ensorceler, de donner.

Une conception tragique, contingente, pessimiste de la transmission et de la qualification

Ce terme renvoie à des mécanismes obscurs de transmission et d'acquisition de savoirs et savoir-faire, à des contenus également obscurs des qualités, des qualifications, de "dons" comme on dit en français. Ils ne révèlent pas de l'apprentissage. Ils existent déjà à la naissance, on parle de dons artistiques pour les musiciens, les danseurs, de dons culinaires, de dons pour l'élevage des enfants, c'est-à-dire dans un domaine culturel qui privilégie l'ouïe, l'odorat, le toucher et le corps tout entier et un domaine de savoirs qui n'est pas complètement recouvert par l'algorythmisation, la *mimèsis* ; il y reste une part d'inconnu, de mystère, de corps et d'affects. Il y a dans cette notion de don en français, la même conception tragique, contingente et pessimiste de la transmission de la qualification. Ce n'est pas un hasard si le mot provençal

(50) Anzieu (D.), *L'attachement : du plaisir à la pensée*, déjà cité.

recouvre surtout les pratiques et les savoirs de l'élevage et de la chasse où les savoirs affectifs (51) et la culture du toucher, de l'odorat, de l'ouïe dominent également.

C'est l'intelligence de la ruse aussi, la capacité d'utiliser une intelligence courbe, des stratégies et tactiques improvisées et sinueuses, alternatives, de remettre en question la mesure, le chiffre, la maîtrise, le contrôle. Il y a une part de spontanéité, d'invention dans ce don qui échappe à tout apprentissage systématique et rationnel.

Le charme enfin s'exerce par la voix. La voix est l'organe privilégié du charme, de l'enchantement. C'est par elle que l'on attire les navigateurs, que l'on domestique les animaux, que l'on élève les enfants. La voix est le véhicule du désir, de l'affectivité ; la voix calme et violente, elle a un pouvoir sur les hommes et les bêtes ; la voix lie et délie.

La part obscure de l'histoire individuelle dans la transmission et dans l'accès aux savoirs. Les privilèges affectifs dans l'acquisition des savoirs et les inégalités individuelles

Le mot *faité* évoque cette transmission "miraculeuse" et ces qualités exceptionnelles, non accessibles par un apprentissage ; ce sont des privilèges que l'on ne peut rattraper par l'éducation. Ils sont liés à l'histoire individuelle, au voyage à l'intérieur du corps de la mère (52). Il recouvre pour partie les privilèges affectifs liés à un encordage, un attachement (53) heureux à la mère, qui vont nantir l'enfant de savoir-faire avec le vivant. Il souligne les inégalités individuelles dans l'acquisition et la transmission. La sociologie du travail et de l'éducation a surtout insisté sur les privilèges ou inégalités économiques ou culturelles, mais non sur ces privilèges affectifs, pourtant très importants dans tout le domaine des apprentissages des tâches qui relèvent de l'activité de soin, univers du travail féminin, domestique ou thérapeutique.

(51) Alquié (F.), *La conscience affective*, déjà cité. "Nous avons découvert dans la conscience affective une sorte de savoir, savoir immédiat de nous-mêmes et de notre situation concrète, savoir obscur de mystère par lequel nous sommes un moi, savoir confus de nos succès, de nos échecs, savoirs évidents de nos plaisirs et de nos souffrances. Faut-il rejeter cela, s'en remettre à la seule intelligence pour déterminer ce qu'est notre contact avec le réel et ses vicissitudes."

(52) Salmona (M.), "Les peurs fantasmatiques dans le travail avec les bêtes", déjà cité.

(53) Anzieu (D), *L'attachement : du plaisir à la pensée*, déjà cité.

2. Le *péda* : la part sociale, visible, de la transmission des savoirs

Le *péda* c'est le linge, le lange souvent, la chemise du père avec l'odeur (54) du père dans lequel on enveloppe l'enfant à la naissance.

"Souvent on entoure l'enfant de la chemise que son père vient d'enlever" car comme dit Sauzé, *"il n'est pas de moyen plus efficace d'assurer à un nouveau-né force et santé, que de lui donner ce linge chaud comme première couverture, et de l'y tenir enveloppé pendant quelques heures."*

C'est l'inscription de l'enfant dans la culture du père, dans la lignée, dans le social.

L'enfant doit ainsi "acquérir les qualités du père" en s'imprégnant de ce linge non lavé. C'est aussi la reconnaissance du rôle du père dans la procréation et dans l'éducation de l'enfant. C'est la reconnaissance par le père de l'enfant, la prise en charge de l'enfant.

Le rôle primordial du père est souligné dans ce *"transfert de l'enfant qui passe de la chaleur de la mère à la chaleur du père (54)."*

Le mot *péda* souligne l'importance de l'héritage culturel dans l'acquisition des savoirs et savoir-faire et les inégalités d'accès liées aux notables différences de qualités-qualifications dans les cultures techniques possédées par les familles.

Le mot *péda*, plus que les deux autres, souligne l'importance de la famille comme lieu éducatif d'acquisition de savoirs, d'apprentissage. En effet, l'éducation non formelle est un "parent pauvre" qui, jusqu'ici dans les définitions officielles, comme le souligne Abraham Pain, est considérée comme un "résidu" de ce qui reste, une fois délimitées les autres formes d'éducation (55).

"Or, du point de vue de l'histoire de l'éducation (55) comme de celui de la vie de l'individu, l'action éducative commence bien avant l'existence de l'école comme institution sociale, et bien avant la participation de l'enfant à celle-ci... Il est aussi reconnu aujourd'hui, que les premières années de la vie de l'enfant ont une influence considérable sur ses capacités d'apprentissage, et ce sont ces années où l'influence de l'école n'existe pas ou est très faible."

Le mot de *péda* renvoie à la place primordiale de l'éducation non formelle, *"matrice parce qu'antérieure aux autres formes et parce qu'elle contient en germe une bonne partie des contenus qui seront*

(54) Loux (F.), *Le jeune enfant et son corps dans la médecine traditionnelle, la tradition et le quotidien*, déjà cité.

l'objet de l'éducation sur un mode plus formalisé (55)." La notion de matrice souligne "*les relations entre les différentes formes d'éducation formelle et informelle et mettent en valeur leur enclenchement et les rebondissements possibles de l'action de chacune de ces formes sur les autres (55)*".

Il souligne, en particulier, l'importance de l'éducation non formelle dans l'acquisition d'une culture technique professionnelle en agriculture, de la complexité et de la qualité de l'empreinte que cette éducation apporte aux adultes au cours de toute leur vie professionnelle. C'est le propos de notre travail.

Enfin, le terme de *péda* désigne l'importance des mécanismes d'identification et de désir d'apprendre dans l'acquisition du savoir. L'enfant apprend s'il aime, s'il s'attache, s'il admire. Il comprend et assimile si ces conditions sont réunies.

Ce n'est pas un récipient vide qui se remplit passivement de savoirs et savoir-faire. Il est actif dans son désir ou son non-désir, vis-à-vis des êtres qui lui apportent un savoir. Les "discours" de l'éducation formelle font souvent l'impasse, raccourci pratique, sur cette dimension de l'acquisition du savoir et de l'apprentissage de pratiques, comme ils font totalement l'impasse sur l'éducation non formelle dans le savoir agricole.

3. Le *gaubi*

Ce terme renvoie à la fois aux composantes innées et acquises de la qualification, de l'éducation individuelle et sociale. Mais il évoque aussi les procédures éducatives, les questions de l'apprentissage de son cheminement.

Une vision optimiste et instrumentale de l'éducation-formation
Les formes et les procédures d'accès d'un savoir-faire

Le terme évoque l'habileté, la maîtrise d'un savoir-faire, la manière de faire.

La maîtrise du savoir-faire, c'est l'idée de l'appropriation complète, l'incorporation d'un savoir ou savoir-faire, le stade de la maîtrise, dans le processus d'acquisition, la facilité, l'aisance à réaliser une tâche. Cela renvoie à l'idée d'adresse, d'habileté dans la manière de faire : c'est la façon dont on agit, le style de faire.

(55) Pain (A.), *Education informelle, les effets formateurs dans le quotidien*, éditions L'Harmattan, 1990.

Les degrés d'acquisition, la qualité de réalisation. Ce terme renvoie à l'idée de degré d'un savoir-faire (dans la réalisation d'un savoir-faire) ou de connaissance ; de stades dans l'acquisition de savoirs, de qualité plus ou moins grande dans la réalisation du savoir-faire, de qualification plus ou moins parfaite, perfectible ; nous sommes dans la mesure, les repères sociaux de l'acquisition et de la connaissance.

L'acquisition et son cheminement renvoient à l'idée du progrès, de possibles améliorations, d'entraînement, d'apprentissage, de méthodes dans l'acquisition et la transmission. C'est une vision optimiste et instrumentale de l'éducation, de la formation et de l'apprentissage, où l'on est centré sur les procédures, les cheminements, la mesure, la qualification comme norme sociale, sur les résultats, les effets de l'éducation. Cela renvoie aux procédures d'acquisition, à la part acquise du savoir et aux formalisations du savoir et repères de l'acquisition.

L'aptitude — la "facilité"

Mais le terme de *gaubi* évoque un tout autre registre, celui de l'aptitude, l'aisance naturelle, la facilité pour réaliser un acte. Nous sommes dans la part innée, naturelle, qui échappe aux apprentissages et à l'éducation : la grâce.

Le style du faire

Ce terme, s'il est employé pour marquer la maîtrise complète du métier, la facilité acquise, le coup de main appris et parfaitement intériorisé, l'adresse du spécialiste hautement qualifié, s'emploie aussi dans le domaine de la chasse et de l'élevage pour parler des savoir-faire où la manière de faire — le style — sont importants, où il y a la marque de la personnalité de celui qui la pratique et son secret qui n'est pas transmissible.

Les relations entre l'inné et l'acquis

Ainsi le terme provençal de *gaubi* renvoie à la fois à la complexité de la formation et de l'éducation comme processus et aux rapports entre la part de l'éducation et du terrain sur lequel se greffe cette éducation.

L'analyse des termes et des théories implicites des Provençaux nous éclaire sur une série de domaines et de problèmes de la transmission des savoirs et savoir-faire, de l'apprentissage et de l'éducation, sur lesquels les mots dans le discours scientifique sont restreints et piégés. Elle souligne l'importance de la famille et de l'éducation non formelle. Elle révèle les dimensions obscures, personnelles et contingentes de certaines qualités dans le travail agricole, en particulier d'élevage, et l'importance de privilèges affectifs, de l'attachement réussi dans l'élevage. Elle pointe également le rôle de l'identification et du désir dans la transmission et les apprentissages. Enfin, elle énonce et accepte la part irrécupérable de l'éducation, liée aux marques affectives ; elle dépasse ainsi une conception courante qui sous-tend le discours éducatif de certains pédagogues, formateurs et sociologues selon lequel *"tout est récupérable, il suffit d'y mettre le prix"*, comme le discours d'une sociologie et d'une pédagogie qui ne mettent en relief que les manques économiques et culturels dans l'accessibilité au savoir.

4. Le *biai* ou l'intelligence des actes avec la nature : la *mètis*

Le *biai* est un terme qui caractérise l'aptitude du travail avec la nature. C'est la manière, le style de faire. C'est l'aisance, l'adresse, l'habileté ; c'est "avoir les yeux au bout des doigts", c'est savoir prendre le sens des situations de travail avec la nature, la tournure. C'est respecter la direction exigée par l'objet du travail pour réussir son travail. C'est l'art de travailler avec la nature et trouver le style pour réussir son travail (56). C'est l'intelligence de la ruse, l'intelligence du travail avec ce qui résiste, l'intelligence courbe.

C'est l'art de s'adapter, d'accepter les contingences de l'objet, du réel et de "faire avec". La notion de *biai* renvoie à une conception du travail avec la nature où le travailleur ne domine pas la situation, il est le partenaire d'un jeu subtil où l'objet, l'animal, le bois, la plante, les hommes lui demandent imagination et patience.

(56) Detienne (M.) et Vernant (J.-P.), *Les ruses de l'intelligence et la mètis des Grecs*, déjà cité. Et Besche-Commenge (B.), "Mythe, mètis ou rien : les savoirs naturalistes populaires chassent d'abord les baleines", dans la revue *Production pastorale et société*, n° 18, maison des sciences de l'Homme, printemps 1986.

BIBLIOGRAPHIE GÉNÉRALE

. **Ackermann (W.)**, *L'imaginaire de l'insécurité, représentation de l'intrusion au domicile*, librairie des Méridiens, coll. « Réponses Sociologiques », 1983.

. **Alquié (F.)**, *La conscience affective*, Vrin, 1979.

. **Ambroselli (C.), Caselli (B.) et Debru (A.)**, art. «La femme et le soin, une question d'éthymologie», dans *La femme soignante*, revue *Pénélope* n° 5, automne 1981.

. **Amelot (R.)**, *Pour une diffusion et une utilisation de l'innovation technique - Résultats d'une enquête réalisée chez les éleveurs de moutons adhérant à un groupement de producteurs*, mémoire de fin d'études, Ecole supérieure d'agriculture d'Angers, 1972.

. **Anzieu (D.)**,
— *L'attachement : du plaisir à la pensé*, Delachaux et Niestlé, 1979.
— «Le moi peau», dans *Le dedans et le dehors - Nouvelle revue de Psychanalyse* n° 9, Gallimard, 1974.

. **Asarachas (S.)**, comm. «Culture et irrigation en Grèce pendant la domination ottomane», pour le colloque "*Les eaux internes*", Instituto internazionale di storia economica "Francesco Datini", Prato, du 15 au 20 avril 1983.

. **Assier-Andrieu (L.)**, *Coutumes et rapports sociaux, étude anthropologique des communautés ariégeoises paysannes du Capcir*, éd. du CNRS, 1981.

. **Bachelard (G.)**,
— *La terre et les rêveries de la volonté*, librairie José Corti, 1947.
— *La terre et les rêveries du repos*, librairie José Corti, 1948.

. **Barbance (F.)**, *La pluriactivité, étude à partir de cas lozériens*, Direction départementale de l'agriculture de Lozère, étude réalisée par la coopérative des artisans et paysans de Lozère, juin 1975.

. **Barbier (J.-M.)**, *Le quotidien et son économie*, éd. du CNRS, 1981.

. **Barbof (M.) et Carrau (N.)**, exposition *Tuer le temps, les bergers sculpteurs de l'Alentejo* (Portugal), réalisée par le Centre coopératif de recherche et de diffusion en anthropologie, maison des sciences de l'Homme, du 4 au 17 juin 1984.

. **Barel (Y.)**,
— *Recherche, écologie du travail; le rapport humain à la matière*, Université des sciences sociales de Grenoble, Institut de recherche économique et de planification, DGRST/IPEPS/CNRS, juil. 1976.
— *L'autonomie sociale aujourd'hui*, PUG, 1985, ouvrage collectif sous sa direction.

. **Barthes (R.)**, *Roland Barthes par Roland Barthes*, coll. « Ecrivains de toujours », éd. du Seuil, 1975.

. **Bastide (R.)**,
— *Le rire et les courts-circuits de la pensée*, hommage à C. Lévi-Strauss, «Echanges et Communications», tome II, Paris-La-Haye, 1970.
— *Les sciences de la folie*, Mouton-La-Haye, 1972 (introduction de R. Bastide).
— «Cause commune du pamphlet à la théorie», postface de *La boutique obscure*, G. Pérec, éd. Denoël-Gonthier, 1973.

. **Bateson (G.)**, art. «Problèmes de communication chez les cétacés», dans *Vers une écologie de l'esprit*, tome II, Seuil, 1980.

. **Baudrillard (J.)**, *Le système des objets*, coll. «Les essais», Gallimard, 1968.

. **Baulant (M.)**, art. «Groupes mobiles dans la société sédentaire, la société rurale autour de Meaux aux XVIIe et XVIIIe siècles», dans *Les marginaux et les exclus dans l'histoire, Cahiers Jussieu* n° 5, Paris VII, éd. 10/18, 1978.

. **Beaune (J.-C.)**, *Le vagabond et la machine, essai sur l'automatisme ambulatoire — Médecine et société 1880-1910*, éd. Champ Vallon, coll. «Milieux», 1983.

. **Bedoucha (G.)**, *L'eau, l'amie des puissants : une communauté oasienne du Sud tunisien*, éd. des Archives contemporaines, Paris, 1987.

. **Beltrame (G.), Higelé (P.) et Salmona (M.)**, rapport CORDES *Jardins-maraîchers-maraîchages sur le littoral est et ouest varois*, CAESAR, juin 1980.

. **Benjamin (R.)**, *Le maraîcher du littoral de la Méditerranée*, imprimerie de l'Aurel, Toulon, 1866.

. **Besche-Commenge (B.)**,
— *Les savoirs des bergers de Casabède*, université de Toulouse-Le-Mirail, travaux de l'Institut d'études méridionales (vol. I : *Textes gascons pastoraux du Haut-Sarlat*, vol. II : *Les dénominations des ovins à Sentenac d'Oust*), 1977.
— Art. « Un carnet de saillie », dans *Cahiers d'études romanes 1*, Centre de sociologie linguistique et dialectologie sociale, université de Toulouse-Le-Mirail, 1979.
— Art. «Mythe, *mètis* ou rien, les savoirs naturalistes populaires chassent d'abord les baleines», dans la revue *Production pastorale et société* n° 18, éditée par la maison des sciences de l'homme, printemps 1986.

. **Bettelheim (B.)**,
— *Les blessures symboliques*, Gallimard, 1971.
— *Psychanalyse des contes de fées*, R. Laffont, 1975.

. **Blanchemanche (P.)**, *Les bâtisseurs de paysages*, éd. de la Maison des sciences de l'Homme, Paris, 1990.

. **Bolens (L.)**, *Agronomes andalous du Moyen Age*, librairie Droz, Genève, 1981.

. Sous la direction de **A. Bouchard, D. Rapoport, B. This**, *Délivrances ou le placenta dévoilé*, *Cahiers du nouveau-né* n° 8, Stock, 1989.

. **Bouderbala (N.), Chiche (J.), Herzenni (A.), Pascon (P.)**, *La question hydraulique — Petite et moyenne hydraulique au Maroc*, Institut d'agronomie de Rabat "Hassan II", département des sciences humaines, 1984.

. **Bowlby (J.)**,
— *Attachement et perte : attachement, le fil rouge*, PUF, 1978.
— *Attachement et perte : l'attachement, séparation, angoisse et colère*, PUF, 1978.

. **Bretonnès (J.)**, art. «Problèmes psychosociologiques de la pédagogie rurale», dans *Sociologia ruralis*, janv. 1965.

. **Brisebarre (A.-M.)**, *Bergers des Cévennes : espace des hommes*, Berger-Levrault, 1978.

. **Brun (R.)**, Codron (J.-M.), Frissant (N.), Jeannequin (B.), Marie (D.), Remy (J.), rapport de recherche, *Les jardiniers du hors-sol*, INRA/ministère de l'Agriculture, Aleynia, Montpellier, Paris, août 1986.

. **Bruneton-Governatori (A.), Lévy-Luxereau (A.), Piet (C.)**, rapport de recherche, *Les jardins potagers pyrénéens, lieux de rencontre des savoirs naturalistes et de l'identité culturelle*, association "Vivre en montagne", grâce au financement du Conseil du patrimoine ethnologique, nov. 1982.

. **Carré (M.-C.)**, *La cuniculture française : quels élevages, quels éleveurs ? : des éléments de réponse*, mémoire de fin d'études, département des sciences animales, ministère de la Recherche, de l'Agriculture, action écologie et aménagement rural, Institut national agronomique, Paris-Grignon, sept. 1982.

. **Cassou (B.), Huez (D.), Mousel (M.-L.), Spitzer (C.) et Touranche (A.)**, *Les risques du travail pour ne pas perdre sa vie à la gagner*, éd. La Découverte, 1985.

. **Castoriadis (C.)**, *Les carrefours du labyrinthe*, Seuil, 1978.

. **Cazalot (G.)**,
— avec J. Laforge, *Recherche d'une méthode d'appui technico-économique aux producteurs de lait*, ITEB/INPSA, 1980.
— *Traitements de l'information et prise de décision dans les exploitations à dominante lait*, ITEB, 1983.

. **Césaire (I.) et Laurent (G.)**, *Les contes de mort et de vie aux Antilles*, traduits et édités par les auteurs, éd. Nubia, 1976.

. **Chacón Jimenez (F.)**, comm. «L'eau comme élément de relation sociale dans les communautés rurales de la Méditerranée occidentale aux XVe et XVIe siècles : quelques exemples du royaume de Murcie», pour le colloque "*Les eaux internes*", Instituto internazionale di storia economica "Francesco Datini", Prato, du 15 au 20 avril 1983.

. **Chaix (M.-C.)**, *Un savoir déplacé, théories et pratiques à l'œuvre dans la formation des agriculteurs*, thèse de doctorat, université de Vincennes, sept. 1983.

. **Chamoux (M.-N.)**, art. «La division des savoir-faire textiles entre indiens et métis dans la sierra de Puebla», actes de la table ronde «Technologie culturelle», dans la revue *Technique et culture* n° 2, juil.-déc. 1983.

. **Charles (D.)**, *Le temps de la voix*, «Corps et culture», J.-P. Delarge, 1978.

. **Clément (C.)**,
— *L'opéra ou la défaite des femmes*, Grasset, Paris, 1979
— Avec F. Coupry, *Torero d'or*, Hachette, 1981.
— *La syncope, philosophie du ravissement*, Figures/Grasset, 1990.

. **Coppet (D. de)**, art. «Jardins contre nature — Jardins de vie — Jardins de mort en Mélanésie», dans la revue *Traverses* n° 5/6, 1983.

. **Corbin (A.)**, *Les filles de noce*, Flammarion, 1982.

. **Corbin (H.)**, *L'imagination créatrice dans le soufisme d'Ibn Arabi*, Flammarion, 1958.

. **Cuvellier (J.-P.)**, comm. « L'irrigation dans la Catalogne médiévale et moderne », pour le colloque "*Les eaux internes*", Instituto internazionale di storia economica "Francesco Datini", Prato, du 15 au 20 avril 1983.

. **Darré (J.-P.), Rigal (J.-M.), Salmona (M.)**, art. «La culture des légumes et la façon d'en parler», dans *Points de vue sur la formation en agriculture, Education permanente* n° 37, 1977.

. **Dascon (F.)**, art. «L'école est-elle le seul lieu d'apprentissage du métier d'agriculteur ?», dans *Enseignements agricoles et formation des ruraux*, notes du colloque des 23, 24 et 25 fév. 1985, Agri-Nathan International.

. **David (A.)**, *La cybernétique et l'humain*, Gallimard, 1965.

. **Dejours (C.)**,
— *Travail : usure mentale*, éd. du Centurion, 1980.
— Sous sa direction et celles de C.Veil et A. Wisner, art. de C. Gadbois et P. Logeay «L'agression psychique de la mort dans le travail infirmier», publié avec le concours du CNRS, EME, 1985.

. **Descola (P.)**, *La nature domestique*, éd. de la maison des sciences de l'Homme, Paris, 1986.

. **Desfontaines (J.-P.)**, *Utilisation des parcours par les éleveurs de la Castagniccia*, groupe de recherche SEI, Castagniccia, éd. INRA, 1978.

. **Detienne (M.) et Vernant (J.-P.)**, *Les ruses de l'intelligence et la mètis chez les Grecs*, Flammarion, coll. « Champs », 1974.

. **Dieterlin (G.) et Harpate (A.)**, *Koumen, texte initiatique des pasteurs peuls*, Cahiers de l'homme, ethnologie-géographie-linguistique, Mouton, 1981.

. **Digard (J.-P.)**,
— Art. «La technologie en anthropologie - fin d'un parcours du nouveau souffle», dans la revue *L'homme*, janv./mars 1979.
— *L'homme et les animaux domestiques : anthropologie d'une passion*, coll. «Le temps des sciences», Fayard, 1990.

. **Diouldé Laya**, *La tradition peule des animaux d'attache*, thèse pour le doctorat de 3e cycle d'ethnologie, université Paris X-Nanterre, 1973.

. **Dor (R.)**, art. «Une recherche, le huchement du berger turc», dans la revue *Production pastorale et société*, n° 2, automne 1982.

. **Druhle (J.)**, *Nouvelle approche de l'habitat en domaine occitan*, communautés du Sud, tome I, 10/18, 1977.

. **Dupire (M.)**, *Peuls nomades*, Institut d'ethnologie, université de Paris, 1962.

. **Durand (G.)**,
— *L'imagination symbolique*, PUF, 1964.
— *Les structures anthropologiques de l'imaginaire*, Bordas, 1969.
— *L'âme tigrée, les pluriels de psyché*, éd. Denoël-Gonthier, coll. «Médiations», 1980.

. **Duvignaud (J.)**,
— Introduction à *La mémoire collective* de M. Halbwachs, PUF, 1968.
— Introduction «La ruse, c'est bien plus que la ruse...», dans *La ruse, cause commune*, 10/18, Union Générale d'Editions, 1977.
— Avec J.-P. Corbeau et F. Duvignaud, *La banque des rêves : essai d'anthropologie du rêveur contemporain*, Payot, 1979.

. **Eliade (M.)**, *Le chamanisme et les techniques archaïques de l'extase : définition de l'initiation*, Payot, 1951.

. **Evras Roel (A.)**, comm. «L'irrigation en Espagne et l'action de l'état à la fin de l'ancien régime», pour le colloque "*Les eaux internes*", Instituto internazionale di storia economica "Francesco Datini", Prato, du 15 au 20 avril 1983.

. **Fossat (J.-L.), Seguy (F.), Costes (C.)**, *Le marché du bétail, gestes et langages professionnels du négoce*, équipe de recherche concertée du lexique de l'économie du bétail et du circuit des viandes, Université Toulouse-Le-Mirail, nov. 1971.

. **Frémont (A.)**, *La région, espace vécu*, PUF, 1976.

. **Freyssenet (M.)**, art. «La division du travail et qualification», dans *La division du travail*, colloque de Dourdan, éd. Galilée, 1978.

. **Gauchet (F.), Guéroult (N.), Salmona (M.)**, *Enquête auprès des artisans*, CEPAM, Paris, 1970.

. **Gaulejac (V. de)**, art. «Le projet parental» et «Du roman familial aux histoires de famille», dans *Que faire des histoires de familles ?*, revue *Le groupe familial* n° 96, juil./sept. 1982.

. **Gelis (J.)**,
— Avec Laget (M.), Morel (M.-F.), *Entrer dans la vie - naissances et enfances dans la France traditionnelle*, coll. «Archives», Julliard, 1978.
— Sous sa direction et celle d'O. Redon, *Les miracles, miroirs des corps*, ouvrage collectif, PPU Paris VIII, 1983.

. **Georges (P.)**, art. «Du paysage rural au jardin dans l'agriculture méditerranéenne», dans les actes du colloque "*Jardins de Méditerranée*" des 9, 10, 11 et 12 juillet 1980, Circa, Villeneuve-lez-Avignon.

. **Goblot (H.)**, *Les quanats, une technique d'acquisition de l'eau*, Mouton, 1979.

. **Godelier (M.)**, art. «Le pouvoir masculin», dans *L'homme au masculin*, revue *Groupe familial* n° 78, janv. 1978.

. **Grosso (R.) et Pernat (M.)**, art. «Un exemple de galeries drainantes, les cavernos du Haut-Comtat», dans la revue *Le monde alpin et rhodanien* n° 3/4, 1976.

. **Gueidan (E.)**, *Le jardinier provençal*, Tacussel éditeur, Marseille (sans date).

. **Gueniot (P.) et Pinchon (A.)**, *L'élevage des vaches allaitantes et conseil*, mémoire de maîtrise, université Paris X-Nanterre, Caesar, ministère de l'Agriculture, fév.-sept. 1986.

. **Guillaumin (C.)**, art. «Pratique du pouvoir et idée de nature - L'appropriation des femmes», dans la revue *Questions féministes* n° 2, fév. 1978.

. **Guiraud (P.)**, *Dictionnaire érotique*, Payot, 1978.

. **Harlow (H.H.F.)**, art. «Les affectivités», pour le colloque sur l'attachement organisé par R. Zazzo, chez Delachaux et Niestlé, 1979.

. **Haudricourt (A.-G.),**
— Art. «Domestication des animaux, culture des plantes et traitement d'autrui», dans la revue *L'homme*, tome II, janv./avril 1962.
— *La technologie, science humaine*, recherche d'histoire et d'ethnologie des techniques, éd. de la maison des sciences de l'Homme, Paris, 1987.
— Avec L. Hedin, *L'Homme et les plantes cultivées*, A.-M. Métaillé, 1987.
— Avec P. Dibie, *Les pieds sur terre*, A.-M. Métaillé, 1987.

. **Herin (R.)**, *Les huertas de Murcie, les hommes, la terre et l'eau dans l'Espagne aride*, Edisud, coll. «Mondes méditerranéens», 1980.

. **Higelé (P.)**, *Utilisation de la théorie opératoire de l'intelligence en formation d'adultes*, thèse de doctorat d'Etat, Paris V, 1979.

. **Hurstel (F.),**
— Art. «Paternité et déracinement culturel : qu'est-ce qui fonde la fraternité ?», dans *Bulletin de psychologie*, 1977-78.
— Art. «L'identité du père en milieu ouvrier (le cas des ouvriers de Peugeot-Montbéliard)» dans la revue *Pensée*, 1983.

. **Ibn Al Awan** (mort en 1145), *Le livre de l'agriculture*, traduit de l'arabe par J.-J. Clément-Mullet, tomes I, II et III, 2e édition chez Bouslama, Tunis, 1977

. **Jean (G.)**, *Pour une pédagogie de l'imaginaire*, Casterman, 1975.

. **Jean (M.)**, art. «Le canal de Provence : une recherche permanente des meilleures conditions de gestion de l'eau», dans *L'eau et les hommes en Méditerranée*, éd. du CNRS, 1987.

. **Kayser (R.)**, *Un jardin dans les bras*, Edisud, 1981.

. **Kreisler (L.)**, art. «Les jeux de l'attachement maternel et ses avatars», dans *Les cahiers du nouveau-né* n° 1/2 sous la direction de E. Herminet, Stock, 1978.

. **Kristeva (J.)**, *Pouvoirs de l'horreur, essai sur l'abjection*, éd. du Seuil, coll. «Tel Quel», 1980.

. **Lafargue,** comm. «Représentations et vulgarisation scientifique et technique», pour le colloque d'Ecully, IPPEACS, université de Lyon, 3 et 4 déc. 1982.
. **Lamarche (H.),** art. «Localisation, délocalisation, relocalisation du milieu rural», dans *L'esprit des lieux : localités et changements social en France,* éd. du CNRS, 1986.

. **Lamothe (M.-J.) et Velter (A.),** *Les outils du corps, soigner les hommes,* Denoël-Gonthier, coll. «Médiations», 1978.

. **Laplanche (J.) et Pontalis (J.-B.),** *Vocabulaire de la psychanalyse,* PUF, 7e éd., 2e trimestre 1981.

. **Lara Flores (S.),** *Feminizacion de los procesos de trabajo en la agroindustria mexicana : el caso del cultivo del tomate en Sinaloa,* GEDIST, 1989.

. **La Soudière (M. de),** art. «Les villages de Lozère : enfants en jeu», dans *Les pratiques des enfants durant leur temps libre en fonction des types d'environnement et des idéologies,* éd. du CNRS, 1976.

. **Laulan (A.-M.),** en collaboration avec A. Jeandie, J. Oulif, M. Salmona, *Le rapport de l'homme à la machine,* étude anthropologique, laboratoire du CNET de Rennes et de l'université de Bordeaux II, 1982.

. "La Voix", colloque d'Ivry du 28 janv. 1988, ouvrage collectif.

. **Lemeunier (G. et M.-T.),** comm. « Pouvoir hydraulique et conjoncture économique, les questions des eaux inférieures dans l'Espagne aride (1500-1900) », pour le colloque "*Les eaux internes*", Instituto internazionale di storia economica "Francesco Datini", Prato, du 15 au 20 avril 1983.

. **Le Neidre (P.) et Poindron (P.),** *Le comportement du jeune agneau,* Institut d'élevage ovin, session 1980.

. **Lepape (L.),** art. «Les jardins contre nature, la pensée de plates bandes», dans la revue *Traverses* n° 5/6, 1983.

. **Le Tacon (J.-L.)**, *Eleveur sans terre, cinématographie d'un élevage industriel porcin*, thèse de doctorat pour le 3e cycle de cinématographie sous la direction de J. Rouch, Paris X-Nanterre (sans date).

. **Loux (F.)**, *Le jeune enfant et son corps dans la médecine traditionnelle*, Flammarion, 1978.

. **Lucci (M.)**, *La femme, médecin du foyer*, ouvrage d'hygiène et de médecine familiale, Maison d'éditions populaires, librairie et imprimerie à Weinfelden (Suisse), Neuchâtel-Paris-Bruxelles, 1924.

. **Maffésoli (M.)**, *Le temps des tribus*, Sociologies au quotidien, Méridiens, Klincksieck, 1988.

. **Martin (P.)**, *Etude sociolinguistique de trois cas de diglossie*, mémoire de maîtrise, université Paul Valéry, Montpellier III, 1971.

. **Micoud (A.)**, *Le changement du rapport social à l'espace nature - pratiques et représentations*, thèse de 3e cycle de sociologie, janv. 1980.

. **Milliet (J.)**, *Des animaux et des hommes*, édité par J. Hainard et R. Kaehr, musée d'anthropologie, Neuchâtel, 1987.

. **Mistral (F.)**, *Lou tresor dóu felibrige*, dictionnaire provençal-français, éd. l'Unicorne, Genève-Paris, 1979.

. **Moscovici (S.)**, *La psychanalyse, son image et son public*, PUF, Paris, 1961.

. **Murray Schaffer (R.)**, *Le paysage sonore*, J.-C. Lattès, 1979.

. **Nicourt (C.) et Soupon (O.)**, *Economie et sociologie rurales*, INRA, Paris VIII, 1988.

. **Oléron (P.)**, *Les activités intellectuelles*, PUF, 1964.

. **Pain (A.)**, *Education informelle, les effets formateurs dans le quotidien*, éd. L'Harmattan, 1990.

. **Paire (A.)**, *La vieille Charité de Marseille, histoire d'un monument*, Edisud, 1986.

. **Pascon (A.),**
— Art. «L'ingénieur entre la logique des choses et les logiques de classes : critique de la sainte raison technique», dans *Les temps modernes*, 33e année, n° 375, oct. 1977.
— Art. «Les techniciens entre les bavures et le bricolage», dans *Etudes rurales, idées et enquêtes sur la campagne marocaine*, société marocaine des éditeurs réunis, Rabat, 1980.

. **Paul-Lévy (F.) et Segaud (M.)**, *Anthropologie de l'espace*, Centre de création industrielle, Centre Pompidou, 1983.

. **Péju (P.)**, *La petite fille dans la forêt des contes*, Robert Laffont, 1979.

. **Peillen (J.)**, *Science des bergers d'autrefois — élevage des ovins, leurs maux et maladies. Bulletin du musée basque*, n° 38 (3e période n° 16), 4e trimestre 1967.

. **Pelt (J.-M.)**, *L'homme renaturé*, Seuil, 1977.

. **Perriault (J.)**, art. «La machine à vapeur», dans *L'empreinte de la technique*, revue *Culture technique*, cahier spécial ethnologie n° 2, fév. 81

. **Pilon (E.)**, *La vie de famille au XVIIIe siècle*, éd. A. Michel, 1941.

. **Pouchelle (M.-C.)**, *Corps et chirurgie à l'apogée du Haut Moyen Age*, Flammarion, 1983.

. **Ravis Giordani (C.)**, *Bergers corse, les communautés villageoises du Niolo*, Edisud, 1983.

. **Ravignan (F. de) et Lizet (B.)**, *L'homme et son environnement*, Société d'ethnologie française de Paris et Centre d'ethnologie française de Marseille, Marseille 4 et 5 déc. 1980.

. **Rémy (J.),**
— *L'importance des femmes dans la vie rurale*, les Ateliers européens de Fontevrault, séminaire des 7, 8 et 9 fév. 1979.
— *Le métier d'agriculteur - façons de produire et façons d'être des agriculteurs sarthois*", INRA, département économie et sociologie rurales, 1981.

— Avec D. Barres, S. Bonny, Y. Lepape, *Une éthique de la pratique agricole - agriculture biologique du nord de la Drôme*, éd. Economie et Sociologie rurales, Grenoble-Grignon-Paris, 1985.
— *Profession agriculteur*, INRA, 1986.

. **Ricœur (P.)**, *La métaphore vive*, éd. du Seuil, 1975.

. **Rocheblave-Spenlé (A.-M.)**,
— *La notion de rôle en psychologie sociale*, PUF, 1962
— Art. «Rôles et statuts dans l'univers économique», dans *L'économique et les sciences humains*, tome I, présenté par G. Palmade, Dunod, 1967.

. **Rodegem (F.-M.)**, *Anthropologie rundi*, Armand Colin, 1973.

. **Rose (G.)**, *Ecologie et tradition*, Maisonneuve et Larose, 1981.

. **Rosset (G.)**, *Le réel et son double*, Galllimard, 1976.

. **Rossolato (G.)**, *Essai sur le symbolique*, Gallimard, 1969.

. **Royer (C.)**, *Les hommes des burons*, thèse de doctorat d'ethnologie, 1967.

. **Sansot (P.), Strohl (H.), Torgue (H.), Verdillon (C.)**, *L'espace et son double : de la résidence secondaire aux autres formes secondaires de la vie sociale*, éd. Champs urbains, Paris, 1978.

. **Seabrook (M.)**,
— Art. «Summary of two articles appearing», in *Journal of agricultural labour science*, vol. I n° 1, 1972
— Art. «A study to determine the influence of the Hudman's personnality on milk yield», in *Journal of agricultural labour science*, vol. I n° 1, 1972
— Art. «A study of the influence of the cow man's personnality and job satisfaction on milk yield of dairy», in *Journal of agricultural labour science*, vol. I n° 2, 1972.
— Art. «Connaître le comportement de l'animal et repérer le changement dans le troupeau», dans *Farmers weekly*, édité par F. Butcher, 23 déc. 1977.

— Art. «Managing and motivating the dairy mother», in *Journal of Irish growland and animal production society*, 1978.
— «The relationship between man and animals in managed systems. Motivation and performance. Ergonomies in agriculture and forestry», conférence, 17 et 18 sept. 1980.
— Art. «The psychological relationship between dairy cows and dairy cow men and its implications for animal welfare», in *International journal of the study of animals problems*, 1980.
- *Coping with stress : stress on working staff*, MMB, 1980.

. **Sigaut (F.)**, texte de 1974 du Centre de recherches comparatives et interdisciplinaires, groupe international "*Ecologie et sciences humaines*".

. **Simondo (G.)**, *Du mode d'existence des objets techniques*, éd. Aubier-Montaigne, 1969.

. **Simoni-Aurambou (M.-R.)**, *Parlers et jardins de la banlieue de Paris au XVIII*e *siècle*, éd. Klincksieck, bibliothèque française et romane, 1982.

. **Soriano (V.)**,
— Art. «Les initiatives des Sabines», dans revue *Pour* n° 70, janv. 1980.
— Art. «Corps et place des femmes paysannes», dans *Pour l'histoire des femmes, femmes et terres*, revue *Pénélope* n° 7, automne 1982.
— Avec C. Wagner, *J'attends une maison*, CAUE de l'Ain, 1983.
— *Trois petits cochons et les matériaux dans l'autoconstruction et leurs représentations chez les éleveurs*, rapport de recherche BAP, janv. 1985.
— *Choisir et réussir son élevage ou le roman de la technique et de la passion*, ministère de l'Agriculture, DGER, CFPPA Rennes-Le Rheu, mission technique BAP, Fondation de France, mars 1985.
— *La terre a ses raisons*, contribution à l'étude pratique des fertilisations, éd. association l'Arbre, ministère de l'Agriculture, CFPPA Rennes-Le Rheu, juin 1987.

. **Sourice (N.)**, *L'alimentation des ruminants, bovins, ovins, caprins. Les éleveurs : le savoir de la pratique*, document APCA/ITEB/ITOVIC/AFMR/FAFEA, juin 1980.

. **Stand et Vittan,** *Observation de quelques problèmes sanitaires autour du velage et en cours de lactation dans les élevages laitiers intensifs*, établissement départemental d'élevage du Finistère, Quimper, oct. 1979.

. **Stefani (A.),** *La culture vivante dans le Mont Lozère ; approche anthropologique d'une culture orale*, document INEP, 1972.

. **Perrousseaux-Stefani (J.),** *Les habitudes alimentaires et sanitaires dans une région rurale française*, thèse de 3e cycle, université Paris I, Institut du développement économique et social, 1974.

. **Stétié (S.),** *Firdaws : essai sur les jardins et contre-jardins de l'Islam*, éd. Le Calligraphe, 1984.

. **Tellenbach (H.),** *Goût et atmosphère : psychiatrie ouverte*, PUF, 1983.

. **Thalégani (M.),** *Le silence, un objet social et ses fonctions sémantiques*, thèse de doctorat de 3e cycle, faculté de lettres et sciences humaines de Nanterre, juin 1974.

. **Thérame (V.),** *Hosto blues*, éd. des Femmes, 1980.

. **Thom (R.),**
— Art «Crise et catastrophe», dans *La notion de crise*, revue *Communication*" n° 25, Seuil, 1976.
— Art. «Artefacts et structures infravivantes», dans *Nouvelles approches des structures artificielles dans les sociétés industrielles*, revue *Connexions* n° 30, 1980.

. **Thomine-Desmazures (M.) et Michalevich (A.),** *Enfants et jeunes ruraux*, numéro spécial de la revue *Economie rurale*, 1971.

. **Tibon-Cornillot (M.),** art. «Des automates aux chimères», dans *Anatomie du corps*, revue *Milieux* n° 23/24, 1986.

. **Verdier (Y.),** *Façons de dire, façons de faire*, NRF, 1979.

. **Vernant (J.-P.),** *Mythe et pensée chez les Grecs, étude de psychologie historique*, Maspéro, 1965.

. **Villeroy (F.)**, *Manuel de l'éleveur de bêtes à laine*, librairie agricole de la maison rustique (sans date).

. **Winnicott (D.)**, *De la pédiatrie à la psychanalyse*, Payot, 1969.

FILMOGRAPHIE ET VIDEOGRAPHIE

— Film sur les adolescents et la préparation du fromage de brebis (1972), à la Pierre Saint-Martin (Pyrénées-Atlantiques), réal. P. et M. Salmona, CAESAR.

— Film vidéo réalisé par le SALOV sur la domination par la chimie en agriculture, 1975.

— "Les marginos sont là", réal. D. Galatola, P. et M. Salmona, film vidéo sur l'installation des jeunes éleveurs bergers et chevriers. Vingt monographies régionales dans quatre zones désertifiées (1978), RAFAL.

— Film vidéo, outil audiovisuel de formation : La relation-situation de la femme et de la vache dans la traite. réal. C. Lebleu, M. Salmona, CAESAR, 1980.

— *L'homme et la vache*, réal. P. et M. Salmona, film vidéo, outil audiovisuel de formation, CAESAR, 1980.

— "Corps à cornes", réal. V. Soriano, 1984, diffusé par l'INFAR, Rennes.

— "Cochon qui s'en dédit", réal. Jean-Louis Le Tacon (sans date).

— Terres déchirées", coproduction OFRATEME et télévision éducative et syndicale de l'Ouest varois (SALOV).

— Film sur les deux dernières déambulations des femmes de Chypre, réal. D. Galatola, ministère des Sports et de la Culture populaire, mars 1989.

— "Les coulisses du développement", réalisé en collaboration avec les cinéastes de l'INPAR de Rennes et les familles d'agriculteurs de la recherche, 1987.

MAGNÉTOSCOPAGES DE MICHELE et PAUL SALMONA

— Ebourgeonnage des tomates sous serre par un producteur d'Ollioules.

— Plantation de melons plein champ par deux salariés d'Ollioules.

— Vibration des tomates sous serre par un producteur d'Ollioules.

— Récolte des artichauts chez un producteur d'Ollioules.

— Cueillette des fraises sous serre chez un producteur de l'Ouest varois.

— Cueillette des tomates de plein champ chez un producteur ouest varois.

— Cueillette de tomates sous serre chez un producteur ouest varois.

— Plantation de melons de plein champ et mise en place de gaines d'irrigation sous plastique chez un producteur de l'Ouest varois.

— Présentation de l'installation du premier relais du canal de Provence chez un maraîcher très "expérimental" de l'Ouest varois.

— Pinçage et ébourgeonnage des melons de plein champ chez un producteur de l'Ouest varois, aidé de l'ouvrier.

— Mise au point d'une technique de mise du plastique.

— Lavage de petits légumes dans un bassin après la récolte du matin chez un producteur de l'Ouest varois.

— Cueillette des salades de plein champ chez une productrice de l'Ouest varois, aidée de sa fille et de l'ouvrière.

— Récolte de melons de plein champ chez un producteur ouest varois spécialisé dans le melon.

— Cueillette des concombres sous serre chez un producteur ouest varois.

— Ramassage des oignons chez un producteur ouest varois.

— Cueillette des haricots chez un producteur ouest varois par une ouvrière.

— Récolte de pommes de terre chez un producteur ouest varois.

— Cueillette des salades de plein champ chez une productrice de l'Ouest varois, aidée de sa fille et de l'ouvrière.

— Récolte de melons de plein champ chez un producteur ouest varois spécialisé dans le melon.

— Cueillette des concombres sous serre chez un producteur ouest varois.

— Ramassage des oignons chez un producteur ouest varois.

— Cueillette des haricots chez un producteur ouest varois par une ouvrière.

— Récolte de pommes de terre chez un producteur ouest varois.

TABLE DES SIGLES

ACEAR	Atelier central d'aménagement rural
ACTA	Association de coordination technique agricole
ADASEA	Association départementale d'aménagement des structures d'exploitations agricoles
AFAP	Association française pour l'accroissement de la productivité
AFMR	Association familiale des maisons rurales
ANDA	Association nationale de développement agricole
ANDLP	Association nationale pour le développement local et les pays
AOCIP	Association pour l'ouverture du champ d'investigation psychologique
APCA	Assemblée permanente des chambres d'agriculture
ARER	Association régionale d'économie rurale
ASAM	Association au service des agriculteurs de montagne
ATEL	Appui technique aux éleveurs laitiers
BAP	Bâtiments agricoles et paysages
CAESAR	Centre d'anthropologie économique et sociale, applications et recherches, université Paris X-Nanterre

CAUE	Conseil en architecture, urbanisme et environnement
CEOPS	Conception d'évaluations pour les organisations politiques publiques
CEP	Coopérer et échanger au pays
CEPAL	Centre d'études internationales paysannes et d'action locale
CEPAM	Centre d'études et de promotion de l'artisanat et des métiers
CEPS	Centre d'études des pratiques sociales
CERAT	Centre d'études et de recherches sur l'administration et le territoire
CEREQ	Centre d'études et de recherches sur les qualifications
CETA	Centre d'études des techniques agricoles
CFPPA	Centre de formation et de promotion professionnelles des agriculteurs
CIMA	Colloque international des musées d'agriculture
CIRCA	Centre international de recherche, de création et d'animation (La Chartreuse, Villeneuve-lez-Avignon)
CNDP	Centre national de documentation pédagogique
CNET	Centre national d'études des télécommunications
CNIPE	Centre national pour l'information et la productivité des entreprises

CNRS	Centre national de la recherche scientifique
CPE	Centre de prospective et d'évaluation
CREA	Centre de recherches sur l'épistémologie et l'autonomie
CREFAL	Centre d'éducation et d'alphabétisation fonctionnelle des adultes pour l'Amérique latine
CRESAL	Centre d'études et de recherches sociologiques appliquées de la Loire
CSTB	Centre scientifique et technique du bâtiment
CST	Cahiers de sémiotique textuelle
CUMA	Coopérative d'utilisation du matériel agricole
DATAR	Délégation à l'aménagement du territoire et à l'action régionale
DDA	Direction départementale de l'agriculture
DGER	Direction générale de l'enseignement et de la recherche
DGRST	Direction générale de la recherche scientifique et technique
DMDR	Délégation ministérielle au développement et à la recherche
EDE	Etablissement départemental d'élevage
EME	Entreprise moderne d'édition
ENSSAA	Ecole nationale supérieure des sciences agronomiques appliquées

ENTPE	Ecole nationale des travaux publics de l'Etat
ESA	Ecole supérieure d'agronomie d'Angers
FAFEA	Fonds d'assurance formation en agriculture
FNGEDA	Fédération nationale des groupements de développement agricole
GAEC	Groupement agricole d'exploitation en commun
GDA	Groupement de développement agricole
GERDAL	Groupe d'expérimentation et de recherche pour un développement agricole local
IDIM	Institut du développement des îles méditerranéennes
IFDEC	Institut de formation en développement économique communautaire
IFRAV	Institut de formation et de recherche agricole et vétérinaire
INA	Institut national d'agronomie
INEP	Institut national d'éducation populaire
INEP	Institut national d'études pédagogiques
INFA	Institut national de la formation des adultes
INPAR	Institut national de promotion agricole de Rennes
INPSA	Institut national de promotion supérieure agricole
INRA	Institut national de la recherche agronomique
INRAP	Institut national des recherches et applications pédagogiques

INSEM	Institut national de la santé et de la recherche médicale
IRACT	Institut de recherche pour l'amélioration des conditons de travail
IRPEACS	Institut de la recherche en pédagogie de l'économie et en audiovisuel pour la communication
ITEB	Institut technique de l'élevage bovin
ITOVIC	Institut technique ovin et caprin
ITP	Institut technique porcin
JAC	Jeunesse agricole catholique
LASA	Laboratoire de sociologie anthropologique de l'université de Caen
LEST	Laboratoire d'économie et de sociologie du travail
MNE	Maison nationale de l'élevage
MSA	Mutualité sociale agricole
MSH	Maison des sciences de l'homme
NRF	Nouvelle revue française
OFRATEME	Office français des techniques modernes d'éducation
OPA	Organisations professionnelles agricoles
PNB	Produit national brut
POS	Plan d'occupation des sols
PUG	Presses universitaires de Grenoble

RAFAL Recherche action formation audiovisuelles

RTS Radio télévision scolaire

SAIREQ Société d'amenagement intégré des ressources de l'Est du Québec

SALOV Syndicat agricole de l'Ouest varois

SUAD Service d'utilité agricole et du développement

TTS Techniques territoires et sociétés

637047 - Janvier 2016
Achevé d'imprimer par

1livre.com
du rêve à la réalité !

Made in United States
Orlando, FL
04 November 2026

90201151R10208